单 墫 主编
数学奥林匹克
命题人讲座

组合几何

田廷彦 著

上海科技教育出版社

图书在版编目(CIP)数据

组合几何/田廷彦著. —上海:上海科技教育出版社,2010.7(2025.12重印)

(数学奥林匹克命题人讲座/单墫主编)
ISBN 978-7-5428-4985-4

Ⅰ.①组… Ⅱ.①田… Ⅲ.①组合几何—高中—教学参考资料 Ⅳ.G634.633

中国版本图书馆CIP数据核字(2010)第058022号

责任编辑:卢 源
封面设计:童郁喜

* 数学奥林匹克命题人讲座 *

组合几何

单 墫 主编
田廷彦 著

上海科技教育出版社有限公司出版发行
(上海市闵行区号景路159弄A座8楼 邮政编码201101)
www.sste.com www.ewen.co
全国新华书店经销 上海颛辉印刷厂有限公司印刷
开本890×1240 1/32 印张10.875 字数282000
2010年7月第1版 2025年12月第15次印刷
ISBN 978-7-5428-4985-4/O·661
定价:42.00元

观 题 有 感
——致品尝数学甘苦之同仁

轻舟晚渡无欲眠,
晨风过访有清岚。
落笔偶得一句成,
把酒已尽半杯残。
侧耳当闻流水缓,
回首不觉月光寒。
漫漫长夜赴西去,
且看旭日起东峦。

丛书序

读书,是天下第一件好事。

书,是老师。他循循善诱,传授许多新鲜知识,使你的眼界与思路大开。

书,是朋友。他与你切磋琢磨,研讨问题,交流心得,使你的见识与能力大增。

书的作用太大了!

这里举一个例子:常庚哲先生的《抽屉原则及其他》(上海教育出版社,1980年)问世后,很快地,连小学生都知道了什么是抽屉原则。而在此以前,几乎无人知道这一名词。

读书,当然要读好书。

常常有人问我:哪些奥数书好?希望我能推荐几本。

我看过的书不多。最熟悉的是上海的出版社出过的几十本小册子。可惜现在已经成为珍本,很难见到。幸而上海科技教育出版社即将推出一套"数学奥林匹克命题人讲座"丛书,帮我回答了这个问题。

这套丛书的作者与书名初定如下:

黄利兵	陆洪文	《解析几何》
王伟叶	熊　斌	《函数迭代与函数方程》
陈　计	季潮丞	《代数不等式》
田廷彦		《圆》
冯志刚		《初等数论》
单　墫		《集合与对应》《数列与数学归纳法》
刘培杰	张永芹	《组合问题》
任　韩		《图论》

田廷彦	《组合几何》
唐立华	《向量与立体几何》
杨德胜	《三角函数・复数》

显然,作者队伍非常之强。老辈如陆洪文先生是博士生导师,不仅在代数数论等领域的研究上取得了卓越的成绩,而且十分关心数学竞赛。中年如陈计先生于不等式,是国内公认的首屈一指的专家。其他各位也都是当下国内数学奥林匹克的领军人物。如熊斌、冯志刚是2008年IMO中国国家队的正副领队、中国数学奥林匹克委员会委员。他们为我国数学奥林匹克做出了重大的贡献,培养了很多的人才。2008年9月14日,"国际数学奥林匹克研究中心"在华东师范大学挂牌成立,担任这个研究中心主任的正是多届IMO中国国家队领队、华东师范大学数学系教授熊斌。

这些作者有一个共同的特点:他们都为数学竞赛命过题。

命题人写书,富于原创性。有许多新的构想、新的问题、新的解法、新的探讨。新,是这套丛书的一大亮点。读者一定会从这套丛书中学到很多新的知识,产生很多新的想法。

新,会不会造成深、难呢?

这套书当然会有一定的深度,一定的难度。但作者是命题人,充分了解问题的背景(如刘培杰先生就曾专门研究过一些问题的背景),写来能够深入浅出,"百炼钢化为绕指柔"。另一方面,倘若一本书十分浮浅,一点难度没有,那也就失去了阅读的价值。

读书,难免遇到困难。遇到困难,不能放弃。要顶得住,坚持下去,锲而不舍。这样,你不但读懂了一本好书,而且也学会了读书,享受到读书的乐趣。

书的作者,当然要努力将书写好。但任何事情都难以做到完美无缺。经典著作尚且偶有疏漏,富于原创的书更难免有考虑不足的地方。从某种意义上说,这种不足毋宁说是一种优点:它给读者留下了思考、想象、驰骋的空间。

如果你在阅读中,能够想到一些新的问题或新的解法,能够发现书中的不足或改进书中的结果,那就是古人所说的"读书得间",值得祝贺!

我们欢迎各位读者对这套丛书提出建议与批评。

感谢上海科技教育出版社,特别是编辑卢源先生,策划组织编写了这套书。卢编辑认真把关,使书中的错误减至最少,又在书中设置了一些栏目,使这套书增色很多。

单 壿

2008 年 10 月

目 录

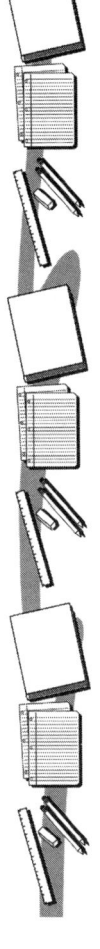

前言

第一讲 几何计数 / 1

第二讲 从棋盘到染色 / 17

§ 2.1 棋盘的染色 / 18

§ 2.2 棋盘与骨牌 / 28

§ 2.3 点集及图形的染色 / 36

第三讲 凸图形的性质 / 50

第四讲 覆盖与嵌入、划分与拼补 / 70

§ 4.1 覆盖与嵌入 / 71

§ 4.2 划分与拼补 / 84

第五讲 图形的位置、形状及度量 / 94

§ 5.1 位置与形状 / 95

§ 5.2 旋转与对称 / 105

§ 5.3 距离 / 115

§ 5.4 面积 / 130

§ 5.5 格点和有理点 / 145

第六讲 向量与复数 / 157

第七讲 立体图形 / 165

§7.1 立方体 / 166
§7.2 球面与球体 / 172
§7.3 其他各种空间问题 / 177

第八讲 重要方法选讲 / 188

§8.1 赋值、映射与其他构造 / 188
§8.2 投影法 / 198
§8.3 连续性与"围棋"技巧 / 205

第九讲 运动问题与质心 / 215

第十讲 综合题与杂题选讲 / 224

附：关于西尔维斯特问题 / 236

参考答案及提示 / 240

前 言

从阿基米德拼图游戏谈起

如果把奥数和初等数学看成绵延不断的伟岸山脉，那么组合几何绝对是最高、最为险峻的巅峰之一，让人怦然心动，心向往之；然而这样的比喻也不尽恰当，因为它忽略了这门数学分支的广度。

正如单墫教授所言，数学在今天已是博大精深。即便是奥数和初等数学也远未穷尽。为什么说在奥数乃至初等数学的众多分支中，组合几何绝对称得上最困难、最有趣、联系最广泛的一支呢？这是因为，就横向来说，它一边是奇异的组合（其实也与代数、数论沾边），一边是直观的几何；从纵向来说，它脚踏初等数学的基石（尤其在命题的叙述上往往连门外汉也听得懂），头顶的却是高等数学的深奥（主要指方法）；还应加上一点，就是它既有严谨的数学逻辑，又异常美丽。这样的一个"三维结构"，赋予这门学科极为特殊的位置，难怪不少现代数学大师都为之倾倒。例如著名的西尔维斯特问题，如今已是数学竞赛的例题，解答不过区区几行。然而在当时，为了得到这样一个巧妙的证明，人们被困扰了数十年之久。这也说明，数学家在追求至高无上的思维之美方面是永无止境的。IMO 设立特别奖，就是为了奖励学生找到竞赛委员会未曾提供的巧妙解法。

组合几何正式成为一门数学分支只有半个世纪历史，但是与组合几何有关的问题，却可追溯到遥远的历史深处，比如中国的七巧板、波斯的织毯等。通常人们认为，数学家关注的第一个有名的组合几何问题，是关于球的最密填装的"开普勒猜想"，该问题历时近 400 年，方于 1998 年利用计算机解决。

近年来这一观点似乎受到了挑战。借助现代科技手段，人们初步破译了 2000 多年前古希腊大数学家阿基米德的一篇论文,结论是这篇论文在研究一个组合几何问题。原文已不可见,副本手稿是写在羊皮纸上的,已有近 1000 年历史,而且遭到古代僧侣的覆盖书写和收藏者糟糕的保存方法的破坏。1998 年,该副本在一次拍卖中现身。此时它身上已经布满蜡迹和霉菌,字迹更加模糊。一个匿名富翁以 200 多万美元的代价拥有了它,并将它陈列在美国巴尔的摩市的博物馆里,直到今天。

科学家尝试用不同的办法破译羊皮书。不同波长的光谱拍摄分析表明,阿基米德的论文和僧侣的祈祷文虽用同一种墨水书写,但相隔 200 年的墨迹对波长有不同感应。2005 年 5 月,斯坦福同步辐射实验室用 X 射线读取论文,再现了 174 页书中的 3 页,而全书的破译至少需要三四年时间。斯坦福大学的内茨(R. Netz)认为,在阿基米德的众多作品中,这篇论文总被认为是不重要的、难以理解的而被忽略。现在只有论文导言的一部分被保存下来。这里面提到了孩子们玩的一个游戏——用很多纸带拼出不同的图形。但是像阿基米德这样牛的数学家,如果毫无来由地关心这种玩意儿是没道理的。实际上,阿基米德是在试图计算把 14 条不规则的纸带拼成正方形一共能有多少种不同的拼法。细心、系统的计算才能得出答案为 17152。组合学专家迪亚科内斯(P. Diconis)、霍姆斯(S. Holmes)、格雷厄姆(R. Graham)和金芳蓉等认为"这非常困难"。来自芝加哥的计算机科学家库特勒(W. H. Cutler)编写了一个新的计算机程序,证明该答案是正确的。有一本书专门介绍了这个故事。中译本首先在中国台湾出版,很多人都推荐这本书,包括院士、教授,还有一个知名女艺人;大陆中译本《阿基米德羊皮书》由湖南科学技术出版社于 2008 年出版。

时过境迁,斗转星移。与文史哲不同,科学的发展可谓一日千里,生命科学和计算机科学几乎彻底改头换面。数学的情形则介乎两者之间,当然,古典数学与现代数学毕竟也不可同日而语。那么,今天的组合几何究竟在研究什么呢?

数学家在创造数学时,将研究客体做了很多取舍和分类,形成了数学的层状结构。最底层的是代数和数量关系,图论基本上也属于代数组合学范畴,因为它的点和线只表示关系,位置和形状等不考虑在内

（图论中的一部分则开始涉及这一领域，如可平面图、拓扑图论等）。实数理论、拓扑学等就更高一些，与连续性关系尤大。再上面就是几何学，关心图形的形状和测度（长度、面积等）。即使在几何学中，还有很多分层，比如在仿射意义下，三点共线、交比等都是不变的，但线段长度、角度大小就改变了。几何学似乎代表着数学最复杂的研究对象。平面几何的内容还算丰富，但圆锥曲线、立体几何乃至高维几何中，就难以用纯几何研究下去。组合几何，就是研究与几何图形的位置、形状、计数、测度等有关的组合问题。它也涉及高维，但与拓扑学类似，具有"后现代"的一种杂合而不纯粹的风格，即不再（也无法）拘泥于精致优雅的传统平面几何之细节（如很少涉及外心、欧拉线、费尔巴哈点等深入的几何概念），偏向于一种粗线条的、漫画式的"示性"研究，然而却能有力揭示问题的实质，同样能充分体现思维之奇美。

对待组合问题的基本方法，是把其转化成一个代数或分析问题（对应和估计），这样一来，许多极端复杂的组合细节就可忽略。这种努力类似于笛卡儿对平面几何的解析处理（平面几何的代数化和分析化）。但从效果来说，两者都有问题：解析法处理平面几何可能会产生意想不到的复杂性，而多数组合几何问题根本不可能使用解析几何解决。作为两个要被代数和分析化的"复杂度较高"的学科（几何与组合）的交叉，其困难程度可想而知。

高维的问题更得益于代数的力量。对自然科学家来说，三维空间已是足够复杂（连晶体、病毒或细菌的种类都难以搞清楚），而数学家却执意要研究高维（在组合几何中特别明显）。代数是全部数学乃至科学中最基本的学科，其重要性不言而喻。当然，这并不等于说所有问题可以还原为代数问题，也不是说代数问题就是简单的。事实上，即使是只处理二、三维空间，也有许多极为棘手的奥数几何问题。更何况二维到三维经常会出现质的突变，为数学家带来新的思维和想象。此外，在有的时候，运用几何来解决代数问题是很有意思的，甚至可运用物理的思想方法来解决数学问题，这种反向思维方式的确耐人寻味（一般人们总认为数学比物理基本），这在本书中也略有提及。

组合几何在近代就有许多出名的工作，她曾引起开普勒、牛顿、高斯、柯西、希尔伯特等超一流大师的注意；不过，除了闵可夫斯基，其他人恐怕只是"蜻蜓点水"而已。这门学科的真正发展是在20世纪中叶以后。1964年,哈德维格(H. Hadwiger)等写了本薄薄的小册子《平面组合几何》,可算是这门学科的开山之作。在此前后,爱尔特希(P. Erdös)、博苏克(K. Borsuk)、罗格斯(C. A. Rogers)、托特(L. F. Tóth)、格林鲍姆(B. Grünbaum)等大大丰富了组合几何的内容,解决了大量猜想,同时也提出了更多的问题,以至于克罗夫特(H. Croft)、福尔克纳(K. Falconer)、盖伊(R. Guy)撰写了《几何中的未解决问题》,这里的几何指的正是组合几何。近年来,国内引进出版的有影印版的《离散几何中的研究问题》布拉斯(P. Brass)、莫泽(W. Moser)、帕克(J. Pach)著)、《球垛、格点和群》(康韦(J. H. Conway)、斯隆(N. Sloane)编著)、翻译出版的《组合几何》(帕克(J. Pach)、阿加瓦尔(P. Agarwal)著)。这些书中有不少内容是初等的,是奥数选手和教练可以、也值得了解的。在国内,这方面的专家是宗传明教授,他写有《球的填装》等几部有影响的英文专著,还有几本科普小册子如《离散几何欣赏》,极为引人入胜(因为工作关系,笔者与宗教授保持着良好关系)。另一位笔者熟悉并尊敬的教授是数论及奥数专家单壿。他的《组合几何》介于专著和竞赛辅导教材之间,书中既有历史名题,也有不少竞赛题,别具一格,思路奇特,对初等方法作了淋漓尽致的发挥,非常值得阅读和收藏。笔者的这本书与单教授的不同,是完全服务于奥林匹克数学竞赛的。专业点说,数学研究既是对个人,更是对人类智能的挑战;而奥林匹克数学竞赛更多的是个人智能的体现。

说到"初等方法",20世纪有位数学家特别值得一提,他便是伟大的数学宣道士爱尔特希。组合几何也算他的"强项"。与很多热衷于抽象概念的现代数学家不同,他在不断开拓新的"初等问题",无可辩驳地揭示老祖宗和他自己新发明的一些初等方法非但没有进入坟墓,而且在今天仍具有很强的生命力,值得继续挖掘(同时也展示了"初等数学"的超乎想象的复杂性)。其他几位数学家也正在利用不断抛出的新问题向世人证明,我们或许对一些初等数学基本原理的理解还不够深刻(怀尔斯证明费马大定理的最后一步用的是抽屉原则!)。这对数学竞赛亦有深远影响。与平面几何乃至组合数学相比,无论从研究范围、主要结论和思维方法方面,组合几何都要年轻得多(这使它成为今天数学研究和 IMO 命题的一片"新水域")。平面几何已有几千年历史，非常成熟；组合数学也有几百年历史，有很多定理和结果。但是组合几何的问题和方法却异常丰饶、五花八门，自然也更加难以捉摸。当然这三门学科也有共性，如果要用尽量少的文字来概括，一个是"美"，一个是"难"。在历届 IMO 的试题中，如果组合几何问题出现在第 3 或第 6 题，没有一点数学天赋的人就甭白费脑细胞了。

本书有数十个结果是笔者自己的工作，也有一部分是别人的命题、本人提供的解法。人生苦短，时不我待。我也曾充满幻想，如今总觉得过去浪费了不少时间。只有加倍努力地学习，从学习中得到乐趣、提高自己，才不会虚度一生。我反对混日子，厌恶过多的闲聊和网游；尤其不满那些自己混日子还嘲笑别人的努力是无用功的人。这种人充斥于生活中，他们骨子里反智，反学术精英（最多只看到商界精英和所谓的"公共知识分子"），甚至急功近利，唯身份地位：比如写书稿费有多少，对升职称有无用处等，却无法理解思考本身的乐趣（我并不绝对反对功利，但反对绝对的功利，"道不同不足与谋"，跟这些人也没啥好解释的，反正井水不犯河水）。有的人（80 后居多）倒不怎么功利，但一切从玩出发，遇到一点困难就放弃；而且他们也有点反智，特别是反学术精英（又在误读，认为精英主义倡导不平等，干涉了以自我为中心的个人自由主义）。他们可以理解游戏精神，却完全忽视了追求卓越的执著精神，别说废寝忘食、通宵达旦，就是稍微多花点时间也不愿意，根本无法感受艰苦学习和思考后的成就感。就好比买来的水果也是甜的，但自己种出来的往往感觉更好一些。所以，和体育一样，做数学要以兴趣为主，如有点成就感则更好。自从接到一些写书任务后，觉得自己明显比以前要勤快，虽然也平添了几根白发。忙碌而压力小，是我认为的理想生活方式，至少是年轻时的实践。

特别值得一提的是，书中不少问题选自苏联的竞赛试题。苏联的命题（特别是组合方面）水平极高（也并非都是超级难题），他们有这个传统，深为笔者欣赏；据说当初还有一些非数学因素在内。这使我想起金字塔和长城，那是统治者用劳动人民的血汗换来的，现在它们的政治、军事价值已荡然无存，但文化艺术价值却流传至今。同样地，苏联那些不光彩的举动如今已成为过去时，而这些问题的巧思却永远存在。

有人说，这个世界最经得起时间考验的，一个是科学，一个是艺术。我认为，所谓"经得起时间考验"有多种含义。美的东西若缺乏真理性，就只能（或迟早会）待在博物馆或故纸堆里；而丑陋的数学或科学则只能用来应付考试。真正能突破时代局限的，能为一代代人所学习、所津津乐道的，最好同时具备真理性和艺术美。伟大的科学工作肯定是美的，好的数学一定是思维的艺术。希望大家在读这本书时，不仅能得到技巧和方法上的训练，也能够欣赏其中的美。

笔者在搜集、整理这些问题上花费了相当的工夫，还算基本满意，但由于太忙，远称不上尽善尽美，这也是有点遗憾的。数学的疆域极广，即使是奥林匹克数学，恐怕也找不出一个人拍拍胸脯说全都掌握了。就笔者本人来说，平面几何是最熟悉的部分，不等式和数论也还能基本应付，但是对于组合来说，仍然存在大量"盲区"。所以写这本书也是一个不断发现、学习的过程。我认为，要掌握数学，学习和思考都极端重要，缺一不可。对于实在太不熟悉的领域，还应以学习为先，否则就如进入一座迷宫或森林，不知如何是好。思考带来的惊喜固然是学习所无法替代，但更多的思考却是"山穷水尽"而非"柳暗花明"。像庞加莱这么天才的数学家也说："思想无非是漫漫长夜的一线闪光，但这闪光即是一切。"（作为一名中国古诗词爱好者，笔者模仿凑了首《观题有感》。整个探索过程犹如漫漫长夜之后见到阳光，确实辛苦异常，但心情并非痛苦或沉重，甚至还有些享受。）爱尔特希也感叹："最好的证明其实写于天书之中，而数学家只不过有幸能瞥见那一页半纸。"时时念叨大师的肺腑之言——也因为自己的经历而有点感同身受——尽管无论在思考的深度还是强度上均不能与之相比。

最后要说一点，与国内不同的是，在国外，数学竞赛这项活动一直非常健康地开展着。无论是学生、教练还是命题者，兴趣都远大于名利。奥数在那里真正成为了"奥妙的数学"。当我们欣赏那些原创性很强的数学艺术之际，无从得知这些奇思妙想究竟出自相隔万水千山的哪位高人之手；难道我们从未感受到那种超越时空的"切磋"所带来的震撼？其实，这本书并非一个作者，而应该是几十位作者共同写就的。在 IMO 50 周年之际，向发起数学奥林匹克活动并将之发扬光大的（特别是罗马尼亚、俄罗斯等国的）数学工作者致敬。

最后,衷心感谢著名奥数专家单墫教授,他仔细地审查原稿,个别题目甚至重新写过;同时还要感谢我的亲友与同事,没有他们热心帮助我这个半电脑盲,本书乃至其他作品的问世可能还要拖延一段时间。

作者
2009.12

第一讲 几何计数

几何计数,就是对几何对象(点、线、角、面积、形状)等进行计数. 既然是计数,就离不开代数和数论的知识. 这方面的一个经典例子就是费马小定理的证明,即找到一个"几何"模型,它的计数结果是有 $\frac{a^p-a}{p}$ 种,其中 a,p 分别是一个正整数和一个素数,这样就顺便把费马小定理给证明了.

例 1 把一个圆 $n(\geqslant 2)$ 等分,任两等分点之间连一条线段,得到一 n 阶完全图. 视该圆为一台球桌,将球自某一等分点沿 n 边形的边或对角线击出,多次与圆周撞弹(反射角等于入射角,法线是以撞击点为端点的直径)后得到一条循环闭轨线. 设 $f(n)$ 是这个完全图的台球循环闭轨线子图(即点和边都是这个完全图的一部分,且本身也是循环闭轨线)数目,求所有的 n,使 $f(n)=n$.

分析 设循环轨线的条数是 $f(n)$,显然有 $f(3)=1, f(4)=3, f(5)=2, f(6)=6(f(6)$ 如图 1.1 所示). 看来 $f(n)$ 没有什么简单规律.

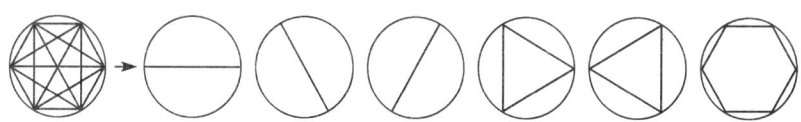

图 1.1

解 首先证明：对于 n 的标准分解 $n = p_1^{\alpha_1} p_2^{\alpha_2} \cdots p_k^{\alpha_k}$，其中 $p_1, p_2, \cdots, p_k$ 为不同素数，$\alpha_1, \alpha_2, \cdots, \alpha_k$ 为正整数，有

$$f(n) = \left(\frac{1}{2} \prod_{i=1}^{k} \left(1 + \alpha_i \left(1 - \frac{1}{p_i} \right) \right) - \frac{3 - (-1)^n}{8} \right) n.$$

显然，每条边或对角线属于唯一确定的轨线. 不同长度的边或对角线属于不同的轨线，而相同长度的边或对角线也可能属于不同的轨线. 因此，"全等"循环轨线的计数乃是问题的关键.

设 n 个点依次为 $A_1, A_2, \cdots, A_n$，如果任一条线 $A_i A_j$ 之间的劣弧被 k 等分，我们称其为"k 弦". 显见，只要 k 弦不是直径，那么它必有 n 条. 今称经过 $A_i A_j$ 的循环轨线为 k 轨线. 于是当 n 为奇数时，只存在 1 轨线，2 轨线 $\cdots\cdots \frac{n-1}{2}$ 轨线；当 n 为偶数时，只存在 1 轨线，2 轨线 $\cdots\cdots \frac{n}{2}$ 轨线（圆的直径）.

由对称性，不妨设一条 k 轨线从 A_1 出发，它回到 A_1 时，走过了 s 条 k 弦，s 显然是最小的满足 $n \mid sk$ 的正整数，于是必有 $sk = [n, k]$. 用掉了 s 条 k 弦意味着 k 轨线共有 $\frac{n}{s}$ 条，即 $\frac{nk}{[n,k]} = (n,k)$，这里"$[\ \ ]$"和"$(\ \ )$"分别指最小公倍数和最大公因数.

于是，当 k 弦不是直径时，k 轨线有 (n,k) 条；而当 k 弦是直径时 $\left(\text{此时 } n \text{ 是偶数}, k = \frac{n}{2}\right)$，$k$ 轨线也有 (n,k) 条. 于是可总结为

$$f(n) = \sum_{i=1}^{\left[\frac{n}{2}\right]} (n, i).$$

下面来计算 $f(n)$.

由于 $(n, i) = (n, n-i)$，故先来计算 $g(n) = \sum_{i=1}^{n-1} (n, i)$. 对任意 $(n, i) = d$，d 不大于 n，且是 n 的因子，易知 $\left(\frac{n}{d}, \frac{i}{d} \right) = 1$. 这样的 i 共有 $\varphi\left(\frac{n}{d}\right)$ 个，这里 φ 是欧拉函数，因此

$$g(n) = \sum_{d \mid n} d\varphi\left(\frac{n}{d}\right) = \sum_{d \mid n} \frac{n}{d}\varphi(d).$$

由计数的乘法原理,知

$$\sum_{d \mid n} \frac{1}{d}\varphi(d) = \prod_{p_i \mid n}\left(1 + \frac{1}{p_i}\varphi(p_i) + \frac{1}{p_i^2}\varphi(p_i^2) + \cdots + \frac{1}{p_i^{\alpha_i}}\varphi(p_i^{\alpha_i})\right) - 1$$

$$= \prod_{i=1}^{k}\left(1 + \alpha_i\left(1 - \frac{1}{p_i}\right)\right) - 1.$$

于是当 n 为奇数时,易知有

$$f(n) = \frac{1}{2}g(n) = \left(\frac{1}{2}\prod_{i=1}^{k}\left(1 + \alpha_i\left(1 - \frac{1}{p_i}\right)\right) - \frac{1}{2}\right)n;$$

而当 n 为偶数时,有

$$f(n) = \frac{1}{2}g(n) + \frac{1}{2}\left(n, \frac{n}{2}\right) = \left(\frac{1}{2}\prod_{i=1}^{k}\left(1 + \alpha_i\left(1 - \frac{1}{p_i}\right)\right) - \frac{1}{4}\right)n.$$

合在一起便得欲证等式.

接下来,我们来解 $f(n) = n$.

当 n 是奇数时,$\prod_{i=1}^{k}\left(1 + \alpha_i\left(1 - \frac{1}{p_i}\right)\right) = 3$. 若 $k \geq 3$,则

$$\prod_{i=1}^{k}\left(1 + \alpha_i\left(1 - \frac{1}{p_i}\right)\right) \geq \left(2 - \frac{1}{3}\right)\left(2 - \frac{1}{5}\right)\left(2 - \frac{1}{7}\right) > 3,$$

故 $k = 1$ 或 2. 且由 $\left(2 - \frac{1}{3}\right)\left(2 - \frac{1}{5}\right) = 3$ 知,$k = 2$ 时,只能有 $n = 3 \times 5 = 15$. 而当 $k = 1$ 时,有 $\alpha_1\left(1 - \frac{1}{p_1}\right) = 2$. 设 $\alpha_1 = mp_1$,m 是正整数,$m(p_1 - 1) = 2$,于是 $p_1 - 1 = 2, p_1 = 3, m = 1, \alpha_1 = 3, n = 27$.

当 n 是偶数时,$\prod_{i=1}^{k}\left(1 + \alpha_i\left(1 - \frac{1}{p_i}\right)\right) = \frac{5}{2}$. 同样地,若 $k \geq 3$,则

$$\text{左式} \geq \left(2 - \frac{1}{2}\right)\left(2 - \frac{1}{3}\right)\left(2 - \frac{1}{5}\right) > \frac{5}{2},$$

故 $k = 1$ 或 2. 且由 $\left(2 - \frac{1}{2}\right)\left(2 - \frac{1}{3}\right) = \frac{5}{2}$ 知,$k = 2$ 时,只能有 $n = 2 \times 3 = 6$;$k = 1$ 时,$p_1 = 2, \alpha_1 = 3, n = 8$.

综上所述,满足 $f(n) = n$ 的全体 n 是 $6, 8, 15, 27$.

欧拉函数定义为小于某一正整数且与之互素的正整数个数. 对于 $n = p_1^{a_1} p_2^{a_2} \cdots p_k^{a_k}$，有 $\varphi(n) = n \prod\limits_{i=1}^{k} \left(1 - \dfrac{1}{p_i}\right)$，$\varphi(1) = 0$，这是初等数论的基本知识. 有些组合几何问题对代数、几何或数论知识有一定的要求.

本题在求 $f(n) = n$ 的解之前得出的 $\sum\limits_{i=1}^{\left[\frac{n}{2}\right]} (n, i)$ 也是一个比较成功的表达式, 但恐怕不能靠它解出 $f(n) = n$.

例 2 在单位圆上，任给 n 个不同的点. 求证：以这 n 个点为端点的长度大于 $\sqrt{2}$ 的线段条数 $\leqslant \dfrac{n^2}{3}$.

证明 设 A 为圆周上一点，称以 A 为中点的半圆弧为"A 半圆".

先证：任给圆周上 n 个点，必有一点 P，使得"P 半圆"覆盖这 n 个点中的至少 s 个点，这里当 $3 \mid n$ 时，$s = \dfrac{n}{3}$；当 $3 \nmid n$ 时，$s = \left[\dfrac{n}{3}\right] + 1$.

事实上，如图 1.2 所示，设 A 为其中一点，弧 $\overparen{XAY}$ 为"A 半圆". 若 A 所在直径上的点 D 也为所给点，则由于"A 半圆"与"D 半圆"覆盖整个圆周，此时取 P 点为 A 或 D 均可；若 D 不是所给 n 个点中的点，则当 $\overparen{XD}$ 或 $\overparen{YD}$ 内部不含给定点时，结论也是显然的；而当 $\overparen{XD}$ 与 $\overparen{YD}$ 内部都有给定点（分别设为 B，C）时，可考虑"A 半圆"、"B 半圆"与"C 半圆"，它们覆盖整个圆

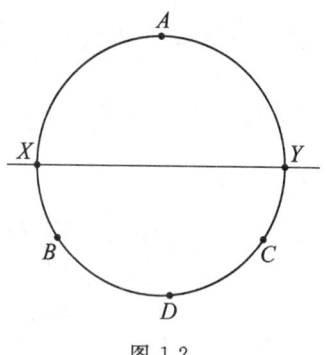

图 1.2

周,此时 A,B,C 中必有一点满足题意.

下面用归纳法证明:设长度 $>\sqrt{2}$ 的线段有 q 条,当 $3\mid n$ 时,$3q\leqslant n^2$,当 $3\nmid n$ 时,$3q<n^2$.

事实上,当 $n=1$ 时,$q=0$,显然成立.

设 $n=k$ 时,命题成立,则当 $n=k+1$ 时,由前所证,可知存在一点 P,使"P 半圆"覆盖这 $k+1$ 个点中的 s 个点,这里的 s 如前定义.显然"P 半圆"上任意一点到点 P 的距离 $\leqslant\sqrt{2}$,所以,以 P 为端点的线段中,长度 $>\sqrt{2}$ 的至多有 $k+1-s$ 条.

记 q' 为除点 P 外,其余 k 个点中长度 $>\sqrt{2}$ 的线段条数.由归纳假设,当 $3\mid k$ 时,$3\nmid(k+1)$,有 $3q'\leqslant k^2$,此时

$$3q\leqslant 3q'+3(k+1-s)=k^2+3k+3-3\left(\left[\frac{k+1}{3}\right]+1\right)$$
$$=k^2+2k<(k+1)^2.$$

当 $3\nmid k$ 时,若 $3\nmid(k+1)$,则 $s=\left[\frac{k+1}{3}\right]+1$,此时

$$3q\leqslant 3q'+3(k+1-s)<k^2+3k+3-3\left(\left[\frac{k+1}{3}\right]+1\right)$$
$$=(k+1)^2.$$

当 $3\nmid k$ 且 $3\mid(k+1)$ 时,

$$3q\leqslant 3q'+3(k+1-s)\leqslant k^2-1+3k+3-(k+1)=(k+1)^2.$$

综上所述,对一切正整数 n,$3q\leqslant n^2$.

例3 一正方形被划分为 k^2 个一样的小方格.对于通过所有小正方形中心的折线(可自相交),求组成这种折线的线段数目的最小值.

解 对于正整数 k,记 $f(k)$ 是组成题中所述折线的线段数目的最小值.显然 $f(1)=1$,$f(2)=3$.

由图 1.3 可知,当 $k\geqslant 3$ 时,$f(k)\leqslant 2k-2$.以下证明当 $k\geqslant 3$ 时,$f(k)\geqslant 2k-2$.

我们把 k^2 个中心排成 k 行水平 k 列垂直的点阵.设一条折线 l 通过所有的中心,且组成它的线段数为 $f(k)$.设组成 l 的水平线段有 s 条,

垂直线段有 t 条. 显然 $0 \leqslant s$, $t \leqslant k$. 若 $s=k$, 则至少用 $k-1$ 条非水平线段才能把 k 条水平线段连成一条折线. 若 $s=k-1$, 则必有一行的 k 个点没有水平线段相连, 任一非水平线段至多通过该行的一个点. 由以上讨论可知, 当 $s=k$ 或 $s=k-1$ 时, $f(k) \geqslant 2k-1>2k-2$, 矛盾. 从而 $s \leqslant k-2$. 同理可证 $t \leqslant k-2$. 于是有 $k-s$ 行 $k-t$ 列上的点既无水平线段通过, 又无垂直线段通过. $k-s$ 行和 $k-t$

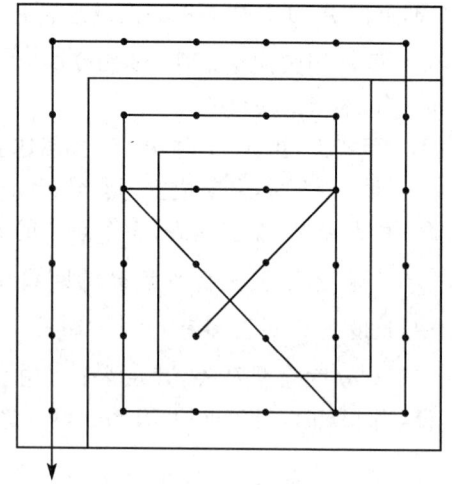

图 1.3

列组成的矩形边界上有 $(2k-2s)+(2k-2t-4)=4k-2s-2t-4$ 个中心. 由于任一条既不水平又不垂直的线至多通过上述边界上的两个中心, 所以

$$f(k) \geqslant s+t+\frac{1}{2}(4k-2s-2t-4)=2k-2.$$

综上可得 $f(1)=1$, $f(2)=3$, 当 $k \geqslant 3$ 时, $f(k)=2k-2$.

例 4 设 P 是一个正 n 边形, 在 P 的内部不相交的任意 $n-3$ 条对角线将此凸 n 边形划分成 $n-2$ 个三角形. 如果分割出的三角形都是等腰三角形, 求 n 的所有可能值.

解 首先证明一个引理: 设 $\mathcal{Q}=Q_0Q_1\cdots Q_t$ 是一个凸多边形, 且满足 $Q_0Q_1=Q_1Q_2=\cdots=Q_{t-1}Q_t$, $\mathcal{Q}$ 有外接圆, 圆心不在 $\mathcal{Q}$ 的内部. 若存在 $\mathcal{Q}$ 的一个分割, 使得分割出的三角形都是等腰三角形, 则 $t=2^a (a \in \mathbf{N}^*)$.

因为 $Q_1, Q_2, \cdots, Q_{t-1}$ 在劣弧 $\overparen{Q_0Q_t}$ 上, 所以, $\triangle Q_iQ_jQ_k (0 \leqslant i<j<k \leqslant t)$ 都不是锐角三角形.

如图 1.4, 由于 Q_0Q_t 是 $\mathcal{Q}$ 的边和对角线中最长的, 因此, Q_0Q_t 一定是 $\mathcal{Q}$ 分割出的一个等腰三角形的底边. 于是, t 一定是偶数.

设 $t=2s$, 则 $\triangle Q_0Q_sQ_t$ 是分割出的一个等腰三角形.

同理,由圆内接凸多边形 $Q_0Q_1\cdots Q_s$ 可得 s 是偶数.

一直进行下去,可得 $t=2^a(a\in \mathbf{N}^*)$.

特别地,引理的结果可以退化为 ② $=Q_0Q_1$ 时的情形,则有 $a=0$.

回到原题.

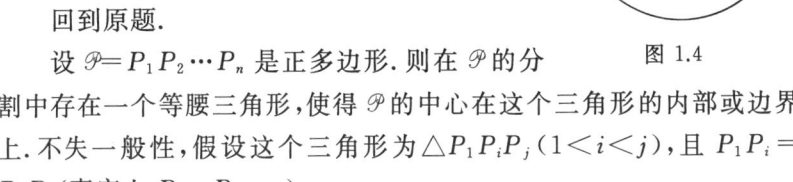

图 1.4

设 $\mathscr{P}=P_1P_2\cdots P_n$ 是正多边形. 则在 $\mathscr{P}$ 的分割中存在一个等腰三角形,使得 $\mathscr{P}$ 的中心在这个三角形的内部或边界上. 不失一般性,假设这个三角形为 $\triangle P_1P_iP_j(1<i<j)$,且 $P_1P_i=P_1P_j$(事实上 $P_j=P_{n-i+2}$).

对多边形 $P_1P_2\cdots P_i,P_iP_{i+1}\cdots P_j$ 和 $P_jP_{j+1}\cdots P_1$ 应用引理,可得在劣弧 $\overset{\frown}{P_1P_i},\overset{\frown}{P_iP_j},\overset{\frown}{P_jP_1}$ 内部分别有 $2^m-1,2^k-1,2^m-1(m,k$ 为非负整数)个点. 从而,$i=2^m+1,j=2^k+1$,故

$n=2^m-1+2^k-1+2^m-1+3=2^{m+1}+2^k$.

换句话说,n 要么是 2 的整数次幂($m+1=k$),要么是两个不等的 2 的整数次幂的和(包含 $2^0=1$).

由前面的讨论容易知道,当 $n=2^{m+1}+2^k$ 时,存在只含有等腰三角形的分割(图 1.5 是 $n=18=2^{3+1}+2^1$ 时的情形,图 1.6 是 $n=16=2^{2+1}+2^3$ 时的情形).

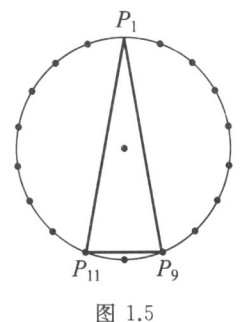

图 1.5

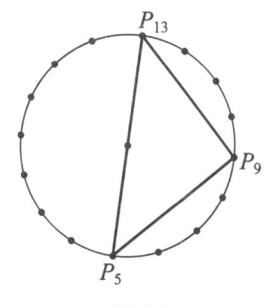

图 1.6

例 5 给定 4 个正整数 m,n,p,q,满足 $p<m,q<n$.在平面直角坐标系内取定 4 个点 $A(0,0),B(p,0),C(m,q),D(m,n)$,考虑从 A 到 D

的路径 f 和从 B 到 C 的路径 g. f 和 g 只能沿着坐标轴的正方向,且只能在整点处改变方向(从一个坐标轴的正方向变为另一个坐标轴的正方向). 令 s 是满足 f,g 没有公共点的路径对 (f,g) 的个数,证明:$s = C_{m+n}^n C_{m+q-p}^q - C_{m+q}^m C_{m+n-p}^n$.

证明 从 A 到 D 的路径,可用 m 个向 x 轴正方向行进 1 的基本路径和 n 个向 y 轴正方向行进 1 的基本路径的排列来表示. 于是,这样的排列共有 C_{m+n}^n 种,对应的 A 到 D 的路径共有 C_{m+n}^n 种.

同理,从 B 到 C 的路径共有 C_{m+q-p}^q 种,所以,不加条件的 (f,g) 的总数为 $C_{m+n}^n C_{m+q-p}^q$.

下面考虑相交的 (f,g).

对任一组相交的 (f,g),设它们最后一个交点为 K,则 $K \to D$ 与 $K \to C$ 的局部路径上没有交点. 交换这两段局部路径,可将 (f,g) 映射到另一组路径 $(i,j) = (A \to K \to C, B \to K \to D)$,且这个映射是单射.

对任一组路径 $(i,j) = (A \to C, B \to D)$,易知它们是相交的. 同样,设最后一个交点为 K,并交换 $K \to C, K \to D$ 的局部路径,得到一组 $(A \to D, B \to C)$ 的路径,且它们相交. 于是,前面提到的映射是满射.

从而,此映射为双射. 所以,相交的 (f,g) 的个数等于 (i,j) 的个数. 又 i 的个数为 C_{m+q}^m,j 的个数为 C_{m+n-p}^n,所以,相交的 (f,g) 的个数为 $C_{m+q}^m C_{m+n-p}^n$.

综上所述,不相交的 (f,g) 的个数
$$s = C_{m+n}^n C_{m+q-p}^q - C_{m+q}^m C_{m+n-p}^n.$$

例 6 平面上任作 $n(\geqslant 4)$ 条直线,既无平行,也无三线共点,它们将全平面分成(互不重叠)的区域中,有 $f(n)$ 个三角形. 求证: $\dfrac{2}{3}(n-1) \leqslant f(n) \leqslant \dfrac{n(n-2)}{3}$.

证明 先证明下界.

对于这 n 条直线中的每一条,若所有其他直线的交点均在这条直

线的一侧,则称其为奇异直线,否则称其为普通直线.首先,我们证明奇异直线至多能有 2 条.这是因为若有 3 条,则它们围成一个三角形,所有其他直线之间或与这 3 条直线的交点必须均在这个三角形内部或边界上.但这是不可能的,显然地,处于一般位置(无平行,无三线共点)的 4 条直线,其中任何一条直线不能与另 3 条直线的交点均在那 3 条直线所围成的三角形内部或边界上.

对于每条普通直线 l,我们证明至少有 2 个边在此直线上的三角形区域.为此,先找到其他 $n-1$ 条直线之间的交点,这些交点分布于 l 的两侧,每侧都有一个交点距离 l 最近,于是这个交点所属的两条直线 l_1,l_2 与 l 围成的三角形即是一三角形区域,因为它内部不能再有直线穿过,否则至少必与 l_1,l_2 之一上的边相交,这个交点距离 l 更近,矛盾.于是,对于每条普通直线 l,至少有 2 个边在此直线上的三角形区域;而对于奇异直线,这样的三角形区域至少有 1 个.考虑三角形有 3 条边,被重复计数,故而三角形区域至少有 $\frac{1}{3}(2(n-2)+2)=\frac{2}{3}(n-1)$ 个.

至于上界,证明如下:

对 n 条直线(无平行、三线共点),由它们相交所得的任一条线段(无其他直线穿过)不可能是两个三角形区域之边,而这样的线段共有 $n(n-2)$ 条,因此 $f(n)\leqslant\frac{1}{3}n(n-2)$.

> **点评** 是否有 $n-2\leqslant f(n)$?请读者考虑.上界在 1960 年代末由格林鲍姆(B. Grünbaum)与坎汉(R. J. Canham)得到,这是在陈计的问题征解栏目的评论中提到的.

例7 平面上分布着 $2n+1$ 条直线.证明:至多有 $\frac{1}{6}n(n+1)(2n+1)$ 个不同的锐角三角形的各边均在这些直线上.

证明 我们求锐角三角形个数的最大可能值.为使锐角三角形尽可能

多,不妨设所有直线两两不平行,两两不垂直,三三不共点. 这样任三条直线都必将构成一个三角形,不是锐角三角形就是钝角三角形. 记锐角三角形个数为 A,钝角三角形个数为 B,则

$$A+B=C_{2n+1}^3=\frac{(2n+1)\cdot 2n\cdot (2n-1)}{6}.$$

下面我们给出"局部锐"这个概念:若一个三角形在某条边上的两个角都是锐角,则称该三角形关于这条边所在的直线为"局部锐"的.

对于其中任一条直线,任意指定一个正方向,则其他 $2n$ 条直线的斜率为正或负,且一条斜率为正的直线与一条斜率为负的直线搭配恰能形成一个"局部锐". 这样设正斜率的直线有 j 条,则对于指定了正方向的直线,恰产生了 $j(2n-j)$ 个"局部锐",至多 n^2 个. 从而"局部锐"总数至多为 $(2n+1)n^2$. 而一个锐角三角形有 3 个"局部锐",钝角三角形有 1 个"局部锐". 因此

$$3A+B\leqslant (2n+1)n^2,$$

$$2A\leqslant (2n+1)n^2-(A+B)=(2n+1)n^2-\frac{(2n+1)n(2n-1)}{3}$$

$$=\frac{(2n+1)(n^2+n)}{3}=\frac{n(n+1)(2n+1)}{3}.$$

$\therefore A\leqslant \dfrac{n(n+1)(2n+1)}{6}.$

原命题得证.

当 $2n+1$ 条直线恰好围成一个正 $2n+1$ 边形时,每条直线的"局部锐"皆为 n^2,因此这时锐角三角形个数达到最大值 $\dfrac{n(n+1)(2n+1)}{6}$.

例8 (沙泽勒(Chazelle),埃德尔斯布吕纳(Edelsbrunner),奥罗克(O'Rourke)等) 给定平面上 n 条直线(无平行与三线共点)及另外一条直线 l. 证明: l 与 n 条直线形成的面(无重叠区域)中,相交面的边数和 $\leqslant 6n$.

证明 不妨假设 l 是水平的且不经过任何 n 条直线之交点.

首先,确定与 l 相交的所有面 f 的上半部分即位于 l 上方的边的

总数.这样一个面的上部边界由两条凸的边链(左链和右链)及 l 的一部分构成.如果面 f 的上半部分是有界的,那么左链和右链相交于 f 的最上方的顶点;否则,这些链的最后(最上方)的边是射线(如图1.7).属于左(右)链的边,除了最上方的边之外,称为 f 的**左侧(右侧)边**.

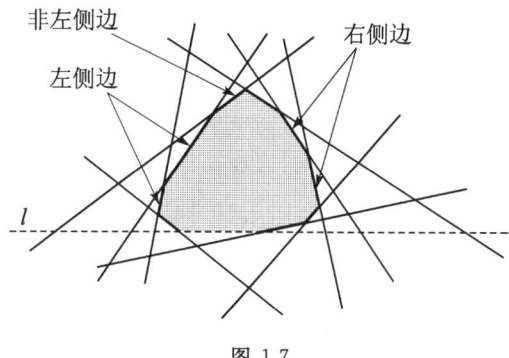

图 1.7

断定每条直线 l_i 至多含一条左侧边.若否,假设 l_i 含两条边 e_1 和 e_2,它们分别是 f_1 和 f_2 的左侧边,其中 e_2 在 e_1 之上.因此支撑 f_1 的左链最上方边所在的直线 l_j 穿过 f_2,矛盾.故与 l 相交面的上部左侧边(右侧边)总数至多为 n.考虑到链最上方的边(l 至少穿过两个无界区域),与 l 相交面的上部边的总数至多为 $4n$.对这些面的下部可作同样讨论.由于与 l 相交的边被计数两次,所以与 l 相交面中,边的总数至多为 $8n-2n=6n$.

> **点评** 此题的证明颇有创意,它表明有时需要引进一些概念方能将问题说清楚.通过更详细的计数讨论,伯恩(Bern)等1991年证得上界可以改进为 $\frac{11}{2}n$,且除了一个常数因子外此界是紧的.

习题 1

1. 在边长为 1 的正方形中有一条不自身相交的折线, 长度不少于 200. 证明: 存在一条与正方形的边平行的直线, 它与折线有不少于 101 个交点.

2. 在方格纸上画着一个矩形 $ABCD$, 它的边在方格线上, 而且 AD 是 AB 的 k (一个正整数)倍. 考察方格线上 A,C 两点之间的所有最短路线. 证明: 在这些路线中, 第 1 条边在 AD 上的路线数是第 1 条边在 AB 上的路线数的 k 倍.

3. 坐标系中有 100 个点组成集合 M. 求证: 至多有 2025 个矩形, 其顶点选自 M, 且该矩形的边平行或垂直于坐标轴.

4. 对 $m \times n$ 的方格表选择一些格子染成黑色, 要求每个 $a \times b(a \leqslant m, b \leqslant n)$ 的子矩形包含奇数个黑格. 求染色的种数.

5. 在坐标平面上, 具有整数坐标的点构成单位边长的正方形格的顶点. 像国际象棋棋盘那样给这些正方形涂上黑白相间的两种颜色. 对于任意一对正整数 m 和 n, 考虑一个直角三角形, 它的顶点具有整数坐标, 两条直角边的长度分别为 m 和 n, 且两条直角边都在这些正方形格的边上. 设 S_1, S_2 分别为所有黑格、所有白格的总面积, 令 $f(m,n) = |S_1 - S_2|$.

(1) 当 m 和 n 同为正偶数或正奇数时, 计算 $f(m,n)$;

(2) 证明: $f(m,n) \leqslant \dfrac{1}{2}\max(m,n)$;

(3) 证明: 不存在常数 c, 使得恒有 $f(m,n) < c$.

6. 设 n 为正整数, 在坐标平面上由 $(0,0)$ 到 (n,n) 的一条"路"是指一条折线, 这条折线从 $(0,0)$ 开始, 每次或者向右(记为 E)或者向上(记为 N)运动一个单位, 直到到达 (n,n), 且所有运动均在 $x \geqslant y$ 的半平面内进行. 在一条路中, 形如 EN 的两个相邻运动称为"一步", 求从 $(0,0)$ 到 (n,n) 恰有 $s(n \geqslant s \geqslant 1)$ 步的路的条数.

7. 一个 $2n \times 2n$ 的正方形分割为 $4n^2$ 个单位正方形, 作单位正方形的对角线,使它们都没有公共点.求作出的最大可能的对角线数.

8. 如图 1.8,正六边形被分割成 24 个小正三角形,在 19 个结点处分别写上不同的数.证明:至少有 7 个小正三角形顶点处的 3 个数是按逆时针方向递增的.

9. 求以正 n 边形顶点为顶点的不全等三角形个数.

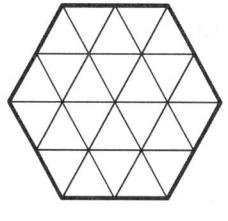

图 1.8

10. 在以正 $2n+1$ 边形之顶点为顶点的三角形中,求锐角三角形的个数.

11. 凸 n 边形的任意 3 条对角线不交于一点,求这些对角线将凸 n 边形划分的区域个数.

12. 在平面上有 n 条直线,其中任意 2 条直线不平行,任意 3 条直线不共点.对其中任意 2 条直线,记它们相交所成的较小的角为它们的夹角.试求这 n 条直线相交所成的 C_n^2 个夹角之和的最大值.

13. 圆周上分布着 20 个点,现用 10 条既无公共端点、又互不相交的弦来联结它们.试问:可以有多少种不同的连法?

14. 在圆周上有 21 个点.证明:以这些点为端点组成的所有弧中,不超过 $120°$ 的弧不少于 100 条.

15. 一图形是 $n(\geqslant 2)$ 个圆的交集,求其边界上曲边的最大数目.

16. (舒姆(Shum)) 设 $A_1,A_2,\cdots,A_n$ 是平面上 n 个不共线的点,构成点集 S.若一个中心在 O、半径为 r 的圆过其中至少 3 个点,且 $A_kO\leqslant r(k=1,2,\cdots,n)$,则称这个圆是 S 的一个最小圆.对固定的 n,问:S 的最小圆最多有多少个?

17. 在同一平面上的 n 个圆 $C_1,C_2,\cdots,C_n$,满足对所有的 $i=1,2,\cdots,n$,圆 C_i 的圆心位于圆 C_{i+1} 的圆周上($C_{n+1}=C_1$).对于这 n 个圆的某个排列,用 M 表示使得圆 C_i 严格包含圆 C_j 的有序数对 (i,j) 的个数,试求 M 的最大值.

18. 棱长为 n 的立方体被分成 n^3 个单位立方体.挑选若干个小立方体,并过每一个小立方体的中心作平行于棱的 3 条直线.问:最少要挑选多少个小立方体,才能让所作的直线经过所有的小立方体?

19. 在空间中给出不在同一平面上的 4 个点,若以这些点作为顶点,能作多少个不同的平行六面体?

20. 将一个 $2\times n$ 的矩形分割成边长为整数的矩形(至少被分割为两个矩形),有多少种方法?

21. 边长为1的正六边形 $ABCDEF$,O 是其中心,除了六边形的每一条边,我们还从点 O 到每个顶点连一条线段,共得到12条长度为1的线段.一条路径是指从点 O 出发,沿着线段最后又回到点 O 的路线.问:长度为 n 的路径共有多少条?

22. 将一个 n 边形的每个顶点染为红、蓝、绿3种颜色之一,使得相邻顶点的颜色互不相同.问:有多少种满足条件的方法?

23. 已知有足够多个 1×1 的正方形和 2×1 的多米诺骨牌.设 $n\geqslant 3$ 是整数,要拼成一个 $3\times n$ 的矩形,其中多米诺骨牌较长的边与矩形边长为3的边平行,且任意两块多米诺骨牌均不相邻,有多少种不同的方法?

24. 王按国际象棋规则行走,在每个格子上正好停一次,并在最后一步回到最初位置.它走遍了 8×8 棋盘,如果把它先后走过的格子中心连起来,可得到一条封闭的折线.

(1) 举一个王沿着水平线和垂直线正好走了28步的例子;

(2) 证明:王沿着水平线和垂直线走的步数不能少于28;

(3) 如果格子的边长为1,求王所走路线长度的最大值和最小值.

25. 对一个 2007×2007 棋盘的每个小方格赋值"1"或"-1",要求棋盘上任意一个正方形中的各个小方格数值之和的绝对值不超过1. 求满足要求的赋值方案数.

26. 一个 $n\times m (n\leqslant m)$ 表格中的"扫雷"游戏规定如下:"雷"放在表格的若干格内(每格至多放一个雷),在不放雷的格子里写一个数字,代表与它"相邻"(有公共边或有公共顶点)的格中雷的总数.对任意一种放雷方式 $*$,将算出的格子上所有数字之和记为 $S(n,m,*)$,求 $\max S(n,m,*)$.

27. (1) 在 $n\times n (n\geqslant 3)$ 方格表的每个格中填入一个确定的整数.已知任意 2×2 单元及所有数之和为偶数,且任意 3×3 单元的所有数之和也为偶数.求使得此方格表中所有数之和为偶数的全部 n;

(2) 将条件改为"任意 3×3 及 5×5 的单元中所有数之和也为偶

数",回答同样的问题.

28. 在 8×8 的棋盘中放一些挡板,使它成为一座迷宫.如一只青蛙可以不跳过任何挡板而走遍每个小方格,则称它为好的迷宫,否则称它为坏的迷宫.问:好的迷宫多还是坏的迷宫多?

29. 设 L_1,L_2,L_3,L_4 是一个正方形桌子的 4 只脚,它们的高度都是正整数 n.问:有多少个有序四元非负整数组 (k_1,k_2,k_3,k_4),使得将每只脚 L_i 锯掉长为 k_i 的一段后(从地面开始锯, $i=1,2,3,4$),桌子仍然保持稳定? 当且仅当桌子的 4 只脚都能着地时,称桌子是稳定的.

30. 已知 P 为平面上的一个凸 n 边形,考虑以 P 的顶点为顶点的三角形.若所有的边都是单位长,则称这样的三角形为"好的".求证:好三角形的数目不超过 $\frac{2n}{3}$.

31. 已知 $n(>2)$ 条直线把平面分成若干个区域,其中的一些区域被涂上颜色,但任何两个涂色区域没有公共边.求证:涂色区域个数 $\leqslant \frac{n+n^2}{3}$.

32. 对于坐标平面上的两个点 $A(x_1,y_1),B(x_2,y_2)$,定义 $d(A,B)=|x_1-x_2|+|y_1-y_2|$.如果 $1<d(A,B)<2$,则称点对 (A,B)(不考虑点对次序)是"好的",求平面上 100 个点中好的点对数目之最大值.

33. 设 P 是一个正方形,n 为一正整数,记 $f(n)$ 是将 P 分割成矩形的数目最大值,使得每一条平行于 P 的某条边的直线最多与 n 个矩形的内部有交点.证明: $3\cdot 2^{n-1}-2\leqslant f(n)\leqslant 3^n-2$.

34. 已知 $p(p\geqslant 5)$ 为素数,从 $p\times p$ 的棋盘上任取 p 个方格,使得所取方格不能位于同一行(可以位于同一列),记这样的取法数为 r.求证: $p^5\mid r$.

35. 给定 n 条直线,f 为这些直线形成的每个面(无重叠)的边数.证明: $\sum f\leqslant cn^2$,其中 c 为正常数.

36. 已知一 $m\times n$ 的方格表.如果有若干个单位正方形可以排成一个序列,使得这个序列中任意两个连续排列的正方形都是相邻的(即有公共边),则称这个单位正方形序列为一条"通路".将方格表中的每个正方形染为黑色或白色,设 N 是使得至少有一条从方格表左端边到右端边的黑色通路的染色方法数,M 是使得至少存在两条不相交的、从方格表最左边到最右边的黑色通路的染色方法的数目. 证明:$N^2 \geqslant 2^{mn}M$.

第二讲 从棋盘到染色

棋类活动在俄罗斯及一些东欧国家十分受青睐,这在数学奥林匹克竞赛中也时有体现,堪称是数学奥林匹克文化.国际象棋棋盘的着色本身就耐人寻味,棋盘问题中有相当一部分问题也与染色有关.

染色,其本质也就是分类,说成是染色完全是为了增加其趣味性.必须要指出的是,棋盘等问题中有不少可归为纯组合问题,与几何无关;有的则处于几何与代数之间,它们的几何性质主要不是测度(方向、长度、面积等),而是位置.如果较强依赖于位置的,可以算作组合几何问题;不依赖于位置的,比如图论,基本上可以用矩阵等纯代数语言描述,这个区分还是不难的.

§2.1 棋盘的染色

棋盘的染色问题有几种分法,如从形式上分,有的是对方格染色(比较常见),有的是对网格线染色;从数量上分,一般是二染色,也有多染色的(以三色、四色居多,也有的干脆是 n 色);而在方法上主要有两种,有的在条件中就已经规定了染色法,有的则是要你自己去找染色方案.对此,初学者要仔细推敲,以便理解问题的实质.

例 1 设 n 是一个固定的正偶数,考虑一块 $n\times n$ 正方形板,它被分成 n^2 个单位小方格,将板上 m 个小方格做上标记,使得任何 1 个小方格(做上标记或未做标记的)都至少与一个做上标记的小方格相邻(指有公共边).求 m 的最小值.

解 记正偶数 $n=2k(k\in \mathbf{N}^*)$.

第一次染色:对正方形板上的 n^2 个方格用黑、白两种颜色染色.每个小方格染一色,并使得任意两个相邻的小方格不同色(即国际象棋棋盘的染色方式).则 $4k^2$ 个方格中恰好有 $2k^2$ 个黑格与 $2k^2$ 个白格.在白格上做标记,其邻格都是黑格;在黑格上做标记,其邻格都是白格.设 m 是符合题中要求的最小数,则由对称性(黑格与白格关于棋盘中轴对称)知,其中黑格与白格各占 $\dfrac{m}{2}$ 个,如图 2.1.

图 2.1

所以,问题归结为:至少应在多少个白格上做标记,才能使它们的邻格包含了所有的黑格?下面证明,这个最小数 $p=\frac{1}{8}n(n+2)$.

第二次染色:如果两个白格没有共同的邻格,称 $2k\times 2k$ 正方形的两个白格是"不相依的".把 $2k^2$ 个白格分为 $2k$ 组,位于主对角线的同一平行线上的白格同属一组,否则分属不同的组,并按图 2.2 样式标记为第 $1,2,\cdots,2k$ 组.

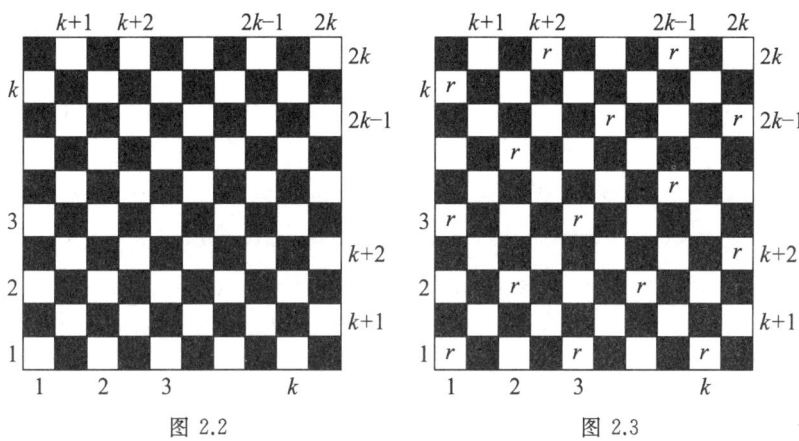

图 2.2 图 2.3

下面对 $2k^2$ 个白格染色:用 r 标记在白格上,表示该白格被染红,这些红格分布在第 $1,3,5,\cdots,2k-1$ 组与主对角线平行的斜线上,每条斜线的两端白格都染红,并且两红色格之间恰好空一个白格不染红,如图 2.3(此时 k 为奇数).

按染色方法,可知棋盘中的红格子满足以下条件:

第一,红格子个数等于 $1+2+3+\cdots+k=\frac{1}{2}k(k+1)=\frac{1}{8}n(n+2)$.

故最小数 $p=\frac{1}{8}n(n+2)$.

第二,任意两个红格不相依,且剩余的白格与红格不相邻,剩余的白格数目等于 p.

第三,任意一个黑格都恰好是一个红格的邻格,

故 $$m=2p=\frac{1}{4}n(n+2).$$

例2 如果从 3×3 方格表中剪去一个 2×2 方格表,那么剩下的图形就称为由 5 个方格所构成的角状形(即"L"形).现在要将一个 8×8 方格表中的每一个方格都染为 3 种颜色之一,如果在每个由 5 个方格所构成的角状形中都有 3 种不同颜色的方格,则称这种染色方式是"好的".证明:至少有 6^8 种好的染色方式.

证明 在每一个题中所述的角状形中都包含一个水平的 1×3 方格表. 我们可以将 8×8 方格表中的每一行方格都染色,使得在每一个水平的 1×3 方格表中都包含 3 个颜色各不相同的方格.

易知,每一行都可以有 $3!=6$ 种不同的染色方式($ABCABCAB$,而 ABC 可以有 6 种不同的选择方式).又由于各行之间的染色方式完全可以相互独立选取,所以至少有 6^8 种好的染色方式.

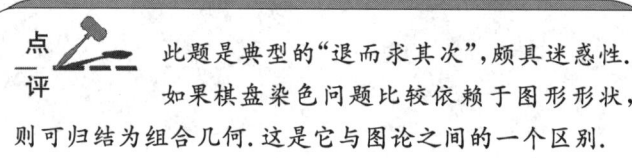

点评 此题是典型的"退而求其次",颇具迷惑性. 如果棋盘染色问题比较依赖于图形形状,则可归结为组合几何.这是它与图论之间的一个区别.

例3 今有一个 300×300 的方格表.试问:最少可以染黑其中多少个方格,使得任何 3 个黑格都不形成角状形(即"L"形),但只要再染黑任何一个白格,就会出现由 3 个黑格组成的角状形?

解 将方格表中的第 $2,5,8,\cdots,299$ 行中的方格全部染黑,即可满足题中要求,这是一个染黑 30 000 个方格可以满足要求的例子.

接下来证明,黑格的数目不可再减少.

假设染黑 b 个方格可以满足要求,此时,方格表中有 $w=90\ 000-b$ 个白格.

在每个黑格中都写上一个 0,然后对每个白格进行如下操作.

如果将某个白格染黑之后,它成为某个黑色角状形的中心(即转角处的方格),那么,就将该角状形中的另外两个黑格中的数分别加 1;而如果它不是黑色角状形的中心,那么,就将该角状形中心的数加 2.(但每次只选一个角状形,对于其他同时新出现的角状形不予考虑.)

由于在任何情况下,都只进行其中的一种操作,所以,最终写在所有黑格中的数的总和为 $2w$.

接下来证明:任意一个黑格 A 中的数都不大于 4.

如果 A 没有任何黑色邻格,那么,在染黑它的任何一个白色邻格时,它都不会成为黑色角状形的中心.所以,每次操作后,写在它里面的数都至多增加 1.故它里面的数最终不大于 4.

如果 A 有不多于两个白色邻格,那么,由于对它们的操作都至多在 A 中增加 2,A 中的数最终不大于 4.所以,只需考察 A 有 1 个黑色邻格与 3 个白色邻格的情形(如图 2.4).

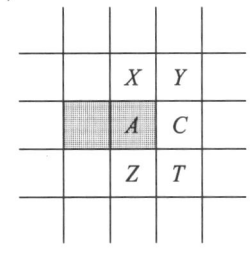

图 2.4

染黑 C 时,显然不可能往 A 中增加 2,否则 X 与 Z 之一为黑色.如果染黑 C 时,往 A 中增加 1,那么,Y 与 T 之一为黑色(不妨设为 Y).则在染黑 X 时,X 成为黑色角状形的中心,从而,至多往 A 中增加 1.即使在染黑 Z 时,往 A 中增加 2,A 中的数也不会超过 4.

而如果在染黑 C 时,没有往 A 中增加任何数,那么,仅靠染黑 X,Z,A 中的数最终也不会超过 4.

总之,每个黑格中的数都不大于 4.从而,所有数之和不大于 $4b$,即
$$2w \leqslant 4b, \ w \leqslant 2b.$$

因此,$b \geqslant 30\,000$.

例 4 将 $n \times n (n \geqslant 3)$ 方格表中的方格黑白相间地染色.每次任意选择 2×2 的方格,并将每格的颜色染成相反的颜色.若经过有限次操作,可将所有方格染成一种颜色,求 n.

解 如图 2.5 所示,对 4×4 方格表进行操作,可将所有方格染成一种颜色.

若 $n = 4k (k \in \mathbf{N}^*, k \geqslant 2)$,则将 $n \times n$ 的方格表分成 k^2 个 4×4 的单元,并对每个单元进行上述操作,可将所有方格染成一种颜色.

下面证明,当 $4 \nmid n$ 时,方格表不能通过若干次操作染成同一种颜

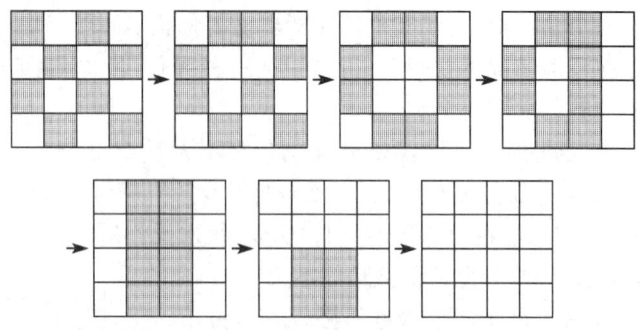

图 2.5

色. 假设此结论不真, 即经过 N 次操作, 将所有方格染为同一种颜色.

首先, 设 n 为偶数, $n=4k+2, k\in \mathbf{N}^*$. 考虑图 2.6 中的 "●" 和 "○" 格. 任一种方格的个数等于 $(2k+1)^2$, 为奇数. 假设最后所有方格的颜色与标记为 "●" 的方格颜色相同. 因为任一 2×2 的单元恰含有两种符号各一个, 所以, 每次操作都使任一种标注的一格恰改变一次颜色. 但对于任意的 "○" 格, 要变为相反的颜色, 它必须参与奇数次操作. 所以说, 操作的总次数 N 是奇数. 另一方面, 对任意的 "●" 格, 要保持其颜色, 就要经过偶数次操作, 则 N 是偶数, 矛盾.

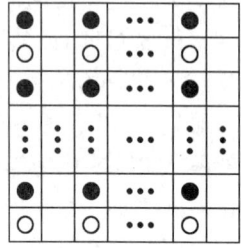

图 2.6

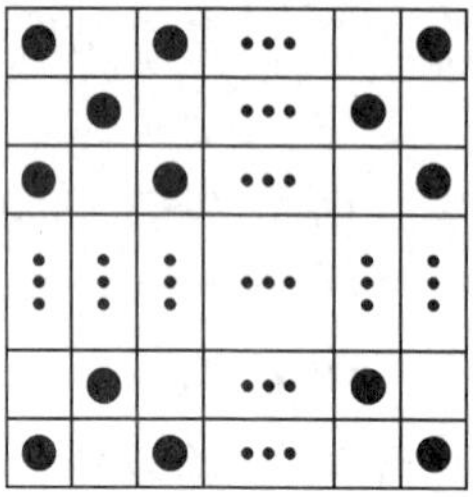

再设 n 为奇数, $n=2k+1, k\in \mathbf{N}^*$. 考虑图 2.7 中的 "●" 格, 这样的方格有相同的颜色, 设为黑色. 则黑格总数等于 $2k^2+2k+1$, 为奇数. 注意到在任一次操作之后, 两种颜色格数的奇偶性不变, 因此, 最终有奇数个黑格(故不可能为零). 也就是说, 所有的格最终为黑色. 于是, 图 2.7 中 "●" 格的颜色不变. 易知第偶数行、偶数列小方格被选中的次数必为偶数, 其总和即 N, 故操作总数 N 是偶数.

图 2.7

考虑图 $2.8(n=4m-1)$ 和图 $2.9(n=4m+1)$ 中所有标注格. 这两个图中, "○" 格数为奇数(分别为 $2m-1, 2m+1$), 所有 "○" 格通过奇数次操作, 颜色变成相反颜色. 同时, "●" 格颜色不变, 故其经过偶数次操作.于是,N 为奇数,矛盾.

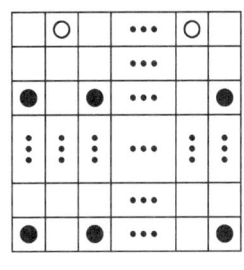

图 2.8

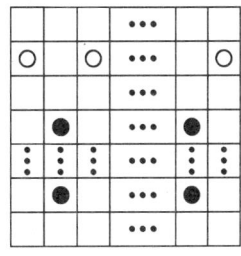

图 2.9

 此题通过多种染色方案解决问题,具有典型性.

例 5 用 100 种颜色对 100×100 的棋盘进行染色,使得每一格均被染为其中一种颜色,且每种颜色恰被使用了 100 次.求证:棋盘上存在一行或一列,其中的方格被染为至少 10 种颜色.

证明 分别用 R_i 和 C_i 表示第 i 行和第 i 列方格中颜色的种数($i=1,2,\cdots,100$).用两种方法计数,易知
$$\sum_{i=1}^{100}R_i+\sum_{i=1}^{100}C_i=\sum_{i=1}^{100}r_i+\sum_{i=1}^{100}c_i,$$
其中 r_i 和 c_i 分别表示含有颜色 i 的行数和列数.

由均值不等式,有 $r_i+c_i\geqslant 2\sqrt{r_ic_i}$.若颜色 i 在某行出现,则它在该行出现的次数不会超过 c_i,从而它在棋盘上不会出现多于 r_ic_i 次,于是 $r_ic_i\geqslant 100$,

故 $\sum\limits_{i=1}^{100}R_i+\sum\limits_{i=1}^{100}C_i\geqslant 2000$,结论成立.

例 6 给一个 $n\times n$ 棋盘的单位正方形中的某些顶点着色,使得由这些单位正方形形成的任意一个 $k\times k$($1\leqslant k\leqslant n$) 正方形,至少有一条

边上有着色点. 若 $l(n)$ 表示保证上述条件所要求的最少着色点数, 证明: $\lim\limits_{n\to +\infty}\dfrac{l(n)}{n^2}=\dfrac{2}{7}$.

证明 对于每个着色点 P, 考虑它所在的任意一个 1×1 正方形, 若这个正方形含有 m 个着色点, 称 P "破坏" 该正方形的 $\dfrac{1}{m}$. 将 P 所在的所有 1×1 正方形相加, 我们求出 P 破坏的正方形的 "总数".

棋盘边上的任何一个着色点, 破坏至多两个正方形. 至于棋盘内部的一个着色点 P, 包围它的 3×3 点阵必有一个着色点 Q, 这时 P 和 Q 都在某个单位正方形上, P 至多破坏它的一半. 因而 P 破坏至多 $\dfrac{7}{2}$ 个正方形.

因此, 任意一个着色点破坏至多 $\dfrac{7}{2}$ 个正方形, 而 $l(n)$ 个着色点破坏至多 $\dfrac{7}{2}l(n)$ 个正方形. 为了使给定的条件成立, 每个 1×1 正方形必须被全部破坏, 由此知: 必须有 $\dfrac{7}{2}l(n)\geqslant n^2$, 因而 $\dfrac{l(n)}{n^2}\geqslant \dfrac{2}{7}$.

现在给定某个 $n\times n$ 棋盘, 将它嵌入一个 $n'\times n'$ 棋盘的角, 其中 $7\mid (n'+1)$ 且 $n\leqslant n'\leqslant n+6$. 对于这个 $n'\times n'$ 棋盘上划分的每个 7×7 网格点阵, 如图 2.10 给顶点着色.

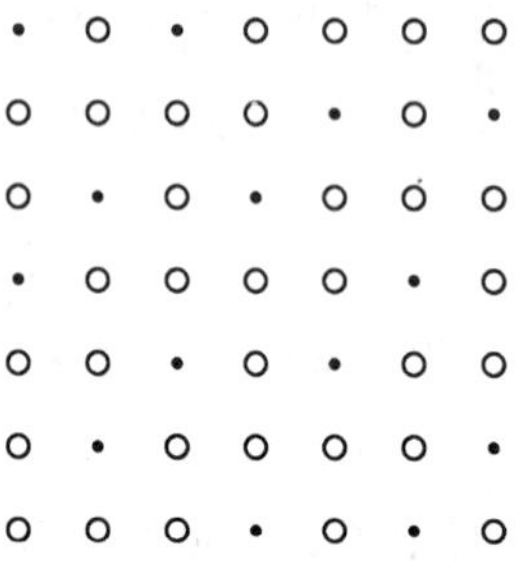

这时棋盘上任意一个 $k\times k$ 正方形在它的至少一条边上有一个着色点. 由于在这种着色中, 我们给 $\dfrac{2}{7}(n'+1)^2$ 个顶点着色, 有 $l(n)\leqslant \dfrac{2}{7}(n'+1)^2\leqslant \dfrac{2}{7}(n+7)^2$, 所以 $\dfrac{l(n)}{n^2}\leqslant \dfrac{2}{7}\left(\dfrac{n+7}{n}\right)^2$, 于是 $\dfrac{2}{7}\leqslant \dfrac{l(n)}{n^2}\leqslant \dfrac{2}{7}\left(\dfrac{n+7}{n}\right)^2$. 由两边夹法则可知 $\lim\limits_{n\to +\infty}\dfrac{l(n)}{n^2}=\dfrac{2}{7}$.

图 2.10

第二讲 从棋盘到染色

习题 2.a

1. 对 3×7 或 5×5 棋盘进行二染色. 证明: 必有 4 个同色小方格的中心构成一个边平行于棋盘边的矩形.

2. 将 8×8 棋盘中的方格着色, 使每个小方格只涂一种颜色, 且每个方格至少有两个边相邻的小方格同色, 试求最大的着色数.

3. 一个 8×8 的国际象棋棋盘的每一个方格染上红色或蓝色. 证明: 必有一种颜色的方格具有如下性质: 后 (可纵、横或斜走) 可走遍这种颜色的所有方格, 允许多次进入这种颜色的某些方格, 亦可穿越另一种颜色的方格 (但不能放于其上).

4. 将一无穷大方格纸的每个格点都涂上 4 种颜色之一, 使得每个方格的 4 个顶点颜色都不相同. 求证: 存在一条网格线, 其上的格点只有 2 种颜色.

5. 将一个 $(n-1)\times(n-1)$ 方格表的 n^2 个结点涂上红蓝两色之一, 求使表中每个方格都恰好有 2 个红色顶点的不同涂色方案的种数 (不考虑对称和旋转).

6. 将 1001×1001 棋盘上的某些单位正方形染色. 若两个单位正方形有一条公共边, 则这两个正方形中至少有一个被染上颜色. 在一行或一列的连续 6 个单位正方形中, 至少有两个相邻的单位正方形被染上颜色. 求被染上颜色的单位正方形数目之最小值.

7. 给定一张 100×100 的正方形格纸, 在这张纸上沿格子的边作了若干条不自相交的闭折线, 而且这些折线不相交, 并严格位于正方形内部, 但端点可以在正方形边界上. 求证: 除了正方形顶点, 存在不属于任何折线的结点.

8. 用大小为 $1\times 1, 2\times 2, 3\times 3$ 的正方形组成一个 23×23 的大正方形. 问: 最少需要多少个 1×1 的小正方形?

9. 有 mn 个小方格, 每个小方格的四边用红、黄、蓝、绿染色 (次序任意). 现将其拼成一 $m\times n$ 方格表, 使得相邻小方格的边同色, 方格表四条边的每一条只有一种颜色、且四边之颜色各不相同. 求这样的方案

总能成功的 m, n 所满足的条件.

10. 由 $2n$ 条竖线和 $2n$ 条横线构成方格表,将所有的线都染上红色或黑色,使恰好有 n 条竖线和 n 条横线是红色.求 n 的最小值,使得对满足上述条件的任意染法,总存在一个由两条横线和两条竖线构成的正方形,其顶点同色.

11. 无穷大的方格表(全平面)中,n 个方格染成黑色,其余染成白色.考虑每个小方格,如果它和它的相邻上边、右边的小方格中至少有两个是黑色的,则将这个小方格染成黑色,否则染成白色.求证:至多经过 n 次操作,可将所有小方格染白.

12. 已知一张无穷大方格纸的每个小方格都涂上了红蓝两色之一,使得在任何 2×3 矩形中都恰有两个红格.问:9×11 的矩形中包含多少个红格?

13. 在 100×100 的方格表中,每一个小方格被染成 4 种颜色之一,使得每行每列恰含有每种颜色的小方格各 25 个.证明:可以找到 2 行 2 列,它们所交的 4 个小方格分别染成 4 种颜色.

14. 有一个 $n \times n (n > 6)$ 的正方形表格,在其不处于四周的某个方格中有一个数"-1",其余方格中都是"$+1$".若可将同行或同列或平行于对角线的一排方格中的数同时改变符号,问:能否经过有限次操作后,使表格中所有的数都变成"$+1$"?

15. 在一张无穷大的方格纸上,N 个格子被涂成了黑色.证明:从这张纸上可以(沿方格线)剪下有限个正方形,它们满足以下条件:(1)所有黑格都在剪下的正方形中;(2)在任何剪下的正方形中,黑格的面积不小于这个正方形面积的 $\dfrac{1}{5}$,且不大于这个正方形面积的 $\dfrac{4}{5}$.

16. 在一张无穷大的方格纸上,n 个格子被涂成黑色.在时刻 $t = 1, 2, \cdots$,按以下规则把所有格子重新涂色:每一个格子 K 得到前一时刻 3 个格子(K 本身、右邻格子和上邻格子)中大多数格子曾经有过的颜色(如果这些格子中的 2 个或 3 个曾是白色,那么 K 就得到白色,如果其中 2 个或 3 个格子曾为黑色,那么 K 就得到黑色).

(1) 证明:经过有限时间后,在纸上将没有黑格;

(2) 证明:黑格消失的时刻不晚于 $t = n$.

17. 在 8×8 的棋盘上,王(纵、横或斜只能各走一格)走遍所有格子各一次后回到原处. 试证:其间必有偶数个对角运动.

18. 在 $2k\times 2k$ 的方格表上,有 $3k$ 个格子涂黑. 求证:可以选择 k 行及 k 列,包含了全部 $3k$ 个黑格.

19. 给定正整数 m,n,将 $m\times n$ 棋盘上的 mn 个 1×1 方格交替地染成红蓝两色(有公共边的任两个方格不同色,左下角方格红色). 此时从左下到右上的对角线被染成一些红、蓝线段(每条线段与其所在方格同色),试求所有红色线段长度之和.

20. 在 15×15 的方格表中有一条非自交闭折线,该折线由若干条联结相邻(即有公共边)小方格中心的线段组成,且它关于方格表的某条对角线对称. 证明:这条闭折线的长度不大于 200.

21. 给定正整数 $p<k<n$,在无穷大的方格平面上标出某些方格,使得任何一个(竖直方向)宽为 $k+1$、(水平方向)长为 n 的 $(k+1)\times n$ 矩形中(矩形的边必须在方格线上)都恰好标出了 p 个方格. 证明:存在一个(竖直方向)宽为 k、(水平方向)长为 $n+1$ 的 $k\times(n+1)$ 矩形,其中标出的方格数目不小于 $p+1$.

22. 能否把一个矩形表格的所有格子涂成黑色和白色,使两色格子数相等,而在每一行和每一列中四分之三以上的格子为一种颜色?

§2.2 棋盘与骨牌

棋盘中的骨牌问题,是组合数学里的一个比较专门的、相对成熟的有趣话题,不过也有不少问题尚未解决.这类问题本身介乎纯代数组合问题与组合几何之间,有一部分结果类似定理,或介乎定理与非定理之间.

骨牌都是边界平行于棋盘的边界,且吻合于网格线的,不一定是$1×2$的"日"字形,也可以是稍微有点不规则的"俄罗斯方块",但决不会复杂得离谱.注意,不少骨牌问题可以归为染色问题甚至是覆盖问题,为便于查询,故单独列为一节.

例1 证明:一个$m×n$棋盘可用$1×k$骨牌铺砌的充要条件是$k|m$或$k|n$.

证明 充分性是显然的.下证必要性.

现设$m×n$棋盘存在$1×k$矩形的完全覆盖.在$m×n$棋盘的各个格子中填数:第一列的格子从上至下依次填$1,2,\cdots,m$,对其中的任何一行,所填各数从左至右构成公差为1的递增等差数列.这样,每一个$1×k$矩形在棋盘的覆盖中所盖住的格子中填的数恰好构成模k的一个完系.因为$m×n$棋盘存在$1×k$矩形的完全覆盖,所以,$m×n$棋盘中所填的数属于模k的不同剩余类中的数的个数相等.

设$m=pk+s$, $n=qk+t$($0\leqslant s,t<k$).反设$st\neq 0$,则不妨设$0<s\leqslant t<k$.将$m×n$棋盘按图2.11方式分为3块:一个$s×t$矩形,一个$pk×n$矩形和一个$s×qk$矩形.

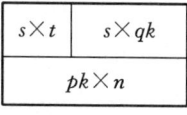

图 2.11

显然,$pk×n$ 矩形和 $s×qk$ 矩形中属于模 k 的各个不同剩余类的数的个数相等,从而 $s×t$ 矩形中属于模 k 的不同剩余类的数的个数也相等. 考察 $s×t$ 矩形中所填的数:

$$\begin{array}{ccccc}
1 & 2 & 3 & \cdots & t-1 & t \\
2 & 3 & 4 & \cdots & t & t+1 \\
\cdots & \cdots & \cdots & \cdots & \cdots \\
s-1 & s & s+1 & \cdots & s+t-3 & s+t-2 \\
s & s+1 & s+2 & \cdots & s+t-2 & s+t-1
\end{array}$$

将上述数表作如下改造:对表中任何一个数 a,若 $a>k$,则将 a 换作 $a-k$. 这样得到一个新的数表,其中两数仅当它们相等时模 k 同余. 显然,在前 t 条斜率为 1 的对角线上(自左至右,自上至下)不出现剩余类 $t+1$. 又 $s+t-1<k+t-1<k+t+1$,所以在第 $j(j>t+1)$ 条对角线上也不出现剩余类 $t+1$. 所以,$t+1$ 都在第 $t+1$ 条对角线上,即 $t+1$ 共出现 $s-1$ 次. 注意到第 t 条对角线上的数都为 t,所以 t 在新数表中至少出现 s 次. 于是,t 出现次数多于 $t+1$ 出现的次数,矛盾.

> **点评** 此题摘自冯跃峰的证明,结论堪称基本,比想象的要困难一些.

例 2 至少用多少块形如图 2.12 所示的纸板可以覆盖一个 $8×8$ 的棋盘(纸板可以重叠)?

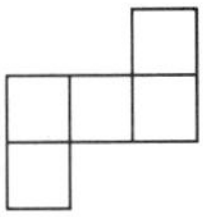

图 2.12

解 用 15 块纸板可以覆盖 $8×8$ 的棋盘(如图 2.13).

若用 14 块纸板可以覆盖 $8×8$ 的棋盘,则恰好有 $14×5-8×8=6$ 个小方格被浪费.

(1) 对于一角上的 $3×3$ 方格,要覆盖它(尤其要覆盖标"○"的方格),至少浪费 1 个小方格(或在其中心重叠,或露在边外,如图 2.14,标"×"的为被浪费的小方格).

(2) 将 $8×8$ 棋盘分成 $3×8,2×8,3×8$ 的 3 个矩形块.

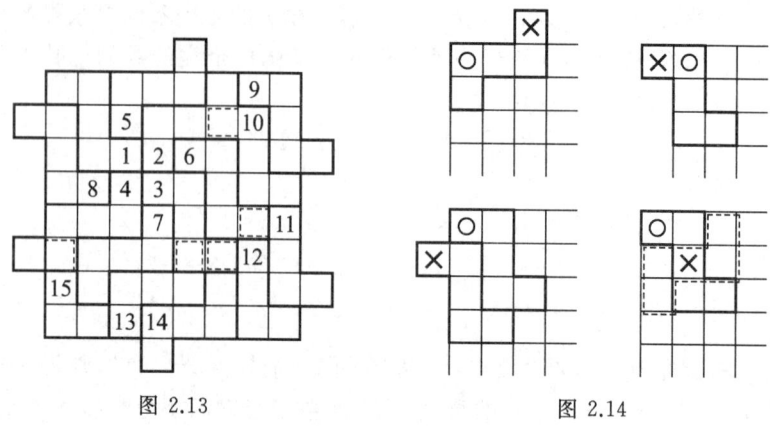

图 2.13 图 2.14

一个 3×8 的矩形块至少需要 6 块纸板才能覆盖(否则,5 块纸板覆盖 $5\times 5=25$ 个小方格,但其中有 2 个被浪费在角上,故只能覆盖 23 个小方格,而 $3\times 8=24$,矛盾).

同理,另一个 3×8 的矩形块也至少需要 6 块纸板才能覆盖.

因这两个矩形块间隔了 2 行,故这 12 块纸板互不相同.

又因这 12 块纸板至多覆盖 $12\times 5-4=56$ 个不同的小方格,故中间的 2×8 矩形块至多有 $56-6\times 8=8$ 个小方格已被覆盖,剩下的 8 个小方格必须被另 2 块纸板(A,B)所覆盖.易知,每块纸板恰好各覆盖其中的 4 个小方格,即各有 1 个小方格被浪费在上、下的矩形块中.

由上知,在每个角上的 3×3 方格中各浪费 1 个小方格,中间地带 (2×8) 的 2 块纸板(A,B)各浪费 1 个小方格,恰好浪费 6 个小方格.故中间地带无重叠.

同理,将 8×8 分成 $8\times 3,8\times 2,8\times 3$ 的 3 个矩形块,则中间的 8×2 矩形块也无重叠.

因此,图 2.15 的实线十字地带中无重叠.

(3) 考虑被浪费的 6 个小方格,其中为了覆盖角上的 3×3 方格而浪费的 4 个小方格在各角的中心或边外;实线十字地带中的 2 组纸板所浪费的小方格在虚线十字与实线十字地带之间(如图 2.15).两者无相同的方格,

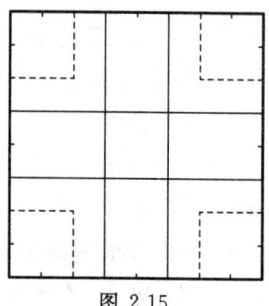

图 2.15

故后者恰有 2 个小方格,易知其分布情况有两类(如图 2.16,图中所标数字为在该 3×3 方格中所浪费的小方格数).

由图 2.16(A)知,水平中间地带中两块纸板(A,B)如图 2.17(A)分布,竖直中间地带中两块纸板(A',B')如图 2.17(B)分布,两者在十字地带的中心有重叠,矛盾.

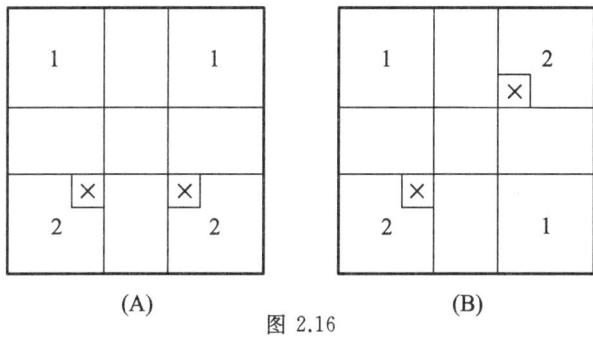

图 2.16

由图 2.16(B)知,水平中间地带中两块纸板(A,B)如图 2.17(C)分布,有重叠,矛盾.

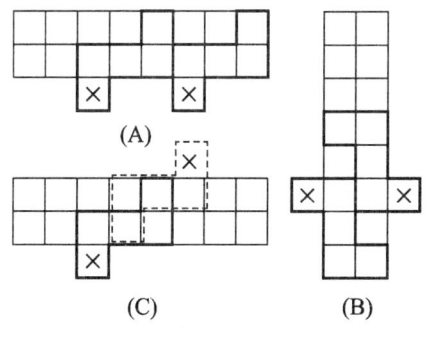

图 2.17

所以,至少用 15 块纸板才可以覆盖 8×8 的棋盘.

例 3 (1) 用 18 张 1×2 骨牌能否铺满 6×6 的棋盘,使得每一条网格线都至少穿过一张骨牌?

(2) 证明:可以用 1×2 骨牌铺满 $m\times n$ 棋盘(m,n 大于 6,且 mn

是偶数),使得每一条网格线都至少穿过一张骨牌.

解 (1) 不能.用反证法.考虑纵横 10 条网格线,我们证明:这些线中任何一条都至少穿过两张骨牌.否则,如它恰好穿过一张骨牌,那么它的两侧除了整张的骨牌外,还有半张骨牌,与它将棋盘划分的两块都具有偶数大小的面积相矛盾.因此,至少有 20 张骨牌,而题设中只有 18 张,矛盾.

(2) 如图 2.18 所示,对 5×6 棋盘和 8×8 棋盘,结论成立.利用数学归纳法,结合图 2.19,可证明若对 $m\times n$ 棋盘结论成立,则对 $m\times (n+2)$ 棋盘结论也成立.

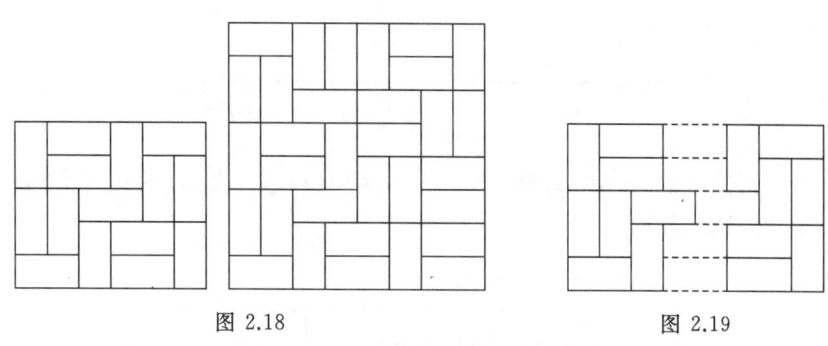

图 2.18 　　　　　　　　　　图 2.19

点评 这是一道颇有名气的好题,不仅结论彻底,而且方法巧妙,值得回味.

例 4 在一个 $m\times n$ 棋盘中有许多张两两不重叠的 1×2 骨牌,每张覆盖两个小方格,但未将全部棋盘覆盖,且任一张骨牌均无法在棋盘内移动.证明:未被覆盖的小方格数 $\leqslant \dfrac{mn}{5}$.

证明 首先指出:任两个空方格之间不能仅隔一格.否则,典型情形将如图 2.20 所示(阴影表示空方格).

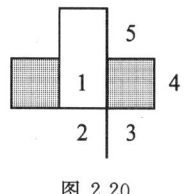
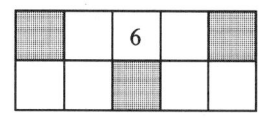

图 2.20   图 2.21

对此情形,在骨牌 1 和 2 的右侧,骨牌 3,4,5 中至少有一个可滑入右侧的空格,因而骨牌 1 和 2 的右侧不可能有空格出现.

其次,我们来证明任何 2×5 矩形至多含有两个空格.否则,出现 3 个空格的典型情形将如图 2.21 所示(易知两空格不能有一个或两个公共顶点).对此情形,骨牌 6 至少可滑入 3 个空格中的某一个.

将 $m\times n$ 棋盘尽可能剖分成 $2\times n$ 带形(如果 m 是奇数,将剩下 $1\times n$ 个作为沿棋盘边框的格子,其中不会有空格).假定 $n=5q+r,0\leqslant r\leqslant 4$.考察每个 $2\times n$ 带形,若 $r=1$ 或 $r=2$,则在带形的一端或两端靠棋盘边框处预留 2×1 个方格.若 $r=3$ 或 $r=4$,则在带形的左端靠棋盘边框处预留 2×3 个方格,这些格子中至多有一个空格 $\left(小于\dfrac{2\times 3}{5}\right)$.对于 $r=4$ 的情形,还在带形右端预留 2×1 个方格(不会有空格).除了如上所述预留的方格外,将 $2\times n$ 带形剩下的 $2\times 5q$ 矩形划分成 q 个 2×5 矩形.这样,我们证明了每个 $2\times n$ 带形中至多有 $\dfrac{2n}{5}$ 个空格.据此立即得知整个 $m\times n$ 棋盘上至多有 $\dfrac{mn}{5}$ 个空格.

习题 2.b

1. 求 $m \times n$ 棋盘可用如图 2.22 所示的骨牌铺砌(无重叠、无遗漏)的充要条件.

2. 求 $m \times n$ 棋盘可用 $p \times q$ 骨牌铺砌的充要条件.

图 2.22

3. 对一切正整数 m, n,求去掉任何一个方格的 $m \times n$ 棋盘都能用图 2.22 所示的骨牌铺砌的充要条件.

4. 设 $n \times n (n \geqslant 4)$ 棋盘上放有 $\left[\dfrac{n^2}{3}\right]$ 张不重叠的图 2.22 所示的骨牌.求证:不能再放进一张不重叠的这样的骨牌.

5. 设 $m \times n (m, n > 1)$ 棋盘上放有 s 张不重叠的图 2.22 所示的骨牌,使得再也无法放进一张不重叠的这样的骨牌,求 s 的最大值 $f(m, n)$.

6. 求一个 $m \times n$ 棋盘可用图 2.23 所示的骨牌铺砌的充要条件.

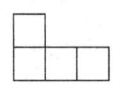

图 2.23

7. 用 1×2 的骨牌以某种方式拼成边长为 $2n \times 2m$ 的矩形.证明:在这一层骨牌上可以放置第二层,使第二层与第一层的任何一张骨牌都不重合.

8. 一个矩形被两层 1×2 的卡片覆盖(每一方格上恰好放两层卡片).证明:可以把卡片划分为两个不相交的集合,而它们中的每一个都能覆盖整个矩形.

9. 已知 $n \times n (n$ 为奇数) 棋盘上的每个单位正方形被黑白相间地染色,且 4 个角上的单位正方形是黑色的.问:n 为何值时,所有的黑格可以用互不重叠的图 2.22 所示的骨牌覆盖?若能覆盖,最少需要多少块这样的骨牌?

10. 一个 7×7 的方格表被 16 个 3×1 及一个 1×1 的小块覆盖.求所有 1×1 小块的可能位置.

11. 由 8 个 1×3 和 1 个 1×1 的小块铺满一个 5×5 的棋盘.求证:1×1 的小块必定位于整个棋盘的中心位置.

12. (1) 在 5×5 的方格表中最少可以放多少个互不重叠的图 2.22

所示的骨牌,使得再也不能放进一个不重叠的这样的骨牌?

(2) 6×6 的棋盘中有 5 个互不重叠的图 2.22 所示的骨牌. 求证:还可以放进一个与之不重叠的这样的骨牌.

13. 已知一个 2008×2008 方格表,试求最小的正整数 M,满足:可以在方格表中画出 M 个矩形(边在网格线上),使得方格表中的每个小方格的边都包含在上述 M 个矩形之一的边上.

14. 将 3000×3000 的正方形以任意方式分割为 1×2 骨牌的并. 证明:一定可以用 3 种颜色对这些骨牌染色,使得每种颜色的骨牌个数都相等,且对每张骨牌,与其同色且相邻的骨牌个数不大于 2(相邻的意思是指至少有一个各自所含的小方格具有公共边).

15. 求满足下列性质的所有三元正整数组 (k,m,n):边长为 m 的正方形能被划分成若干个 $1\times k$ 的矩形和一个边长为 n 的正方形.

§2.3 点集及图形的染色

点集染色的问题,本身也可以进行分类.有的对同色点构成的形状有要求,有的则对测度(大小)有要求,后者一般比前者困难.这个领域已经有了一批经典结果,但未解决的超级难题趣题实在是数不胜数.

一般说来,这个领域有些问题与图论中的拉姆赛理论有关,虽然在方法上有很大差异,但也或多或少秉承了拉姆赛理论的哲学意味:没有完全的无序.在一个看似"无序"的结构中(只要足够大),总会产生一个局部的"有序"(哪怕比较小).这是离散数学中最深刻的思想之一.

例1 用红、蓝两色任意染平面上的点.证明:如存在3个同色点两两距离均为 a,则对任何一个有一边长为 a 的指定形状的三角形,都可找到与之全等的同色顶点三角形.

证明 不妨设 a 是三角形的最大边(这只是为了在图上看起来比较"舒服",并不影响问题实质).

如图 2.24,设 $\triangle APC$ 即为指定三角形,边长 $AC=a$,又 $AB=BC=CA=a$,且不妨设 A,B,C 均为红色.图中 $\triangle AQP$,$\triangle PCR$,$\triangle SBQ$,$\triangle BRT$ 均为正三角形,由旋转知 $\triangle AQB \cong \triangle APC \cong \triangle PQS \cong \triangle BRC \cong \triangle TRP$.

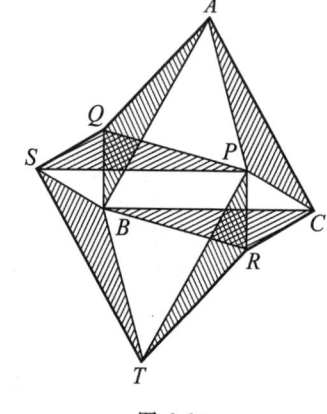

图 2.24

而 $\angle SBT = 180° - \angle QBA - \angle CBR = \angle APC$,

故有 $\triangle TBS \cong \triangle APC$,于是图中 6 个阴影三角形全等,且均为指定形状的三角形.

若 P 为红色,则 $\triangle APC$ 即为所求,不妨设 P 为蓝色.同理可设 Q 蓝,R 蓝,则 S 红,T 红,这样,$\triangle SBT$ 为所求之红色顶点三角形.证毕.

> **点评** 这是一个非常精彩的例子,所属领域是仅有数十年历史的欧氏拉姆赛理论.这个理论中有很多问题极为吸引人,但是,由于测度与染色(分类)的"联姻"远比我们想象的要困难,所以进展缓慢.比如对平面任意二染色,猜测有与任何指定的非正三角形全等的同色顶点三角形存在,这个看似简单的命题其实非常困难.组合几何再次"欺骗"了人们的直觉,不过人们似乎也乐意受到这样的"欺骗".

例 2 对平面任意三染色.证明:必有一色,使对任一正数 l,有两个染此色的点距离为 l.

证明 设三色分别为 α, β, γ. 假设结论不成立,则有正数 l_α,使距离为 l_α 的任二点不同为 α 色.类似的有 l_β 与 l_γ. 如图 2.25,在坐标平面上作边长为 l_α 的七点组(图 2.25 中 7 个顶点,满足凡是连线的共 11 条边均等长)$A_1, A_2, \cdots, A_7$,边长为 l_β 的七点组 $B_1, B_2, \cdots, B_7$,以及边长为 l_γ 的七点组 $C_1, C_2, \cdots, C_7$. 考虑 7^3 个点 $A_u + B_s + C_t$(依横竖坐标相加所得,$1 \leqslant u, s, t \leqslant 7$),可使无点重合.这些点任意地三染色时,必有 $\left[\dfrac{7^3}{3}\right]$ 个同色,不妨设是 α 色.这些 α 色点分布在 7^2 个 l_α 七点组 $(A_1 + B_s + C_t, A_2 + B_s + C_t, \cdots, A_7 + B_s + C_t)$ 中 $(1 \leqslant s, t \leqslant 7)$,其中至少

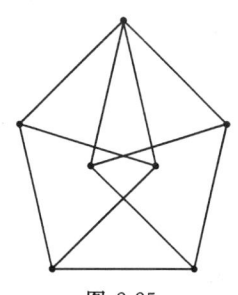

图 2.25

有 $\left[\dfrac{1}{7^2}\left[\dfrac{7^3}{3}\right]\right]+1=3$ 个在同一个 l_α 七点组中. 这 3 个 α 色点中又必有两个距离为 l_α,矛盾.

因此,原结论成立.

例 3 设 n,k 是正整数. 已知平面上有 n 个圆,每两个圆有两个不同的交点,它们确定的所有交点两两不同. 每个交点必须被染上 n 种不同的颜色之一,使得每种颜色至少用一次,每个圆上恰用 k 种不同的颜色. 求所有的 $n(\geqslant 2),k$ 的值,使得这样的染色可以实现.

解 将 n 种颜色与 n 个圆分别编号为 $1,2,\cdots,n$. 对于交点任意的染色方式,设 $F(i,j)$ 为第 i 个圆与第 j 个圆的公共点的染色集合,则 $F(i,j)$ 中可以有 1 个或 2 个元素. 显然,$k\leqslant n,k\geqslant 2$. 如果 $k=1$,则所有交点都同色,与颜色的种数 $n\geqslant 2$ 矛盾.

首先证明,$k=2$ 时,n 可以为 2 和 3.

如果 $n=2$,则 $F(1,2)=\{1,2\}$ 满足条件. 设当 $k=2$ 时,对于某个 $n\geqslant 3$,存在满足条件的一种染色方式,则每个圆上恰出现 n 种颜色中的两种颜色,这 n 种颜色的每一种至少出现在两个这样的由两种颜色构成的集合中(这是因为每个被染色的点在 2 个圆上). 于是,每种颜色恰属于 2 个集合,即它恰在 2 个圆上.

对于 $i(i=2,3,\cdots,n)$,选择第 1 个圆和第 i 个圆的 1 个交点,则这 $n-1$ 个点的颜色两两不同,否则,同一种颜色会出现在多于 2 个圆上. 所以,$n-1\leqslant 2$.

因为 $n\geqslant 3$,于是,有 $n=3$.

当 $k=2,n=3$ 时,$F(1,2)=\{3\},F(2,3)=\{1\},F(3,1)=\{2\}$ 即为满足条件的一种染色方式.

其次证明,当 $3\leqslant k\leqslant n$ 时,存在满足条件的一种染色方式.

对 k 用数学归纳法,且稍微加强一些,使得对于 $3\leqslant k\leqslant n$,存在满足条件的一种染色方式,且有颜色 i 在第 i 个圆上出现,其中 $i=1,2,\cdots,n$.

下面是奠基的情形,即 $k=3,n\geqslant 3$.

当 $n=3$ 时,$F(1,2)=\{1,2\}$,$F(2,3)=\{2,3\}$,$F(3,1)=\{3,1\}$.

若 $n>3$,$F(1,2)=\{1,2\}$,$F(i,i+1)=\{i\}(i=2,3,\cdots,n-2)$,$F(n-1,n)=\{n-2,n-1\}$,对于满足 $1\leqslant i<j\leqslant n$ 的其他数对 (i,j),$F(i,j)=\{n\}$,则这样的染色满足条件.这是因为颜色 $1,2,n$ 在第 1 和第 2 个圆上,颜色 $i-1,i,n$ 出现在第 $i(i=2,3,\cdots,n-2)$ 个圆上,颜色 $n-2,n-1,n$ 出现在第 $n-1$ 和第 n 个圆上.另外,颜色 i 出现在第 $i(1\leqslant i\leqslant n)$ 个圆上.

假设 $k\geqslant 3$ 时,结论成立.

设 $n\geqslant k+1$,因为 $n-1\geqslant k\geqslant 3$,由归纳假设,存在一种染色方式,使得对于第 $1,2,\cdots,n-1$ 个圆和颜色 $1,2,\cdots,n-1$,在每个圆上恰有 k 种颜色出现,且颜色 i 出现在第 $i(i=1,2,\cdots,n-1)$ 个圆上.

下面对第 n 个圆与其他圆的交点进行染色.

对于每一个 $i(i=1,2,\cdots,n-1)$,选择第 i 个圆和第 n 个圆的两个交点中的一个将其染为颜色 n.于是,对于每一个 $i(i=1,2,\cdots,n-1)$,第 i 个圆上恰有 $k+1$ 种颜色出现,且颜色 i 和 n 分别在第 i 和第 n 个圆上出现.

对于 $i(i=1,2,\cdots,k)$,将第 i 和第 n 个圆的第二个交点染为颜色 i(因为 $n\geqslant k+1$),则在第 n 个圆上恰有 $k+1$ 种颜色,即颜色 $1,2,\cdots,k$ 和 n,且前 $n-1$ 个圆中的任何一个圆上均没有新增颜色.

最后将第 n 个圆与前 $n-1$ 个圆剩下的所有交点都染为颜色 n,在这最后一步之前,颜色 n 已经出现在每一个圆上,于是,每个圆上颜色构成的集合没有发生改变,这样的染法满足条件的要求,完成了归纳证明.

因此,k,n 应该满足 $2\leqslant k\leqslant n\leqslant 3$ 或 $3\leqslant k\leqslant n$.

 对数学归纳法的加强有时是必须的,这是高中奥数最大的特色.

例 4 用范·德·瓦尔登定理(参见点评)证明:对平面任意二染色,必存在同色顶点正方形.

证明 事实上,可以证明更强的结论:将平面格点二染色,一定存在同色顶点正方形,且正方形的边平行或垂直于坐标轴.

由算术级数的范·德·瓦尔登定理,可设 x 轴上有足够多个相邻格点染成黑色,其内部用汉字表示,白色格点内部则用阿拉伯数字表示.

在 $y=-1$ 这条线上如有连续 4 个白格点,这种情况很容易证明(请读者自己给出).在 $y=-1$ 上如不存在 2 个连续白格点,同理可知 $y=1$ 上亦如此,这种情况也请读者自行证明.

剩下两种情况需要着重讨论.这两种情况都设 x 轴上有足够多的连续黑格点.用反证法.

(Ⅰ)如图 2.26,在 $y=-1$ 上有连续 3 个 "1". 于是 $(4,-2)$ 必黑,否则 $(3,0)$,$(5,0)$,$(3,-2)$,$(5,-2)$ 组成同色顶点正方形.(注:图中标的数 $n+1$ 是受 n 影响的点,它被控制成某种颜色,下同.)

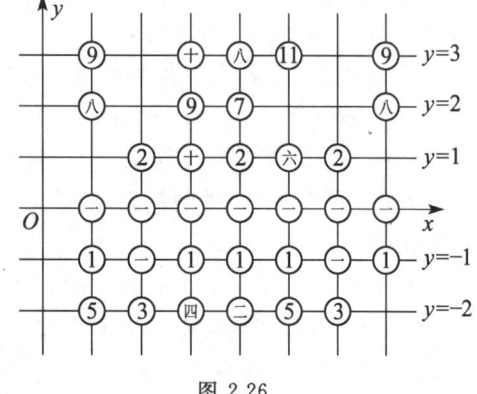

图 2.26

(i) 若点 $(3,-2)$ 黑,由此知 $(4,2)$ 必白,否则 $(2,2)$,$(2,-2)$,$(6,2)$,$(6,-2)$ 为白顶点正方形;同理得知 $(4,3)$ 必黑,此时 $(1,-1)$,$(1,3)$,$(5,-1)$,$(5,3)$ 构成白顶点正方形.

(ii) 如图 2.27,由对称性,可设 $(3,-2)$,$(5,-2)$ 为白色.由于 $(2,-3)$,$(3,-3)$ 不能都为白色,若 $(2,-3)$ 黑,则 $(3,-1)$,$(5,-1)$,$(3,-3)$,$(5,-3)$ 为白顶点正方形(如图 2.27);若 $(3,-3)$ 黑,则 $(2,1)$,$(6,1)$,$(2,-3)$,$(6,-3)$ 为白顶点正方形(图

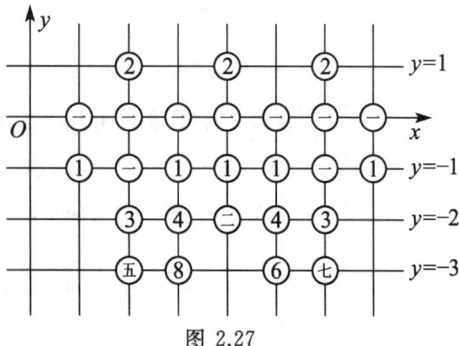

图 2.27

中未画出).

(Ⅱ) $y=-1$ 上有两个连续白点,不妨设 $(4,-1),(5,-1)$ 白. 我们来考虑两对很重要的点 $(4,1),(5,1);(4,-2),(5,-2)$.

显然 $(4,1),(5,1)$ 不能都黑,也不能都白(否则回到连续 4 个白点去了),只能一黑一白;而 $(4,-2),(5,-2)$ 不能都白,也不能都黑,否则 $(3,-2),(6,-2),(3,1),(6,1)$ 构成白顶点正方形,于是也只能是一黑一白.

(i) 若 $(4,1),(4,-2)$ 黑,$(5,1),(5,-2)$ 白. 同理可证 $(4,2)$ 必白,否则 $(2,2),(6,2),(2,-2),(6,-2)$ 为白顶点正方形. 由此一直推下去,一直到 $(4,3)$.

如图 2.28,若 $(4,3)$ 黑,则 $(2,3),(2,-2),(7,3),(7,-2)$ 为白顶点正方形;若 $(4,3)$ 白(图中未画出),则 $(3,3)$ 黑,$(6,1),(8,1),(6,3),(8,3)$ 为白顶点正方形.

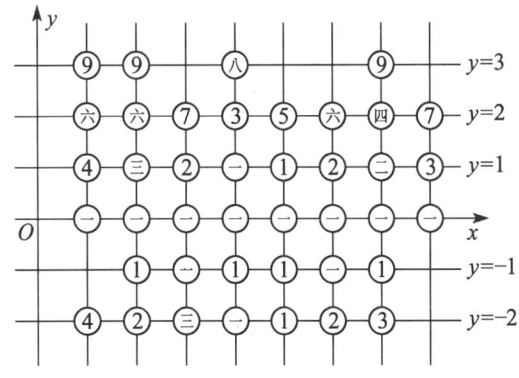

图 2.28

(ii) 若 $(4,1),(5,-2)$ 白,$(5,1),(4,-2)$ 黑. 如图 2.29,易证 $(4,2)$ 必白,否则 $(2,2),(6,2),(2,-2),(6,-2)$ 为白顶点正方形. 由 $(4,2)$ 白,如图可推得 $(1,2),(1,-2),(5,2),(5,-2)$ 为白顶点正方形. 其余情况由

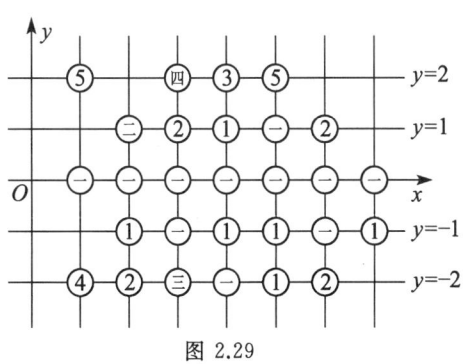

图 2.29

对称性保证. 证毕.

> **点评** 本题的最初证明是郭军伟博士写给叶中豪先生的一封信中给出的. 这里的证明略作修改.
>
> 范·德·瓦尔登定理是说,将全体自然数按任意方式划分成两个子集,则必有一子集包含任意指定项数的等差数列. 这里的"两"改成 $n(\geqslant 2)$,结论也成立.
>
> 换句话说,将一条直线 n 染色,一定有任意多点同色,且满足任意相邻两点之间距离相等.

例 5 已知凸 $n(\geqslant 4)$ 边形 M,将其中 $n-3$ 条对角线染为绿色,另外 $n-3$ 条对角线染为红色,使得同色的对角线在 M 内部都不相交. 求在 M 内部的、红色对角线与绿色对角线交点数目的最大值.

解 容易得到凸 n 边形中最多有 $n-3$ 条对角线满足任意两条对角线在凸 n 边形内部不相交,这 $n-3$ 条对角线将凸 n 边形分割为 $n-2$ 个三角形,且至少有两个顶点没有引出对角线,因此,至少有两条对角线从 n 边形上切割下的是三角形.

对于任意对角线 d,记 $f(d)$ 为 d 上红色对角线与绿色对角线的交点数目. 对于任意一对绿色对角线 d 和 d',假设在 d 与 d' 之间的 M 的顶点(包括 d 和 d' 的端点)有 k 个,余下的 $n-k$ 个点构成一个凸多边形 $A\cdots BC\cdots D$,其中,A,B 是与 d 的顶点相邻且不在如上 k 个顶点中的 M 的顶点,C,D 是与 d' 的顶点相邻且也不在如上 k 个顶点中的 M 的顶点. A,B 可能重合,C,D 也可能重合.

设多边形 $A\cdots BC\cdots D$ 内红色线段的数目为 m.

因为 $n-k$ 边形至多有 $n-k-3$ 条不相交的对角线,所以,有 $m\leqslant (n-k-3)+2$,其中,AD 和 BC 也可能是红色的.

这 m 条红色对角线中的每一条可以与 d 和 d' 都有交点,而余下的

$n-3-m$ 条红色对角线中的每一条最多与 d 和 d' 之一有交点. 于是,有
$$f(d)+f(d') \leqslant 2m+(n-3-m)=n-3+m$$
$$\leqslant n-3+n-k-1=2n-k-4.$$

任取两条绿色对角线,使得沿这两条对角线能从 M 中切割下三角形,将这两条对角线 d_1, d_2 作为第一对对角线;再选取两条绿色对角线,能从剩下的 $n-2$ 边形中切割下三角形,设为 d_3, d_4,并作为第二对对角线……最后将 d_{2r-1}, d_{2r} 作为第 r 对绿色对角线. 如果 $n-3$ 为奇数,则最后剩下一条绿色对角线.

因为不在 d_{2r-1} 和 d_{2r} 内部(包括 d_{2r-1} 和 d_{2r} 的端点)且属于 M 的顶点最多有 $2r$ 个,所以,在 d_{2r-1} 和 d_{2r} 内部(包括 d_{2r-1} 和 d_{2r} 的端点)且属于 M 的顶点数目 $k_r \geqslant n-2r$.

由前面得到的结论,有
$$f(d_{2r-1})+f(d_{2r}) \leqslant 2n-k_r-4 \leqslant n+2r-4.$$

若 $n-3$ 为偶数,则 $d_1, d_2, \cdots, d_{n-3}$ 均为绿色对角线;若 $n-3$ 为奇数,则最后一条未成对的绿色对角线最多可以与 $n-3$ 条红色对角线相交.

设 $n-3=2l+\varepsilon, \varepsilon \in \{0,1\}$,则所求交点的数目不超过
$$\sum_{r=1}^{l}(n+2r-4)+\varepsilon(n-3)$$
$$=l(2l+\varepsilon-1)+l(l+1)+\varepsilon(2l+\varepsilon)$$
$$=3l^2+\varepsilon(3l+\varepsilon)=\left\lceil \frac{3}{4}(n-3)^2 \right\rceil,$$

其中,$\lceil t \rceil$ 表示不小于 t 的最小整数.

特别地,当 $n=4$ 时,和式 $\sum_{r=1}^{0}$ 无意义,定义为 0.

下面的例子说明这个值是可以取到的.

设 PQ 和 RS 是 M 的两条边,对角线 QR 和 PS 不在 M 内相交,且满足下面的条件:设 U 为 Q, R 之间的 M 的边界($S, P \notin U$),V 为 P, S 之间的 M 的边界,则 M 在 U 上和在 V 上的顶点数目差的绝对值不超过 1.

将对角线 PR,以及联结 P 与 U 中顶点和 R 与 V 中顶点的所有对角线染为绿色.

将对角线 QS,以及联结 Q 与 V 中顶点和 S 与 U 中顶点的所有对角线染为红色.

当 $n=2k$ 时,交点的数目为

$(k-1)+k+\cdots+(2k-4)+(2k-3)+(2k-4)+\cdots+k+(k-1)$

$=(2k-3)+((k-1)+(2k-4))((2k-4)-(k-1)+1)$

$=3k^2-9k+7=\left\lceil \dfrac{3}{4}(n-3)^2 \right\rceil.$

当 $n=2k-1$ 时,交点的数目为

$(k-1)+k+\cdots+(2k-5)+(2k-4)+(2k-5)+(2k-6)$

$+\cdots+(k-1)+(k-2)$

$=\dfrac{(3k-5)(k-2)}{2}+\dfrac{(3k-7)(k-2)}{2}$

$=3k^2-12k+12=\left\lceil \dfrac{3}{4}(n-3)^2 \right\rceil.$

综上所述,满足条件的交点的最大值为 $\left\lceil \dfrac{3}{4}(n-3)^2 \right\rceil.$

例 6 在一个平面上放 n 个无三点共线的点,它们的颜色或红或绿或黄,且满足以下条件:

(1) 在一个所有顶点为红色的三角形内,至少有一个绿点;

(2) 在一个所有顶点为绿色的三角形内,至少有一个黄点;

(3) 在一个所有顶点为黄色的三角形内,至少有一个红点.

求 n 的最大值.

解 假设总共有 a 个红点,它们的凸包是一个凸 k 边形,在其内部有 b 个绿点,它们的凸包是一个凸 l 边形,在其内部有 c 个黄点,它们的凸包是一个凸 m 边形,在其内部又有 a' 个红点.

如果三角形的所有顶点都是同一种颜色,则称该三角形为红色、绿色或黄色三角形.

因为所有红点的凸包恰好可划分为 $2a-k-2$ 个不重叠的红色三

角形,每个这样的三角形中至少包含一个绿点,则有
$$b \geqslant 2a-k-2.$$
同样地,有
$$c \geqslant 2b-l-2 \geqslant b-2,$$
$$a' \geqslant 2c-m-2 \geqslant c-2.$$
因为红凸包的 k 个红点不能算在 a' 内,所以,
$$a \geqslant a'+k.$$
于是,有 $a \geqslant a'+k \geqslant (c-2)+k \geqslant ((b-2)-2)+k$
$$\geqslant (((2a-k-2)-2)-2)+k$$
$$= 2a-6.$$

故 $a \leqslant 6$,即红点数不能超过 6.根据对称性,绿点或黄点数都不能超过 6,因此,n 不能大于 18.

下面给出 18 个点的一种具体放置.

首先,考虑 6 个红点.根据前面的讨论知,在这些红点的凸包内应该有 4 个绿点.如图 2.30,其中点 A,F,I,C,H,J 是红的,点 B,G,D,E 是绿的,整个图形相对于 O 都是对称放置的,且长方形 $ABCD,EFGH$ 都有 $1:\sqrt{3}$ 的边长比.注意到每一个红三角形恰包含一个绿点.

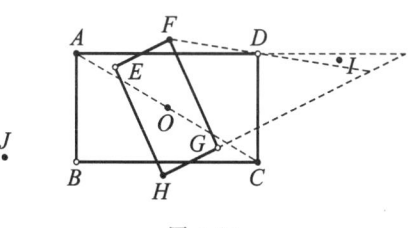

图 2.30

将另两个绿点放到红点 I,J 绕点 O 逆时针方向旋转 $60°$ 后所在的位置上.类似地,将黄点放到绿点绕点 O 逆时针方向旋转 $60°$ 后所在的位置上.根据对称性,这就给出了所要求的放置.

习题 2.c

1. 在平面上任作 n 条直线,它们将平面分割成一些区域.求证:可以二染色这些区域,使得具有公共边界(不止一个点)的区域颜色不同.

2. 将平面任意 k 染色(即每个点染 k 种颜色之一).证明:可找出两个彼此相似的凸 n 边形,其顶点同色;可找到无穷多个角度固定的平行四边形,顶点全同色.

3. 将平面任意三染色.证明:必有两点距离为 1 且同色.

4. 将平面任意二染色.证明:必有两点距离为 1 且异色.

5. 将平面任意三染色.证明:必有三色顶点的直角三角形.

6. 将平面任意二染色.证明:不一定有同色顶点且边长为 1 的正三角形.

7. 将全平面以任意方式二染色,并在平面上任取不共线的三点 A, B, C.求证:存在一个顶点同色的三角形,与 $\triangle ABC$ 相似.

8. 平面上任意点都染成三色之一.证明:一定有同色顶点的矩形.

9. 将平面上点红蓝二染色.证明:对任意正数 k,存在两个相似的同色顶点三角形,其相似比为 k.

10. 将平面上的每个点都染成 2000 种颜色之一,再任意选择一个三角形 T.求证:可以在平面上找到一个与 T 全等的三角形,在它的每两条边上有颜色相同的点(不包括顶点).

11. 将一张纸的正反两面都划分成 3 个多边形.在纸的一面,将这 3 个多边形分别染成白色、红色和绿色之一.求证:可以将另外一面的 3 个多边形也分别染成白色、红色和绿色之一,使得这张纸上至少有三分之一区域的正反两面被染成相同的颜色.

12. 将平面上每点都涂上红蓝两色之一.求证:存在一个 3 个顶点同色的三角形,它的内角比为 $1:2:4$,且最短边长为任意给定正数 k.

13. 平面上的每一点均染上给定的 3 种颜色之一.证明:存在一个三角形,满足:(1)三顶点同色;(2)外接圆半径是 2008;(3)有一个内角是另一个的 2 倍或 3 倍.

14. 把正三角形的每一边都 k 等分,经过分点作平行于各边的直线,结果三角形被分成 k^2 个小三角形. 如果一个小三角形与它前面一个小三角形有公共边,而且每个小三角形不出现两次,则把这一系列小三角形称为"链". 问:在一条链中最多能出现几个小三角形?

15. 平面上有一个凸多边形,它的各边外侧涂上了颜色(即线段一侧涂色,另一侧不涂色). 引这个多边形的任意一些对角线,其中每条对角线也是一侧涂色. 求证:由原多边形的边或对角线所组成的新多边形中,有一个也是外侧涂色的.

16. 一块"花砖"由 6 个边长为 1 的正三角形组成,如图 2.31 所示. 求所有可能的整数 n,使得边长为 n 的正三角形可以被若干花砖覆盖(不能有重叠,也不能有一部分落在正三角形外部).

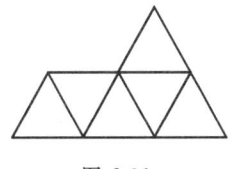

图 2.31

17. 有一凸 n 边形($n \geq 4$),所有顶点都用红、绿、蓝三色染色,并且 3 种颜色都出现,任意两相邻顶点不同色. 求证:可以用在 n 边形内不相交的对角线将多边形剖分成 $n-2$ 个三角形,使得每个三角形的顶点都不同色.

18. 求具有如下性质的最小正整数 n:将正 n 边形的每一个顶点任意染上红、黄、蓝 3 种颜色之一,那么这 n 个顶点中一定存在 4 个同色点,它们是一个等腰梯形的顶点.

19. 在 $7 \times 7, 13 \times 13, 21 \times 21$ 的方格表中,分别将最多的方格中心染成红色,使得其中任何 4 个红点都不是一个边平行于网格线的矩形的 4 个顶点.

20. 在正 $6n+1$ 边形中,将其中的 k 个顶点涂成红色,而将其余顶点全都涂成蓝色. 求证:3 个顶点同色的等腰三角形个数与顶点涂色的方式无关.

21. 求一切正整数 $n(\geq 5)$,使存在一种染色方法,至多用 6 种颜色给 n 边形的顶点染色,满足任意连续 5 个顶点互不同色.

22. 求最小的 $n(\geq 4)$,使对正 n 边形的顶点任意二染色,总有两个全等的同色顶点三角形.

23. 设 $n(\geq 5)$ 为奇数,对正 n 边形的顶点任意二染色. 求证:总有一个同色顶点的等腰三角形.

24. 将正九边形的 5 个顶点涂上红色. 问: 最少存在多少对全等三角形, 它们的顶点都是红点?

25. 桌上放着大小相同的一些互不重叠的圆纸片. 证明: 可以将每张纸片染上 4 种颜色之一, 使彼此相切的圆纸片颜色不同.

26. 平面上每个点被染为 n 种颜色之一, 同时满足: (1) 每种颜色的点都有无穷多个, 且不全在同一直线上; (2) 至少有一条直线上所有的点恰为两种颜色. 求最小的 n, 使得存在互不同色的 4 个点共圆.

27. 将圆周任意二染色. 求证: 存在无穷多个同色顶点等腰三角形彼此全等.

28. 将圆周上的所有点任意二染色 (黑或白).

(1) 证明: 一定存在一个等腰三角形, 其顶点同色;

(2) 是否一定存在一个正三角形, 其顶点同色?

(3) 证明: 存在一个四边形, 它有两条边平行且顶点同色;

(4) 是否一定存在一个矩形, 其顶点同色?

(5) 是否一定存在一个等腰梯形, 其顶点同色?

29. 三染色圆周上的点. 求证: 一定有 3 个同色点, 为一等腰三角形之顶点.

30. 如果一个圆的任意内接正三角形的 3 个顶点都被染上不同的颜色, 则称这样的圆为 "好的". 设 $\odot O$ 的半径为 2.

(1) 是否可以将 $\odot O$ 及其内部的每个点染上 3 种颜色之一, 使得 $\odot O$ 和内切于 $\odot O$ 的半径至少为 1 的任意圆都是好的?

(2) 若将 (1) 中的 3 种颜色改为恰用 7 种颜色呢?

31. 已知圆周上依次有 n 个点 $P_1, P_2, \cdots, P_n$, 任意两点所连的线段要么被染为红色, 要么被染为蓝色. 对于任意不同的 $i, j \in \{1, 2, \cdots, n\}$, 当且仅当 $P_{i+1} P_{j+1}$ 是蓝色时 $P_i P_j$ 为红色 ($P_{n+i} = P_i$).

(1) 求满足条件的 n 的值;

(2) 证明: 从任意一点最多经 3 条线段可到达另外一点, 且每条线段均为红色.

32. 求证: 对任意给定三角形, 如将三维空间任意二染色, 必有同色顶点三角形与之全等.

33. 将整个空间划分成 3 个非空集合 (即任意两个集合的交为空

集,3 个集合的并为全空间). 求证:其中必有一个集合,使得对每个正实数 a,该集合中总有两点距离为 a.

34. 平面上标出 10 个点,每三点不共线,每一对点用一条线段联结. 每一条这样的线段染上 k 种颜色之一,使得对 10 个点中的任 k 个点,有 k 条线段,每条联结它们中的两个点,并且颜色都不相同. 定出所有不大于 10 的可能的正整数 k.

第三讲 凸图形的性质

凸性在数学中的地位很重要,主要体现在它的分析或代数性质,并且已被应用到诸如数理经济学等领域.凸形的几何性质研究比较落后,也最为复杂,不过还算是组合几何中比较成熟的部分,因此特列为一讲.

凸集是一个重要概念.所谓凸集,就是这样一个点集,它的任何两点的连线段都完全属于这个点集.在组合几何中,(闭)凸集一般就称为凸图形.还有一些比较重要的概念:凸集的交(也是凸集)、边界、内点,这些都不用多说明.比较需要解释的重要概念如下.

直径(这个概念适用于一般点集):有界点集中任意两点距离的上确界(不一定能达到),若无上确界便是无穷大(几乎没有意义).

支撑线:只与凸图形在边界上有公共点的直线.

定理1 每个平面凸集边上的每一点至少有一条支撑线,把整个凸集分在平面的一侧.

这是支撑线最为重要的性质.

凸包:这是凸几何最重要的概念,即包含某点集的最小凸集(唯一存在).对于有限个点,其凸包便是以其中某些点为顶点的凸多边形(或线段).

宽度:对于一有界凸图形,其宽度是指将其夹在中间的两条平行支撑线之间距离的最小值.

定理2(凸集分离定理) 对于平面上任意两个没有公共点的凸集,可以找到一条直线将其分离(即一个位于一个半平面内,另一个位于另一个半平面内).

这个定理似乎是凸集"显然"的性质,然而它十分重要,且其用处未必"显然",就如"选择公理"一样.

柯西(Cauchy)公式 设 K 为平面上支撑函数为 $h(\varphi)$ 的凸形,其中 $h(\varphi)$ 是在坐标平面上从原点(在 K 内)到 K 的垂直于方向 φ 的支撑直线的距离,则其周长 $= \int_0^{2\pi} h(\varphi)\mathrm{d}\varphi$.

推论一 任一平面有界凸形的直径为 d,周长为 L,则有 $L \leqslant \pi d$.

推论二(巴比尔(Barbier)定理) $h(\varphi)+h(\varphi+\pi)$ 为常数(此时称为"等宽")的凸图形周长也是常数,且为其 π 倍.

满足巴比尔定理的图形不一定就是圆,还有著名的勒洛(Reuleaux)三角形,即正奇数边形每边外加一段圆弧,圆弧两端即该边端点,圆心即该边中垂线所经过的顶点.

定理3(海莱(Helly)定理) 若 $n(\geqslant 3)$ 个凸图形中任意 3 个都有公共点,则这 n 个凸图形有公共点.

海莱定理是凸集中最重要的定理之一,具有广泛的用途,以后的例子会体现这一点.当然,它的证明本身也是具有借鉴意义的.

例1 求证:任一有界凸图形可以与 6 个与它全等的凸形接触(即仅仅在边界上有交点),这些全等凸形内部均不相交.

证明 设有界凸图形是 Ω,过其边界上的点 A, A' 分别有平行支撑直线 l_2, l_1,如图 3.1 所示.

今作 l_1 与 l_2 的中位直线 l_1',再作 l_2',使 l_2 成为 l_1' 与 l_2' 之中位直线.

作 Ω_1 关于 l_2 与 Ω 对称.

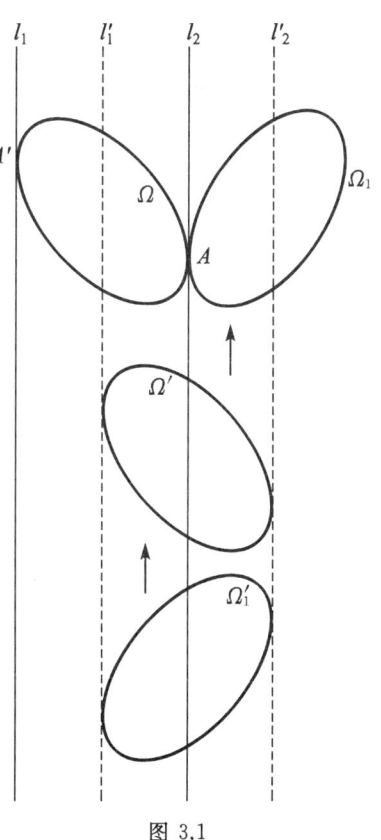

图 3.1

又将 Ω,Ω_1 分别平移成在 l_1' 与 l_2' 之间的较远处的 Ω',Ω_1',将它们分别往上移,一个会先"碰到"Ω_1,另一个势必先"碰到"Ω,于是与 Ω 接触的两个全等凸形已确定.类似地可在其他区域找到 4 个全等凸形(一个是关于 l_1 对称,另 3 个也是"运动"所得).

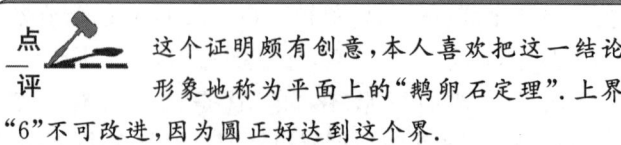

这个证明颇有创意,本人喜欢把这一结论形象地称为平面上的"鹅卵石定理".上界"6"不可改进,因为圆正好达到这个界.

例 2 设平面的一个子集为 H.若存在 H 中的四点 A,B,C,D,使直线 AB,CD 不同,且 AB 与 CD 交于 P,则 P 称为 H 的"切割点".设 A_0 是平面的一个有限点集,集合 $A_1,A_2,A_3,\cdots$ 定义如下:对于每个 $j>0$,A_j 是 A_{j-1} 与 A_{j-1} 的"切割点"构成的集合的并集.证明:如果所有的集合 A_j 的并集是有限点集,则对于所有的 j,有 $A_j=A_1$.

证明 如图 3.2,从一点引出两条射线,每条射线上有两个点,称这样的图形为"切割形".

先证明一个引理.

如果 A_k 中含有切割形,则 $\bigcup_{i=1}^{+\infty} A_i$ 是无限集.

设 A_k 中含有由 P_0,P_1,P_2,P_3,P_4 组成的切割形,且各点按图 3.3 中的顺序排列.设 P_1P_4 与 P_2P_3 交于点 Q_1,P_0Q_1 与 P_1P_3 交于点 R_1,P_2R_1 与 P_1P_4 交于点 Q_2,P_0Q_2 与 P_1P_3 交于点 R_2,则 $Q_1\in A_{k+1},R_1\in A_{k+2},Q_2\in A_{k+3},R_2\in A_{k+4},\cdots$.

所以,$\bigcup_{i=1}^{+\infty} A_i$ 是无限集.

下面证明原题.

若 $\bigcup_{i=1}^{+\infty} A_i$ 为有限集,由引理知,A_1 中无切割形.

考虑 A_0 中点的凸包.

图 3.2

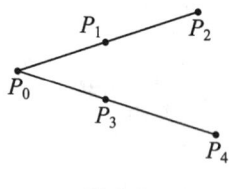

图 3.3

(1) 若凸包为凸 $n(n\geqslant 5)$ 边形,取其中的凸五边形 $B_1B_2B_3B_4B_5$,则
$$B_2B_4 \cap B_1B_3 = C_1 \in A_1, B_2B_4 \cap B_3B_5 = C_2 \in A_1,$$
故知 A_1 中有切割形 $B_3C_1B_1C_2B_5$,矛盾.

(2) 若凸包为凸四边形,记为 $B_1B_2B_3B_4$. 易知其为平行四边形(否则,有一组对边不平行,A_1 中有切割形),则
$$B_1B_3 \cap B_2B_4 = D \in A_1.$$
若有另一点 $E \in A_0$,分两种情况讨论.

(i) 若 E 在 B_1B_2 上或在 $\triangle B_1B_2D$ 内,则
$$EB_3 \cap B_2D = F_1 \in A_1, EB_4 \cap B_1D = F_2 \in A_1.$$
故 $EF_1B_3F_2B_4$ 为 A_1 中的切割形,矛盾.

(ii) 若 E 在 B_1D 上,则
$$B_2E \cap B_1B_4 = F \in A_1.$$
故 B_2EFDB_4 为 A_1 中的切割形,矛盾.

所以,$A_1 = \{B_1, B_2, B_3, B_4, D\}$. 对任意 $j > 0$,有 $A_j = A_1$.

(3) 若凸包为三角形,记为 $\triangle B_1B_2B_3$.

对于 A_0 中另一点 E,若 E 在 $\triangle B_1B_2B_3$ 内部,则
$$B_2E \cap B_1B_3 = C_1 \in A_1, B_1E \cap B_2B_3 = C_2 \in A_1,$$
故 $B_3C_1B_1C_2B_2$ 为 A_1 中的切割形,矛盾. 若有另外两点 E, F 分别在 $\triangle B_1B_2B_3$ 的两边上,则 A_0 中有切割形,矛盾.

所以,A_0 为共线的若干个点及直线外一点组成的集合.

此时,$A_1 = A_0$,且对任意 $j > 0$,有 $A_j = A_1$.

(4) 若凸包为一条线段,则 $A_1 = A_0$,且对任意 $j > 0$,有 $A_j = A_1$.

综上,原题得证.

例3 如点集 S 中存在一点 O,对 S 中任一点 A,闭线段 OA 都完全属于 S,则称 S 为星形集. 已知 F 为平面上一有界闭集. 若 F 中每三点都可由 F 中一点同时看到,证明:F 是一个星形集.

证明 对每点 $A \in F$,令 S_A 为 F 中可看到 A 的所有点构成的区域,它是关于 A 的星形集. 由已知条件,每 3 个 S_A 有公共点,于是凸包族 S_A^*

有公共点 P(每个 S_A^* 均是有界闭凸集). 下证 P 也是全体 S_A 的公共点, 从而 F 是关于 P 的星形集.

对点集 A,B, 定义 $d(A,B)=\inf MN$, 这是 $M\in A, N\in B$.

反设有 $A\in F$ 使 $P\notin S_A$ (如图 3.4). 此时线段 $PA\not\subseteq F$, 必可找到 PA 上的点 A_1, B, 使得 $AA_1\subseteq F$ 而 A_1B 整个在 F 外. 特别地, $d(B,F)>0$, 又可在 A_1B 上取点 C, 使 $0<A_1C<d(B,F)$. 现在闭线段 BC 与 F 无公共点, 故 $d(BC,F)>0$, 但 $d(BC,F)\leqslant A_1C<d(B,F)$, 故有 BC 上的点 $U\neq B$ 及 F 中的点 T, 使 $d(U,T)=d(BC,F)$.

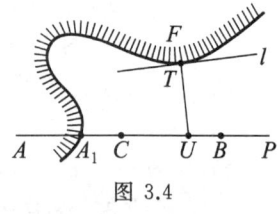

图 3.4

过 T 作 UT 的垂线 l, 可知 l 将 UB 与 S_T 隔离, 且 $\angle TUP\geqslant 90°$, 于是 l 也将 P 与 S_T^* 隔离, 与 $P\in S_T^*$ 矛盾. 故 F 是一个星形集. 证毕.

> **点评** k 维空间中有克拉斯诺谢尔斯基(Krasnoselsky)定理: 若有界闭集 F 中每 $k+1$ 个点可由同一点看到, 则 F 是一个星形集.

例 4 对于一平面凸集 Ω, 定义其边界上任两点的联结线段为弦, 偏心度为: $\min\limits_{P\in\Omega}\max\dfrac{PA}{PB}$, 其中 P 为 Ω 中任一内点, APB 是动弦, $PA\geqslant PB$. 证明: 平面凸集的偏心度 $\leqslant 2$, 三角形达到最大值 2.

证明 对于 F 边界上每一点 A, 令 F_A 是 F 的以 A 为中心的 $\dfrac{2}{3}$ 位似形, 即若取 F_A 中任一点 $O\neq A$, 延长 AO 交 F 的边界于 B, 则 $\dfrac{OA}{AB}\leqslant\dfrac{2}{3}$, 从而 $\dfrac{OA}{OB}\leqslant 2$. 显然, F_A 是有界闭凸集.

如图 3.5, 对 F 边界上任三点 A,B,C, 令 G

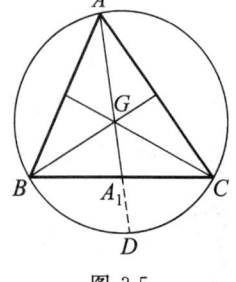

图 3.5

为 $\triangle ABC$ 的重心,延长 AG 交 BC 于 A_1,交 F 的边界于 D,则 $\dfrac{AG}{GD} \leqslant \dfrac{AG}{GA_1} = 2$,故 $G \in F_A$. 同理,$G \in F_B, F_C$,即任 3 个 F_A, F_B, F_C 有公共点. 因此,所有的 F_A 有公共点 O.

对于过 O 的每条弦 AB,由 $O \in F_A$ 得 $\dfrac{OA}{OB} \leqslant 2$,又由 $O \in F_B$ 得 $\dfrac{OB}{OA} \leqslant 2$,故 $\dfrac{1}{2} \leqslant \dfrac{OA}{OB} \leqslant 2$. 即 O 点的偏心度不大于 2,从而 F 的偏心度更不大于 2.

当 F 为 $\triangle ABC$ 时,过重心 G 作三边的平行线,它们将三边三等分. 对于 $\triangle ABC$ 内任一点 O,它必被一条平行线与对顶点隔开(如图 3.6 中的 B),此时 $\dfrac{OB}{OB_1} \geqslant 2$,故 O 点偏

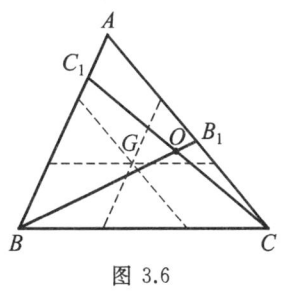

图 3.6

心度不小于 2. 因此,三角形的偏心度为 2(在 G 处达到).

例 5 求证:对于任何一个周长为 1 的封闭凸形 C,总存在一个周长不小于 $\dfrac{3\sqrt{3}}{2\pi}$ 的内接三角形(假定存在最大周长的内接三角形).

证明 显然这是最好的估计,因为当 C 是圆周时,正好达到此值(内接三角形为正三角形). 但一般的凸形,似乎不易下手.

考虑支撑线,即与凸形仅在边界有公共点(可能不止一条)的直线,当凸形光滑时,支撑线就是切线. 为方便起见,凡是支撑线与凸形的公共点均称为切点,而凸形的 n 条($n \geqslant 3$)支撑线围成的凸 n 边形则称作该凸形的外切 n 边形. 如图 3.7 是 $n = 6$ 的情形.

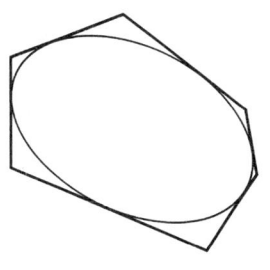

图 3.7

接下去我们建立一个关键性结论. 任何两条不同支撑线,当一条固定时,另一条与它所夹的内角(包含凸形的那个)可以取 $(0, \pi)$ 中的任意值. 因此,对任意的

$n \geqslant 3$, 存在凸形的外切等角 n 边形. 于是此 n 边形的任何两条邻边所夹的外角为 $\frac{2\pi}{n}$.

现作凸形 C 的外切等角 $6n(n \geqslant 4)$ 边形 $A_1 A_2 \cdots A_{6n}$, $A_i A_{i+1}$ 边上的切点记为 B_i ($1 \leqslant i \leqslant 6n$), 此处 $A_{6n+1} = A_1$ (切点不唯一, 就找公共点集之中点).

考虑 $2n$ 个三角形 $\triangle B_i B_{2n+i} B_{4n+i}$ ($1 \leqslant i \leqslant 2n$), 它们都是凸形 C 的内接三角形.

对 $B_i B_{2n+i}$, 它在直线 $A_{n+i} A_{n+i+1}$ 上有投影 $B'_i B'_{2n+i}$, 于是有 $B_i B_{2n+i} \geqslant B'_i B'_{2n+i}$. 但是易知

$$B'_i B'_{2n+i} = A_{n+i} A_{n+i+1} + (A_{n+i-1} A_{n+i} + A_{n+i+1} A_{n+i+2}) \cos \frac{\pi}{3n}$$
$$+ (A_{n+i-2} A_{n+i-1} + A_{n+i+2} A_{n+i+3}) \cos \frac{2\pi}{3n} + \cdots$$
$$+ (A_{i+1} A_{i+2} + A_{2n+i-1} A_{2n+i}) \cos \frac{(n-1)\pi}{3n}$$
$$+ (B_i A_{i+1} + A_{2n+i} B_{2n+i}) \cos \frac{\pi}{3}.$$

这样一来, 便有

$$\triangle B_i B_{2n+i} B_{4n+i} \text{ 的周长} \geqslant B'_i B'_{2n+i} + B'_{2n+i} B'_{4n+i} + B'_{4n+i} B'_i$$
$$= d_0 + \sum_{j=1}^{n-1} d_j \cos \frac{j\pi}{3n} + d_n \cos \frac{\pi}{3},$$

其中 d_0 是类似于 $A_{n+i} A_{n+i+1}$ 这样的 3 条边长之和, d_j 是对应的 6 条边长之和, d_n 是分别包含点 B_i, B_{2n+i}, B_{4n+i} 的 3 条边长之和.

记 S 为所有的 $\triangle B_i B_{2n+i} B_{4n+i}$ 的周长之和, 于是有

$$S \geqslant \sum \left(d_0 + \sum_{j=1}^{n-1} d_j \cos \frac{j\pi}{3n} + d_n \cos \frac{\pi}{3} \right). \tag{1}$$

我们现在来计算右式. 考虑 $A_1 A_2 \cdots A_{6n}$ 的任一条边 $A_i A_{i+1}$ ($A_{6n+1} = A_1$), 看其在上述右式中出现了几次. 显然, 与之有关的线段是 $B_{i-2n} B_i, B_{i-2n+1} B_{i+1}, \cdots, B_i B_{i+2n}$, 共 $2n+1$ 条. 其中, 凡下标大于 $6n$ 或小于 1 者, 以 $\mod 6n$ 处理. 在这些线段的估计中, $A_i A_{i+1}$ 曾单独出现过一次, $B_{i-2n} B_i$ 与 $B_i B_{i+2n}$ "合作" 得 $A_i A_{i+1} \cos \frac{\pi}{3}$, 其余则为

第三讲 凸图形的性质

$$2A_iA_{i+1}\sum_{j=1}^{n-1}\cos\frac{j\pi}{3n}=\left(\frac{\sin\frac{2n-1}{6n}\pi}{\sin\frac{\pi}{6n}}-1\right)A_iA_{i+1}.$$

于是,式(1)右端为 $\left(1+\left(\dfrac{\sin\frac{2n-1}{6n}\pi}{\sin\frac{\pi}{6n}}-1\right)+\cos\dfrac{\pi}{3}\right)C_{6n}$,

这里 C_{6n} 是 $A_1A_2A_3\cdots A_{6n}$ 的周长,显然 $C_{6n}\geqslant 1$.

记 $\triangle B_iB_{2n+i}B_{4n+i}$ $(1\leqslant i\leqslant 2n)$ 中最大周长为 b_n,凸形 C 的最大内接三角形周长为 L,则

$$L\geqslant b_n\geqslant\left(\frac{\sin\frac{2n-1}{6n}\pi}{2n\sin\frac{\pi}{6n}}+\frac{1}{4n}\right)C_{6n}>\frac{\sin\frac{2n-1}{6n}\pi}{2n\sin\frac{\pi}{6n}}.$$

最后,令 $n\to+\infty$,得

$$L\geqslant\lim_{n\to+\infty}\frac{\sin\frac{2n-1}{6n}\pi}{2n\sin\frac{\pi}{6n}}=\frac{\sin\frac{\pi}{3}}{\frac{\pi}{3}}=\frac{3\sqrt{3}}{2\pi}.$$

点评 此题构思巧妙,令人回味.尽管用到了三角级数、抽屉原则与极限,但思路并不以此为主.一个简单好用的主意就是用外切多边形进行估计,这样无规则的凸形就被驾驭了.

这种方法叫投影法,后面专有一节会提到.这里还用到了极限法,非常有效.用同样的技巧,可以证明施耐德(Schneider)定理(1967,1971)的一部分:设 C 为一凸形(不妨设周长是 c),则存在一内接 n 边形,其周长设为 c_n,满足 $\dfrac{c_n}{c}\geqslant\dfrac{n}{\pi}\sin\dfrac{\pi}{n}$.另一部分是:存在一外切 n 边形,其周长 c_n' 满足 $\dfrac{c_n'}{c}\leqslant\dfrac{n}{\pi}\tan\dfrac{\pi}{n}$.若 C 是椭圆,则两不等式中的等号成立.

例6 试确定在平面上是否存在满足下述条件的两个不相交的无限点集 A 和 B：

(1) 在 $A \cup B$ 中，任何三点都不共线，且任何两点的距离至少是 1；

(2) 任何一个顶点在 B 中的三角形，其内部都存在一个 A 中的点；任何一个顶点在 A 中的三角形，其内部都存在一个 B 中的点。

解 这样的点集不存在。下面用反证法证明。

假设存在这样的点集 A 和 B，则下述命题成立：

对任意自然数 $n \geqslant 3$，存在这样的凸多边形，它的顶点为标定点（即 $A \cup B$ 中的点），而它的内部及边界上共有 n 个标定点。

事实上，任意取 n 个标定点，设它们的凸包为 $P_1 P_2 \cdots P_m$。由于任意 3 个标定点不共线，故 $m \geqslant 3$。因为任何两个标定点的距离至少是 1，故以每个标定点为圆心、$\frac{1}{2}$ 为半径作圆，这些圆两两不相交。因此，凸多边形 $P_1 P_2 \cdots P_m$ 内部及边界上只有有限个标定点，设为 $P_1, P_2, \cdots, P_k$，$k \geqslant n$。

若 $k = n$，则命题已成立。若 $k > n$，则取 $P_2, P_3, \cdots, P_k$ 的凸包 $P_{i_1} P_{i_2} \cdots P_{i_t}$，其内部及边界上有 $k-1$ 个标定点。若 $k-1 = n$，命题已成立；若 $k-1 > n$，则再取 $\{P_2, P_3, \cdots, P_k\} \setminus \{P_{i_1}\}$ 的凸包，这样下去，经 $k-n$ 次调整，可得一个凸多边形，其内部和边界上共有 n 个标定点。

为了进一步证明，我们在上述命题中取 $n = 9$，不妨设这时对应的凸多边形内部及边界上的 9 个标定点中，A 中的点多于 B 中的点。分以下两种情形讨论。

(i) 9 个标定点中，A 中的点不少于 6 个，则 B 中的点不多于 3 个。取 A 中的 6 个点 $A_1, A_2, \cdots, A_6$。

若其凸包为六边形，不妨设为 $A_1 A_2 \cdots A_6$，则 $\triangle A_1 A_2 A_3$，$\triangle A_1 A_3 A_4$，$\triangle A_1 A_4 A_5$，$\triangle A_1 A_5 A_6$ 中不可能都有 B 中的点。

若其凸包为五边形，不妨设为 $A_1 A_2 \cdots A_5$，则 $\triangle A_1 A_2 A_6$，$\triangle A_2 A_3 A_6$，$\triangle A_3 A_4 A_6$，$\triangle A_4 A_5 A_6$ 中不可能都有 B 中的点。

若其凸包为四边形，不妨设为 $A_1 A_2 A_3 A_4$，则 $\triangle A_1 A_2 A_5$，$\triangle A_2 A_3 A_5$，$\triangle A_3 A_4 A_5$，$\triangle A_4 A_1 A_5$ 中不可能都有 B 中的点。

若其凸包为三角形,不妨设为 $\triangle A_1A_2A_3$,且 A_5 在 $\triangle A_1A_2A_4$ 的内部,则 $\triangle A_1A_2A_5$,$\triangle A_2A_4A_5$,$\triangle A_1A_4A_5$,$\triangle A_2A_3A_4$ 中不可能都有 B 中的点. 矛盾.

(ii) 9 个标定点中有 5 个 A 中的点 $A_1,A_2,\cdots,A_5$.

若其凸包为五边形,不妨设为 $A_1A_2\cdots A_5$,则 $\triangle A_1A_2A_3$,$\triangle A_1A_3A_4$,$\triangle A_1A_4A_5$ 中都有一个 B 中的点,而以这 3 个 B 中的点为顶点的三角形中不可能再有 A 中的点.

若其凸包为四边形,不妨设为 $A_1A_2A_3A_4$,则 $\triangle A_1A_2A_5$,$\triangle A_2A_3A_5$,$\triangle A_3A_4A_5$,$\triangle A_4A_1A_5$ 中都有一个 B 中的点,而这 4 个 B 中的点的凸包中只可能有一个 A 中的点,这是不可能的.

若其凸包为三角形,不妨设为 $\triangle A_1A_2A_3$,且 A_5 在 $\triangle A_1A_2A_4$ 内部,则 $\triangle A_1A_2A_5$,$\triangle A_2A_4A_5$,$\triangle A_2A_3A_4$,$\triangle A_1A_4A_5$,$\triangle A_3A_1A_4$ 中不可能都有 B 中的点. 矛盾.

综上所述,本题得证.

例 7 平面上有 9 个点,任三点不共线. 证明:其中必有 5 个点为一凸五边形之顶点;若改为 8 个点,则未必有凸五边形存在.

证明 先证一个引理. 设平面上有一个任意三点不共线的点集,其凸包 K 之顶点集记为 S. 若在凸包内有 m 个点围成一凸 m 边形,且 m 边形存在一条边 A_2A_3,它的邻边为 A_1A_2,A_3A_4(A_1,A_2,A_3,A_4 都是顶点). 若记 A_1A_2,A_4A_3 的延长线和 A_2A_3 围成的区域为 T(图 3.8 中阴影部分),又有 n 个点($\in S$)在 T 中,则此 n 个点和凸 m 边形组成的凸包是一个凸 $m+n$ 边形.

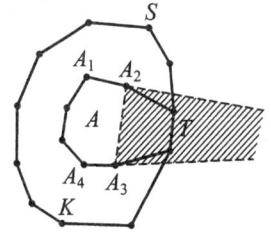

图 3.8

记凸 m 边形组成的区域为 A,显然 $A\cup T$ 是一个凸集. 若 n 个点和凸 m 边形的凸包 B 之顶点数小于 $m+n$,则必有点在 B 内部. 由于 m 边形的顶点都是凸集 $A\cup T$ 的顶点或边界点(即 A_2,A_3),因此,在 B 内部的点一定在那 n 个点之中. 于是,此点在 S 中. 又易知 B 在 K 中,于是,此点又在 K 内部. 由于此点属于 S,则必为 K 的顶点,矛盾. 因此引理得证.

下面我们来证明原题.

首先,易知 8 个点是有反例的. 如图 3.9,在一对双曲线的每一支上放 4 个点,可以使得这 8 个点中任三点不共线,此时就不存在凸五边形.

下证 9 个点中一定有凸五边形存在.

设平面上给出的 9 个点为 $A_1, A_2, \cdots, A_9$. 显然只须考虑下面两种情况:

(Ⅰ) 凸包为四边形,不妨设为 $A_1 A_2 A_3 A_4$,点 $A_5, A_6, \cdots, A_9$ 在其内部.

图 3.9

若 $A_5, A_6, \cdots, A_9$ 围成一个凸五边形,则问题已经解决. 否则此五点中必存在四点,使得其中一点在以另三点为顶点的三角形内部. 不妨设 A_5 在 $\triangle A_6 A_7 A_8$ 内部,如图 3.10 所示.

联结 $A_5 A_6, A_5 A_7, A_5 A_8$ 并延长,设射线 $A_5 A_6, A_5 A_7$ 所围区域除去 $\triangle A_5 A_6 A_7$ 后得到的区域记为 Ⅰ,同样方法得到区域 Ⅱ 和 Ⅲ. 显然 A_1, A_2, A_3, A_4 都在这 3 个区域中.

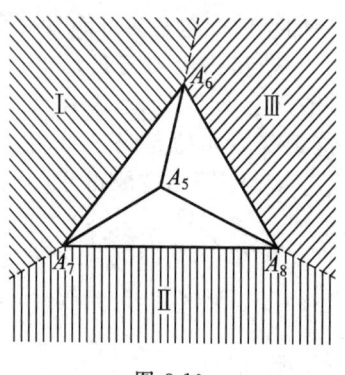

图 3.10

由于区域只有 3 个,而点有 4 个(A_1, A_2, A_3, A_4),于是由抽屉原则知,一定有一个区域至少包含了其中的两个点. 不妨设 A_1, A_2 在区域 Ⅰ 中,由引理知点 A_5, A_6, A_7, A_1, A_2 围成一凸五边形.

(Ⅱ) 凸包为三角形,不妨设为 $\triangle A_1 A_2 A_3$,另外 6 点 $A_4, A_5, \cdots, A_9$ 在其内部. 对于 $A_4, A_5, \cdots, A_9$,分如下两种情况讨论.

(i) 若凸包为四边形,不妨设为 $A_4 A_5 A_6 A_7$. 考虑延长线段 $A_8 A_9$ 的两端,若与四边形 $A_4 A_5 A_6 A_7$ 的邻边相交,如图 3.11,不妨设与邻边 $A_4 A_5, A_4 A_7$ 相交. 因为 A_8, A_9 在 $\triangle A_4 A_5 A_7$ 内部,此时 A_8, A_9, A_5, A_6, A_7 构成一凸五边形.

又若延长线段 $A_8 A_9$ 的两端后和四边形

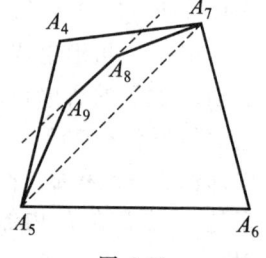

图 3.11

$A_4A_5A_6A_7$ 的对边相交,不妨设与 A_5A_6,A_4A_7 相交,如图 3.12,4 块区域 Ⅰ,Ⅱ,Ⅲ,Ⅳ 分别用阴影部分表示,易知 4 块区域覆盖了除四边形 $A_4A_5A_6A_7$ 外的部分(当然,若射线 A_8A_4,A_9A_5 相交或射线 A_8A_7,A_9A_6 相交,则 4 个区域将发生重叠).

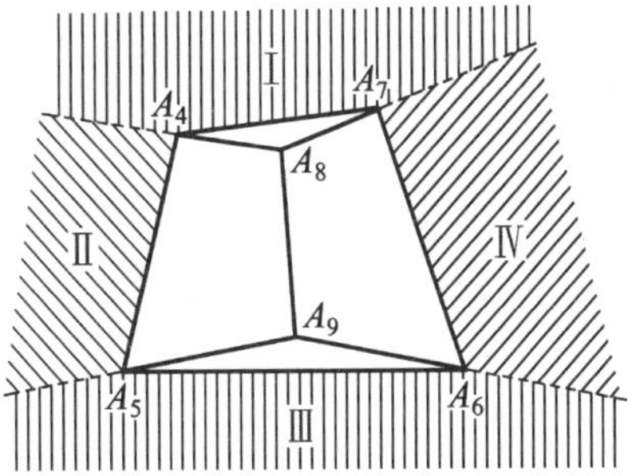

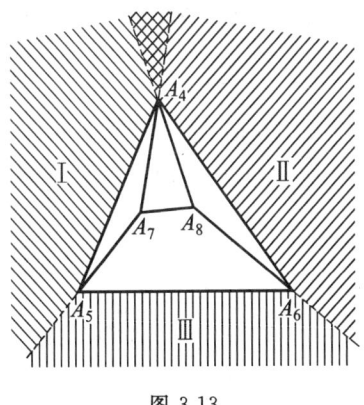

图 3.12

现有 3 个点 A_1,A_2,A_3 在 4 个区域中,由引理知,若无凸五边形,则区域 Ⅱ,Ⅳ 中不能有点.而区域 Ⅰ,Ⅲ 中至多各有一点,于是,4 个区域至多包含两点,这和 3 个点 A_1,A_2,A_3 的存在相矛盾.

(ii) 若凸包为三角形,不妨设为 $\triangle A_4A_5A_6$,如图 3.13,且不妨设延长 A_7A_8 后和 A_4A_5,A_4A_6 相交.定出区域 Ⅰ,Ⅱ,Ⅲ(易知区域 Ⅰ,Ⅱ 有重叠).和前面一样,可知 A_1,A_2,A_3 在这 3 个区域中.

若无凸五边形,则由引理知,区域 Ⅲ 中无点,区域 Ⅰ 和 Ⅱ 中分别至多有一点,这与有 3 个点 A_1,A_2,A_3 矛盾.因此,必有凸五边形.

图 3.13

点评 本题涉及组合几何中最著名的结果之一(见习题 3 第 10 题),几乎每本相关著作中都会提到,此处不再赘述.

例 8 平面上有一个凸 m 边形,内部或边界上有 n 个点,这 $m+n$ 个点两两之间有一个距离,记最大距离与最小距离之比为 $\lambda(m,n)$.证明:$\min\lambda(3,1)=\sqrt{3},\min\lambda(3,2)=\min\lambda(3,3)=2$.

证明 先证明几个引理.

引理 1 在 $\triangle ABC$ 中,$BC \geq 2\min(AB, AC)\sin\dfrac{A}{2}$.

证明:作 $\angle A$ 的平分线,B,C 在其上的垂足分别为 M,N,则 $BC \geq BM+CN=AB\sin\dfrac{A}{2}+AC\sin\dfrac{A}{2} \geq 2\min(AB,AC)\sin\dfrac{A}{2}$.

本结论亦可用余弦定理证明,等号成立条件是 $AB=AC$.

引理 2 D 是 $\triangle ABC$ 内或边界上一点,则
$$\dfrac{BC}{\min(AD,BD,CD)} \geq \begin{cases} 2\sin A, & \angle A < 90°, \\ 2, & \angle A \geq 90°. \end{cases}$$

证明:设 O 是 $\triangle ABC$ 外心,则 $\triangle ABO,\triangle BCO,\triangle CAO$ 总将 $\triangle ABC$ 覆盖.设外接圆半径是 R,于是 D 总落在上述 3 个三角形的某个之内.由外包线大于内包线,知 $\dfrac{BC}{2\sin A}=R \geq \min(AD,BD,CD)$.又当 $\angle A \geq 90°$ 时,取 BC 中点 K,不妨设 D 在 $\triangle ABK$ 内(或边界上),则有 $2\min(AD,BD,CD) \leq AD+BD \leq AK+BK \leq BC$.

下面证明 $\min\lambda(3,1)=\sqrt{3}$.

设 D 在 $\triangle ABC$ 内(或边界上).不妨设 $\angle BDC \geq 120°$,由引理 1,
$$\lambda(3,1) \geq \dfrac{BC}{\min(BD,CD)} \geq 2\sin\dfrac{\angle BDC}{2} \geq 2\sin 60°=\sqrt{3},$$ 等号成立仅当 D 为正三角形 ABC 中心.

或由引理 2(这两个引理后面还要用到,所以在此都予以证明),不妨设 $\angle A$ 是最大内角,分 $60° \leq \angle A < 90°$ 与 $90° \leq \angle A$ 两种情况,立即得证.

引理 3 D,E 在 $\triangle ABC$ 内部或边界上,则 $DE \leq \max(AB,BC,CA)$.

证明:不妨设 D,E 分别在 AB,AC 上(否则可以延长 DE 或 ED).由于 $\max(\angle AED,\angle CED) \geq 90°$,根据"大角对大边",有
$$DE \leq \max(AD,CD) \leq \max(AB,BC,CA).$$

下面证明 $\min\lambda(3,2)=\min\lambda(3,3)=2$.

先设 D,E 在 $\triangle ABC$ 内部或边界上.设 BC,CA,AB 的中点分别

是 A', B', C'. 联结 3 条中位线，将 $\triangle ABC$ 划分成 4 个全等的三角形. 若 D 在 $\triangle AB'C'$ 内部或边界上，则 $\lambda(3,2) \geqslant \dfrac{\max(AB,AC)}{AD} = 2\dfrac{\max(AB',AC')}{AD} \geqslant 2$，于是可以设 D 在 $\triangle A'B'C'$ 中，同理 E 在 $\triangle A'B'C'$ 中，这样由引理 3 及中位线性质，又立得 $\lambda(3,2) \geqslant 2$. 于是，$\lambda(3,3) \geqslant \lambda(3,2) \geqslant 2$.

又当 D,E,F 正好是正三角形 ABC 三边中点时，亦达到此值. 故结论得证.

> **点评** 莱因哈特（Reinhardt）证明，当 n 非 2 的幂（$n \geqslant 5$）时，$\min\lambda(n,0) = \dfrac{1}{2}\csc\dfrac{90°}{n}$，另外有 $\lambda(4,0) = \sqrt{2}$. 还可以证明 $\min\lambda(4,1) = 2\sin 70°$，$\min\lambda(5,1) = 2\sin 72° = \dfrac{1}{2}\sqrt{10+2\sqrt{5}}$，$\min\lambda(6,1) = 2$，但对于其他 $\min\lambda(m,n)$，还是很难求（建议读者研究一下 $\min\lambda(3,4)$ 和 $\min\lambda(4,2)$）. 尽管我们知道，对任何固定的正整数 n，只要 m 充分大，就有 $\min\lambda(m,n) = \min\lambda(m,0)$. 组合几何之所以困难，其本质在于"复杂性"，即从 m 到 $m+1$ 不能进行简单的归纳或递推. 例如著名的后控制棋盘问题：在一个 $n\times n$ 的国际象棋棋盘中，有若干个后可控制整个棋盘指的是：这些后互相之间不攻击，但再放入任何一个子就会被至少一个后攻击. 对于正整数 $i < j \leqslant n$，有 i 个后可以控制整个棋盘，亦有 j 个后可控制整个棋盘，则是否对于 i,j 之间的任何正整数 k，存在 k 个后可以控制整个棋盘？这似乎很符合直觉，但并不简单（即使能找到反例），特别是作为奥数题要求在有限时间内完成. 而求所有控制 $n\times n$ 棋盘的后的个数，更是谈何容易！

例 9 $ABCD$ 为凸四边形,它有两个相邻内角之和 $\geqslant \dfrac{4\pi}{3}$,并且点 E 在此四边形内部. 记这五点中最大距离与最小距离之比为 a_5.

证明:$a_5 \geqslant 2$.

证明

先给出几个引理,前 4 个引理可由例 8 得出.

引理 1 在 $\triangle ABC$ 中,
$$BC \geqslant 2\min(AB, AC) \cdot \sin\dfrac{A}{2}.$$

引理 2 D 是 $\triangle ABC$ 中一点,则
$$\dfrac{BC}{\min(AD, BD, CD)} \geqslant \begin{cases} 2\sin A, & \angle A, \angle B, \angle C < \dfrac{\pi}{2}, \\ 2. & \angle A \geqslant \dfrac{\pi}{2}. \end{cases}$$

引理 3 点 D, E 均在 $\triangle ABC$ 中,则
$$DE \leqslant \max(AB, BC, CA).$$

引理 4 点 D, E 在 $\triangle ABC$ 中,则
$$\dfrac{\max(AB, BC, CA)}{\min(AD, BD, CD, AE, BE, CE, DE)} \geqslant 2.$$

引理 5 在 $\triangle ABC$ 中,$\angle A \geqslant \dfrac{\pi}{2}$. 若 $BC < 2\min(AB, AC)$,则 $BC > \dfrac{2}{\sqrt{3}} \max(AB, AC)$.

证明:因 $\angle A \geqslant \dfrac{\pi}{2}$,所以
$$(\max(AB, AC))^2 + \left(\dfrac{BC}{2}\right)^2$$
$$< (\max(AB, AC))^2 + (\min(AB, AC))^2$$
$$= AB^2 + AC^2 \leqslant BC^2.$$

故 $\dfrac{BC}{\max(AB, AC)} > \dfrac{2}{\sqrt{3}}$.

回到本题. 用反证法. 假设 $a_5 < 2$. 如图 3.14,不妨设 $\angle BAD + \angle ADC \geqslant \dfrac{4}{3}\pi$. 联结 AC, BD 相

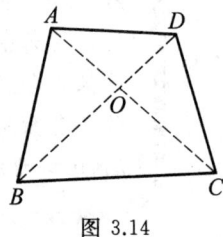

图 3.14

交于 O 点,且设 $\angle ADC \geqslant \angle BAD$,于是 $\angle ADC \geqslant \dfrac{2}{3}\pi > \dfrac{\pi}{2}$. 由假设及引理 2 知,$E$ 只能在 $\triangle ABC$ 内.

(1) 若 E 在 $\triangle BOC$ 内,由假设及引理 2 知,$\triangle ABC$ 和 $\triangle BDC$ 只能均为锐角三角形.

因为 $\angle BAD + \angle ADC \geqslant \dfrac{4}{3}\pi > \pi$,故延长 BA,CD 必定相交. 如图 3.15,设交点为 H,于是 $\angle H = \angle BAD + \angle ADC - \pi \geqslant \dfrac{\pi}{3}$,于是 $\min(\angle HBC, \angle HCB) \leqslant \angle H$. 不妨设 $\angle HCB \leqslant \angle HBC$,则 $\angle HCB \leqslant \angle H$,且 HB 是 $\triangle HBC$ 的最小边. 分别作 $BG \perp CD$ 于 G,$CF \perp AB$ 于 F. 因 $\triangle ABC$ 和 $\triangle BDC$ 为锐角三角形,故 G, F 为线段 CD, AB 内的点. 连 FG, AG,于是由 D 在线段 HG 内知

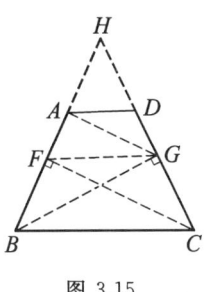

图 3.15

$$AD \leqslant \max(AH, AG).$$

若 $AD \leqslant AH$,则
$$2\min(AB, AD) \leqslant AB + AD$$
$$\leqslant AB + AH = BH \leqslant BC,$$

故 $a_5 \geqslant \dfrac{BC}{\min(AB, AD)} \geqslant 2$,矛盾.

若 $AD \leqslant AG$,由于 $\angle FAG > \angle H \geqslant \angle HCB = \angle AFG$,故有
$$AG < FG = BC\sin\angle FCG$$
$$= BC\cos H \leqslant \dfrac{1}{2}BC,$$

故 $a_5 \geqslant \dfrac{BC}{AD} \geqslant \dfrac{BC}{AG} > 2$,矛盾.

(2) 若 E 在 $\triangle ABO$ 中,则 $\triangle ABD$ 和 $\triangle ABC$ 均为锐角三角形.

若 $\triangle BDC$ 是锐角三角形,则由(1)知结论成立. 否则,由于 $\angle DBC < \angle ABC < \dfrac{\pi}{2}$,因此只能是 $\angle BDC$ 或 $\angle BCD$ 不是锐角.

如果 $\angle BDC \geqslant \dfrac{\pi}{2}$,由假设及引理 5 知

$$\frac{BC}{BD} \geqslant \frac{BC}{\max(BD,DC)} > \frac{2}{\sqrt{3}}.$$

由于 E 只能在 $\triangle ABD$ 中，$\angle BAD + \angle ADC \geqslant \frac{4}{3}\pi$，且 $\angle ADC < \pi$，故得 $\angle BAD > \frac{\pi}{3}$. 由引理 2，

$$\frac{BD}{\min(AE, BE, DE)} \geqslant 2\sin\angle BAD > \sqrt{3},$$

故 $a_5 \geqslant \dfrac{BC}{\min(AE, BE, DE)} = \dfrac{BC}{BD} \cdot \dfrac{BD}{\min(AE, BE, DE)}$

$> \dfrac{2}{\sqrt{3}} \cdot \sqrt{3} = 2,$

矛盾. 故 $\angle BDC < \dfrac{\pi}{2}$.

如果 $\angle BCD \geqslant \dfrac{\pi}{2}$，由于 $\angle BAD < \dfrac{\pi}{2}$，故 $\angle ADC + \angle BCD > \angle ADC + \angle BAD \geqslant \dfrac{4}{3}\pi$，这个不等式加上条件便是(1).

综上所述，命题得证.

点评 平面上有 n 个点，两两之间均有距离，记最大距离与最小距离之比为 λ_n. 本题实际上是证明 $\min\lambda_7 = 2$ 的最关键的一步. 对于 $\min\lambda_n$，目前最好的几个结论为：$\min\lambda_4 = \sqrt{2}$，$\min\lambda_5 = 2\sin\dfrac{3}{10}\pi = \dfrac{\sqrt{5}+1}{2}$，$\min\lambda_6 = 2\sin\dfrac{2}{5}\pi = \dfrac{1}{2}\sqrt{10+2\sqrt{5}}$，$\min\lambda_7 = \min\lambda(6,1) = 2$，$\min\lambda_8 = \dfrac{1}{2}\csc\dfrac{\pi}{14}$，$\lim\limits_{n \to +\infty} \dfrac{\min\lambda_n}{\sqrt{n}} = \sqrt{\dfrac{\sqrt{12}}{\pi}}$.

第三讲 凸图形的性质

习题 3

1. 证明:外包线长度大于内包线,其中内包线是凸的.

2. 证明:每个平面有界凸形都有一内接中心对称六边形,其面积不小于该凸集面积的 $\frac{2}{3}$.

3. 一个闭图形,其外接圆半径为 R,内切圆半径为 r,直径为 D,宽度为 w.

   证明:$\frac{2\sqrt{3}}{3}D \geqslant 2R \geqslant D \geqslant w \geqslant 2r \geqslant \frac{2}{3}w$.

4. 在凸多边形区域 D 内给定 n 个点 $O_1, O_2, \cdots, O_n$. 令 $D_i = \{X \in D \mid \min\limits_{1 \leqslant j \leqslant n} XO_j = XO_i\}$,$1 \leqslant i \leqslant n$,称 D_i 为狄利克雷-维诺(Dirichlet-Voronoi)胞腔. 证明:每个 D_i 为凸多边形.

5. (博纳森(Bonnesen))对于周长为 L、面积为 S 的凸图形,证明:$L^2 \geqslant 4\pi S + \pi^2(R-r)^2$,其中 R, r 如第 3 题定义.

6. 证明:任一平面有界凸图形都有内接正方形,且 $d \geqslant (4 - 2\sqrt{3})w$,其中 d 为正方形边长,w 如第 3 题定义.

7. 证明:每个直径为 D 的平面点集可分为 3 块,每块直径都不大于 $\frac{\sqrt{3}}{2}D$.

8. 平面上有 500 个正 37 边形,其凸包是一个 n 边形. 求证:$n \geqslant 37$.

9. 一个凸多边形的各边都位于某个凸 100 边形的对角线上. 证明:这个凸多边形的边数不会超过 100.

10. (爱尔特希-塞凯赖什(Erdös-Szekeres))证明:对任意正整数 n,都存在一个正整数函数 $f(n)$,只要平面上存在不少于 $f(n)$ 的点,且任意三点不共线,就一定存在其中的 n 个点,构成一个凸 n 边形的顶点.

11. M_1, M_2 为凸形,O 为平面上任一点. 证明:$\overrightarrow{OA_1} + \overrightarrow{OA_2}$($A_1 \in M_1$,$A_2 \in M_2$)形成的点集 $M_1 + M_2$ 也是凸形.

12. 凸五边形周长为1,依次联结它的各边中点得到一个新的五边形,再联结新五边形的各边中点又得一五边形……. 证明:所有五边形的周长之和<6.

13. 证明:如一凸多边形所有边及对角线长$\leqslant d$,则其周长$<\pi d$.

14. 证明:将一凸多边形的所有边向外侧移动距离h,则面积增量$>Ph+\pi h^2$,此处P为凸多边形周长.

15. 凸多边形内部的点O与多边形的每两个顶点构成一等腰三角形. 求证:O到所有顶点距离相等.

16. 平面上给定两条封闭折线,每条折线有奇数条边,这些边所在的直线各不相同,并且其中的任何3条都不共点. 证明:可在每条折线中选取一条边,使得它们可作为某个凸四边形的对边.

17. 在凸100边形内部有k个给定点,$2\leqslant k\leqslant 50$. 求证:可以从这凸100边形中选择$2k$个顶点,以这$2k$个顶点为顶点作一个$2k$边形,使得这给定的k个点全都落在这$2k$边形内部.

18. 设A,B为平面上的两个有限点集,两者无公共元素,并且$A\cup B$中任意3个不同的点不共线. 如果A,B中至少有一个的点数$\geqslant 5$,证明:存在一个三角形,它的顶点全在A中或全在B中,它的内部不含另一集合中的点.

19. 设正整数$n>2$,C_1,C_2,C_3是3个凸n边形的边界,使得$C_1\cap C_2,C_2\cap C_3,C_3\cap C_1$是有限点集. 求集合$C_1\cap C_2\cap C_3$中的点数之最大值.

20. 设n为大于1的整数,平面上有$2n$个点,任意三点不共线. 将其中的n个点染为蓝色,其余n个点染为红色. 如果过一个红点和一个蓝点的直线满足在这条直线的每一侧蓝点的数目等于该侧红点的数目,则称这条直线为"平衡线". 证明:至少存在两条平衡线.

21. 建筑师想要盖4栋楼房,使得自己在城市中散步时,可以以任何次序看到这些楼的尖顶(即给楼房任意标号1,2,3,4,都可以满足站在某点,按顺时针或逆时针方向依1,2,3,4的顺序看到楼房的顶). 问:这做得到吗?5栋楼的情形又怎样?

22. 设A,B是平面上的有限点集,对于$A\cup B$中的任意4个不同的点,都存在一条直线,可以把这4个点中分别属于点集A和B的点分开.证明:存在一条直线,可以把点集 A 和 B 分开.

23. 有一个非自身相交的非凸 n 边形 P,其某些内点组成的集为 T,从这些内点可以看见 P 的所有顶点.证明:T 是一个边数不大于 n 的凸多边形.

24. 求最大的正整数 n,使平面内存在 n 个凸多边形,其中每两个都恰有一条公共边,但没有公共的内部.

第四讲 覆盖与嵌入、划分与拼补

图形的覆盖、嵌入、划分和拼补,从字面上小学生也能理解,并且的确可以将其内容延伸到小学乃至幼儿园,然而其复杂性也决定了它的高端内容从奥数一直延伸到当代数学前沿.之所以会产生这种现象,就是因为图形的千变万化.著名的巴拿赫-塔斯基分球奇论、塔斯基猜想(20世纪的"化圆为方"问题)的解决,都是现代数学极为夺人眼球的成果.

第四讲 覆盖与嵌入、划分与拼补

§4.1 覆盖与嵌入

覆盖是一个最为古老的组合几何课题,当然也是永远说不完的话题. 因为图形本身的形状千变万化,一个图形可以覆盖另一个图形所满足的条件就可能很复杂. 只要稍微举两个例子就能说明问题:一个矩形可以覆盖另一个矩形的充要条件就是国际数学竞赛题,不太简单;而(给定 6 条边长的)一个三角形覆盖另一个三角形的充要条件,据著名数学家史坦因豪斯说,还是个未解决问题. 我们有理由相信,这样的条件不会简单.

关于覆盖的问题和著作已经有很多,这里不做大量重复.

嵌入是覆盖的"反问题",稍有不同的是:一般来说,在覆盖问题中,被覆盖对象是不能变动的;而嵌入问题则恰好相反. 总体上这些问题难度相当.

我们这里主要讨论平面图形.

例 1 给定 101 个矩形,边长均为不超过 100 的整数. 证明:其中必定有 3 个矩形 A,B,C,使得 A 可放在 B 中,B 可放在 C 中.

证明 我们把所给的矩形集合按以下条件分为两两不相交的 50 个子集 $S_1,S_2,\cdots,S_{50}$ 之并. 每个 $S_i(1\leqslant i\leqslant 50)$ 由所有满足以下 3 个性质的矩形组成:

(a) 较短的边长至少为 i;

(b) 较长的边长至多为 $101-i$;

(c) 较短的边长等于 i,或较长的边长等于 $101-i$.

易证这些子集合是两两不交的,且同一子集合中的任意 3 个矩形

71

一定满足要求. 现在, 矩形有 101 个, 集合有 50 个, 所以一定有一个集合中至少有 3 个矩形. 这就证明了所要的结论.

> **点评** 题中条件可改为有 $2k+1$ 个矩形, 边长均为不超过 $2k$ 的正整数, 这时结论仍成立.
>
> 不妨假定矩形的宽不超过其长. 这样, 边长不超过 $2k$ 的矩形总共有 $k(2k+1)$ 个, 每个矩形可看作图中的一个点. 按所给的 3 个性质 (101 改为 $2k+1$, i 的变化范围为 $1 \leqslant i \leqslant k$), 可把这 $k(2k+1)$ 个矩形分为两两不相交的 k 个子集 $T_1, T_2, \cdots, T_k$ 之并 $\bigcup\limits_{j=1}^{k} T_j$, 并且 $S_i \subset T_i$, $1 \leqslant i \leqslant k$.
>
> 另外, 解本题时子集的定义不是唯一的. 请读者给出其他定义来证明本题.

例 2 平面上有 n 条抛物线, 求证: 其 "内部" 不能覆盖全平面. 如果是 (可数) 无穷多条抛物线, 情况又如何呢?

证明 易知对一条抛物线 K_i, 可以在其对称轴 (抛物线外) 上找一点 A_i, 过此点作该抛物线的两条切线, 这两条切线之间的夹角可以任意小. 我们就设它为 $\alpha\left(<\dfrac{\pi}{n}\right)$, 这点出发的角的内部显然包含了该抛物线及其内部. 再将此角两边反向延长, 得到一个对顶角域. 我们证明更强的结论: n 个这种 "沙漏" 状角域, 也无法覆盖全平面.

如图 4.1 作圆 O, 它充分大, 将所有的 A_i ($i=1, 2, \cdots, n$) 包含在内. A_i 的 "沙漏" 覆盖的圆弧长分别为 l_i 与 l'_i, 于是所有的 "沙漏" 覆盖的圆 O 边界长为 $\sum\limits_{i=1}^{n} l_i + \sum\limits_{i=1}^{n} l'_i < n \cdot \dfrac{2\pi}{n} r = 2\pi r$ (r 为圆 O 半

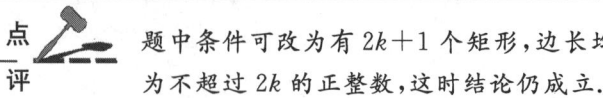

图 4.1

径),就是说它们连圆 O 的边界也覆盖不了,更不用说全平面了.

对可数无穷条抛物线则是可以完成覆盖的,只要在坐标平面上将 $y=x^2$ 的顶点移到所有格点即可.

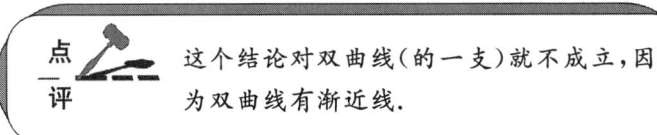
这个结论对双曲线(的一支)就不成立,因为双曲线有渐近线.

例 3 证明茹格(Joung)定理:直径为 1 的图形可被 1 个半径不超过 $\frac{\sqrt{3}}{3}$ 的圆覆盖.

证明 任取 F(直径为 1)中三点 A,B,C,设 A 是 $\triangle ABC$ 的最大角(退化情形 $A=\pi$),则 $A\geqslant\frac{\pi}{3}$.

当 $A\leqslant\frac{\pi}{2}$ 时,令 O 为 $\triangle ABC$ 的外心,其外接圆半径 $=\frac{BC}{2\sin A}\leqslant\frac{1}{2\sin\frac{\pi}{3}}=\frac{\sqrt{3}}{3}$;而当 $A>\frac{\pi}{2}$ 时,令 O 为 BC 的中点,此时 A 在以 BC 为直径的圆内,这个圆的圆心为 O,半径 $=\frac{1}{2}BC\leqslant\frac{1}{2}<\frac{\sqrt{3}}{3}$. 在两种情况下,都有一点 O 到 A,B,C 的距离均不大于 $\frac{\sqrt{3}}{3}$.

现在以 F 中每一点 A 为圆心、$\frac{\sqrt{3}}{3}$ 为半径各作一圆 S_A. 由上知,每 3 个这种圆有公共点,故所有圆有一公共点 O. 以 O 为圆心、$\frac{\sqrt{3}}{3}$ 为半径的圆包含 F. 正三角形表明 $\frac{\sqrt{3}}{3}$ 是最佳值.

例 4 (维塔利(Vitali)覆盖型问题)设平面上一组图形 F 的总面

积(即并集)为 A. 去掉一些重叠的图形,留下若干无公共内点的图形,使其面积之和 S 尽可能大,记 $\inf \dfrac{S}{A} = f(F)$. 证明:

(1) f(平行的中心对称图形)$> \dfrac{1}{9}$;

(2) f(平行的全等平行四边形)$= \dfrac{1}{4}$;

(3) f(平行的全等三角形)$= \dfrac{1}{6}$;

(4) f(等圆)$> \dfrac{\pi}{8\sqrt{3}}$.

证明 由极限知,公共内点可改为公共点. 设凸图形 F 有对称中心 O,F 关于 O 的 3 倍放大形记为 $3F$,则 F 的任一平移形若与 F 有公共点,必处在 $3F$ 中(证明略). 因此,若中心对称凸图形平行组中的最大图形为 F,则组中与 F 有公共点的图形所覆盖的 F 外的面积不大于 $8f(F)$ (事实上可使等号不成立).

(1) 现在设组中最大图形为 F_1,去掉与 F_1 有公共点的所有图形,剩下的都与 F_1 无公共点;再令 F_2 是其中最大者,去掉与 F_2 有公共点的所有图形,如此等等. 最后得到无交子组 $F_1, F_2, \cdots$,其面积和 $S = S_1 + S_2 + \cdots$. 由于每步去掉的图形的额外覆盖面积小于 $8S_i$,故所有去掉图形的额外覆盖面积小于 $8S$,于是有 $S + 8S > A$,$S > \dfrac{1}{9}A$.

(2) 设全等平行组每个图形面积为 α,它们的并集 F 的两个内点 P, Q 称为独立的. 如果以 P 为内点的任一图形与以 Q 为内点的任一图形均无公共点,那么 F 有 k 个内点两两独立,显然 $f(F)$ 不小于 $\dfrac{k\alpha}{A}$.

以平行四边形的两边为轴,边长的两倍为相应轴的长度单位作斜角坐标系. 这个坐标系中任两个格点相互独立,记 $k = \left[\dfrac{A}{4\alpha}\right]$. 由于 $k < \dfrac{A}{4\alpha} + 1$,即 $\dfrac{A}{4\alpha} > k - 1$,由布利希费尔特(Blichfeldt)定理(容易证明它对任意斜角坐标系都成立):可平移 F,使它至少有 k 个内点为格点. 再

由 $k \geqslant \dfrac{A}{4\alpha}$,就得到 $f(F)$ 不小于 $\dfrac{k\alpha}{A} \geqslant \dfrac{1}{4}$.

另一方面,将任一平行四边形用两条中位线分成 4 个全等形. 这个组中每两个图形都有公共点(中心),故无交子组只含一个图形,即 $f(F)$ 恰为 $\dfrac{1}{4}$.

(3) 同(2),以三角形的两边的 2 倍为单位建立斜角坐标系. 由于这时网格面积为 8α,若直接运用格点定理只能得到 $f(F)$ 不小于 $\dfrac{1}{8}$,但是在这个网格中除了两个平移重合点为独立外,两个"半平移重合点"(图 4.2 中两个①或两个②区域

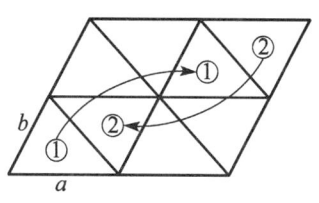

图 4.2

中的对应点)也是独立的. 因此,将网格中两个角上的①,②分别平移到中心处,就可证明:若 $\dfrac{S(F)}{6\alpha} > n$,则 F 至少有 $n+1$ 个内点两两独立. 于是令 $k = \left[\dfrac{A}{6\alpha}\right]$,与(1)一样可得 F 至少有 k 个内点两两独立,从而 $f(F)$ 不小于 $\dfrac{1}{6}$.

另一方面,无穷多个三角形平移恰可填满图 4.2 上的六边形. 由于每个三角形都过中心点,故无交子组只含一个三角形,即 $f(F)$ 恰为 $\dfrac{1}{6}$.

(4) 令圆半径为 r,作边长为 $4r$ 的 $60°$ 平行四边形网格,任二格点均独立,这时网格面积为 $2\dfrac{\sqrt{3}}{4}(4r)^2 = 8\sqrt{3}r^2 = \dfrac{8\sqrt{3}}{\pi}\alpha$. 因此,$F$ 至少有 $k = \left[\dfrac{\pi}{8\sqrt{3}} \cdot \dfrac{A}{\alpha}\right]$ 个内点两两独立,从而得到 $f(F)$ 不小于 $\dfrac{\pi}{8\sqrt{3}}$.

维塔利覆盖型问题是一组颇有名气的问题(有高等数学背景),显然 $f(F)$ 是很难彻底求出的.

例 5 证明:半径为 $\frac{1}{2}$ 的半圆可以覆盖长为 1 的毛虫(曲线).

证明 设 A 和 B 为曲线的两个端点,l 为联结 A,B 两点的直线. 设点 S 为曲线上距 l 最远的点(若这样的点不止一个,则任取一个作为 S),过 S 作直线 g 平行于 l,则此曲线在直线 g 的一侧,如图 4.3(A)所示.

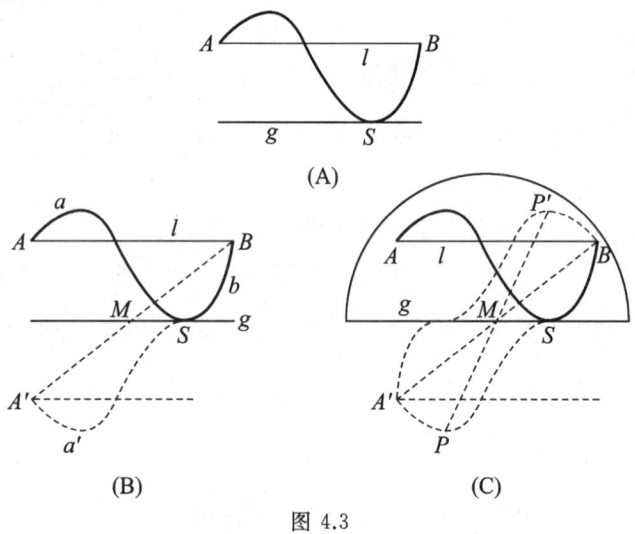

图 4.3

设 a 为 A 到 S 的一段曲线,b 为 S 到 B 的一段曲线. 将 a 作关于 g 的对称,得曲线 a',如图 4.3(B)所示,其中 A' 是 A 关于 g 的对称点. 连 $A'B$,设它与 g 交于 M 点. 易知 M 为 $A'B$ 的中点.

将由 a' 和 b 组成的长度为 1 的曲线作关于点 M 的中心对称图形,就得到一条长度为 2 的封闭曲线,如图 4.3(C)所示的虚线构成的封闭曲线.

设 P 是这条封闭曲线上的任意一点,则它关于 M 的对称点 P' 也在此封闭曲线上,并且在 P 和 P' 之间的两条曲线是可以重合的,所以,这两部分的曲线长均为 1,因此 $PP' \leqslant 1$,从而 $MP \leqslant \frac{1}{2}$.

由此可知,A 到 B 的这条曲线上任意一点到 M 点的距离不超过

 覆盖与嵌入、划分与拼补

$\frac{1}{2}$,并且这条曲线又在直线 g 的一侧,从而以 M 点为圆心、直径为 1 的一个半圆可以将这条曲线覆盖.

 这道题还是有相当难度的.目前有数学家通过不懈努力,找到了比半圆更小的覆盖图形.

例 6 给定若干个带形(即两条平行线之间的部分),宽度之和为 8.证明:可以将这些带形平移(但不能旋转),使其覆盖住半径为 1 的圆.

证明 不妨设每一带形之宽度都小于 2.下证加强命题:这些带形能把 2×2 正方形盖住(从而显然能把半径为 1 的圆盖住).

以正方形两相邻边为坐标轴建立直角坐标系.那么每一个带形都有一定的斜率(要么是非负的,要么是负的或无穷大的).由对称性不妨设斜率是非负的带形宽度之和 $\geqslant 4$(否则变换一下坐标轴的方向即可).

先将它们的斜率由大到小排序,然后一个接一个地,从 A 点开始覆盖折线 ABC(即后一个从前一个覆盖到的线段的后端点开始覆盖,如图 4.4(A)).要覆盖折线 ABC,所需带形总宽度不超过 4.因此这些带形必能把折线 ABC 完全覆盖.

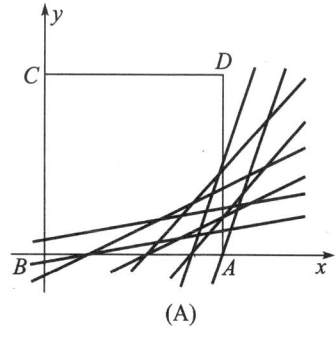
(A)

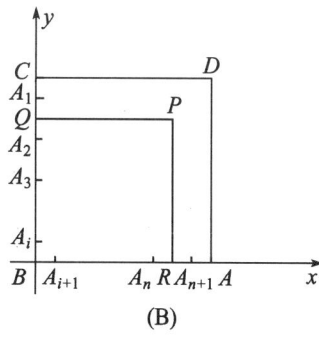
(B)

图 4.4

下面证明,这些带形已经将整个正方形 $ABCD$ 覆盖,为此只需证明,对正方形 $ABCD$ 内或边上任一点 P, P 必被某一带形覆盖.

若带形的边交正方形 $ABCD$ 于两点 M,N(自上至下,自左至右),则定义其为 M-N 带形.

如图 4.4(B),设 P 在 CB,BA 上的射影分别为 Q,R,不妨设 Q 被 A_1-A_2 带形覆盖,R 被 A_n-A_{n+1} 带形覆盖.

设 A_j-A_{j+1} 带形($1\leqslant j\leqslant n$)的斜率为 k_j,则 $0\leqslant k_1<k_2<\cdots<k_n$. 又记 PA_j 的斜率为 k_j'($j=2,3,\cdots,n$),并定义 $k_1'=0$,将全体非负实数划分成 n 个不相交的区间之并,即

$$[k_1',k_2']\cup[k_2',k_3']\cup\cdots\cup[k_n',+\infty).$$

易用数学归纳法或反证法证明,必有某个 j,$1\leqslant j\leqslant n-1$,使 $k_j\in[k_j',k_{j+1}']$ 或 $k_n\in[k_n',+\infty)$,此即表明 A_j-A_{j+1} 带形($1\leqslant j\leqslant n$)覆盖了 P. 证毕.

> **点评** 此题解法颇富创意. 由圆想到正方形并考虑其边界是不平凡的第一步,后面的推理也对直觉有所依赖. "8"是否可减小,请读者考虑.
>
> 如果除了平移带形,还可以旋转带形,则有塔斯基(Tarski)猜想(已解决,很困难):宽度分别为 d_1,$d_2,\cdots,d_n$ 的 n 个带形覆盖宽度为 w 的凸形 M,则 $d_1+d_2+\cdots+d_n\geqslant w$. 当然在 M 是圆时结论易证.

习题 4.a

1. 求证:边长为 $1, \frac{1}{2}, \frac{1}{3}, \frac{1}{4}, \cdots$ 的无穷多个正方形可嵌入的最小正方形边长是 $\frac{3}{2}$;边长为 $\frac{1}{2}, \frac{1}{3}, \frac{1}{4}, \cdots$ 的无穷多个正方形可嵌入的最小正方形边长是 $\frac{5}{6}$.

2. 求任一组面积和为 1 的正方形都可嵌入其中的正方形之最小面积.

3. 证明:任一组面积和为 1 的正方形可以平行覆盖住的正方形最大面积是 $\frac{1}{3}$.

4. 证明:每个直径为 D 的平面点集可以被宽为 D 的正六边形所覆盖.

5. 求证:3 个边长为 1 的正三角形可覆盖边长为 $\frac{3}{2}$ 的正三角形,但不可覆盖更大的正三角形.

6. 在平行四边形 $ABCD$ 中,$\triangle ABD$ 是锐角三角形,$AD=1$. 求以 1 为半径、A,B,C,D 为圆心的 4 个圆能覆盖平行四边形的充要条件.

7. 平面上有 $n(\geqslant 4)$ 个点,以每三点为顶点的三角形中,面积最大者为 1. 求证:可以用面积为 4 的三角形覆盖这些点,并举例表明 4 不可改为更小的数.

8. 求证:任何非等边三角形都可被两个较小的相似三角形覆盖.

9. 证明:任意凸多边形必有 3 个相邻顶点,使过此三点的圆覆盖整个凸多边形.

10. 证明:任意一个凸 n 边形都可以被它的 3 条边张成的三角形或它的 4 条边张成的平行四边形覆盖.

11. 证明:每一个凸多边形 Φ 都包含两个不相交的多边形 Φ_1 和 Φ_2,它们与 Φ 相似且相似系数为 $\frac{1}{2}$.

12. 平面上有一个边长为 a 的正方形,又有若干个边长都比 1 小而面积和不小于 a^2+2a 的矩形. 求证:可以用这些矩形覆盖此正方形.

13. 某城市准备举行书画展览,为了保证展品安全,展览的保卫部门准备安排保安员值班,情况如下.

（A）展览大厅是矩形,内设均匀分布的 $m \times n$ 个矩形展区,如图 4.5 所示(图中是 4×3 个展区的示意图). 在展厅中,展览的书画被挂在每个展区的外墙上,参观者在通道上浏览书画.

图 4.5

（B）保安员站在固定的位置上,不允许转身,只能监视他的左右两侧和正前方,形如一个"T"形的区域,且一个保安员的正前方不安排其他保安员.

（C）不考虑保安员的轮岗、换班问题.

（D）展品的安全意味着每一个展区的四面外墙都在保安员的监视范围内.

问:(1) 对于图 4.5 所示的展厅,最少需几个保安员才能使展品安全?标明这时保安员的位置;

(2) 假如展厅有 $m \times n (m \geq 4, n \geq 3, m, n \in \mathbf{N})$ 个展区,最少需多少个保安员能使展品安全?证明你的结论.

14. 平面上有有限个正方形,覆盖面积为 S 的区域. 证明:从中可选出若干个彼此不相交的正方形,使其覆盖面积 $\geq \dfrac{1}{1+4\sqrt{2}+2\pi} S$.

15. 平面上有 n 个点,其中任意三点可被半径为 1 的圆覆盖. 证明:这 n 个点能被半径为 1 的圆覆盖.

16. 设平面上有 n 个点,任取出三点,均能被单位圆覆盖,且存在三点不能被半径小于 1 的圆覆盖. 求可能覆盖 n 个点的最小圆半径.

17. 已知有结论:对任意 n 点集 $P\subseteq \mathbf{R}^d$,均存在点 $Q\in \mathbf{R}^d$,使得任一不含 Q 的半空间覆盖 P 的至多 $\dfrac{d}{d+1}n$ 个点. 试证明 $d=2,3$ 的情形.

18. (汉森(Hansen),勒特韦克(Lutwak))设 γ 是平面上长为 π 的简单闭曲线. 证明:

(1) γ 含于一单位面积的矩形中;

(2) γ 含于一面积为 $\dfrac{3\sqrt{3}}{4}$ 的三角形中.

19. 设平面闭曲线周长为 1. 证明:可以用一个半径为 $\dfrac{1}{4}$ 的圆将其覆盖.

20. 已知一等边凸五边形. 证明:

(1) 该五边形内部存在这样一点,它在最长的对角线上,而且从这点到所有边的视角都不大于直角;

(2) 以该五边形的所有边为直径所作的圆不能完全覆盖它.

21. 求最小的实数 m,使得任意 5 个面积之和为 m 的正三角形能覆盖一个面积为 1 的正三角形.

22. 已知一个三角形和一条直线,3 个矩形满足有一条边平行于给定的直线,且这 3 个矩形能覆盖已知三角形的 3 条边. 证明:这 3 个矩形能覆盖三角形内任意一点.

23. 平面上有 n 个角域,角度大小分别为 $\alpha_1,\alpha_2,\cdots,\alpha_n$,且 $\alpha_1+\alpha_2+\cdots+\alpha_n<\alpha$(可以是优角). 求证:这 n 个角域不能覆盖角度为 α 的角.

24. 平面上随意分布的 n 个角域,角度之和为 $360°$. 求证:可以将其平移而不旋转,使得这些角域覆盖全平面的充要条件是这些角平移到一个公共顶点时正好覆盖全平面.

25. 一座探照灯能照亮 $90°$ 角的范围,求证:落在平面上任意四点的探照灯可以通过旋转把整个平面照遍. 对于空间的任意 8 个点回答同样的问题,并作一般的推广.

26. 有 n 座不同的探照灯照亮(圆形)马戏舞台,每座探照灯照射成凸图形. 已知如果关闭任意一座探照灯,舞台按以前那样完全照亮;而如果关闭任意两座探照灯,舞台不能被充分照射. 问:怎样的 n 才有

这样的可能性?

27. 在平面上有 n 个点. 证明:可以用若干不相交的圆来覆盖它们,这些圆的直径之和小于 n,且任意两圆间的距离大于 1(两个不相交的平面点集的距离定义为它们之中各任选一点组成的距离之下确界,通常亦为最小值).

28. 将圆心在多边形 M 内部、互不相交且直径为 1 的圆的最大数目记作 a,将能够盖住整个多边形 M 的半径为 1 的圆的最小数目记作 b. 问:a 与 b 哪个大?

29. 平面上有一些宽度不同的长条带子,其中任何两条都不平行. 应当怎样平移这些带子,使得它们的公共部分的面积最大?

30. 空间中有一个 $\triangle ABC$,它在另一个平面上的垂直投影为 $\triangle A'B'C'$. 求证:$\triangle ABC$ 可以覆盖 $\triangle A'B'C'$.

31. 在桌子上有一张大的方格纸,方格纸上的方格边长是 1 厘米,此外还有无穷多个硬币,每个硬币的半径为 1.3 厘米. 证明:可以用这些硬币来遮蔽纸,使硬币互相不重叠,而所有小方格的顶点均被盖住.

32. 在方格纸上有 17 个涂了颜色的单位方格. 证明:可以用一些矩形来覆盖它们,这些矩形的周长之和不超过 100,而且不同矩形中的任何两点之间的距离不小于 $\sqrt{2}$.

33. 蓄水池的形状为凸四边形,它的各个顶点处都长着一棵树,每棵树都投下一片树阴,树阴的形状都是以四边形的顶点为圆心的圆. 现知蓄水池完全被树阴笼罩,求证:必有某三棵树完全盖住了它们所在顶点形成的三角形.

34. 记闭区间 $[0,1]$ 为 I,设函数 $f: I \to I$ 是单调连续函数,且 $f(0)=0, f(1)=1$. 求证:f 的图像能被 n 个面积为 $\dfrac{1}{n^2}$ 的矩形所覆盖.

35. 平面上有 n 个点 $A_1, A_2, \cdots, A_n$,能用一个半径为 r 的圆覆盖. 如果经过震动后,成为点 $A_1', A_2', \cdots, A_n'$,每两点的距离均比原来的小,证明:能用一个半径小于 r 的圆将 $A_1', A_2', \cdots, A_n'$ 覆盖.

36. 用 int(K) 表示图形 K 的内部,设 K 是一个平面凸形,$\gamma(K)$ 表示通过 int(K) 的平移能够覆盖 K 的最小图形数. 证明:

$$\gamma(K) = \begin{cases} 4, & K \text{ 是一个平行四边形}, \\ 3, & \text{所有其他情况}. \end{cases}$$

37. 找出满足下列条件的最小正整数 n：考虑平面上任意有限点集，若对于此集合中任意 n 个点，总有能将这 n 个点覆盖的两条直线，则存在两条直线可以覆盖所有的集合.

38. 直线上有一些集合，其中每一集合都是两条线段之并. 证明：如果这些集合中任意 3 个都有公共点，则存在一点，它至少属于这些集合中的一半.

39. 在长度为 1 的线段上放置若干条线段，将其完全覆盖. 证明：在这些线段中总可以挑出某些线段，使它们仍能覆盖原线段，且它们的长度之和不超过 2.

40. 长度为 1 的线段被若干放置其上的线段所覆盖. 求证：在它们中可以选出某些两两不交的线段，它们的长度之和不小于 0.5（这也算是一维形式的维塔利覆盖型问题，而且得到了难得的最佳界）.

41. 在平面上放置两个凸多边形 F 和 G. 用 H 表示符合以下条件的线段中点的集合：这些线段中的每一条的一个端点在 F 上，另一个端点在 G 上.

（1）证明：H 是凸多边形；

（2）如果 F 和 G 的周长分别等于 P_1 和 P_2，那么对应的 H 的周长是多少？

§4.2 划分与拼补

划分与拼补,从字面上就可以理解,它们与覆盖问题有明显的不同.覆盖往往会"超出",而划分与拼补则是"刚好".不过它们也确实可以与覆盖问题归到同一讲中.

剖分是比划分要求更高的概念,这属于拓扑学.它一般要求图形被划分为三角形(也有其他多边形的),但这些三角形(多边形)不能有顶点在其他三角形(多边形)的边上(即非其他三角形的顶点处).

例1 求证:一个矩形可以划分成 2 个相似但不全等的多边形的充要条件是该矩形非正方形.

证明 设矩形的尺寸是 $1 \times k$.

先证明 1×1 的正方形不能作出满足条件的分割.

考虑分割折线的端点,如果这两个端点分属于正方形的两条对边(包括正方形的顶点),那么所分成的两个多边形的最长边相等,结合它们是相似的,可知这两个多边形必是全等的.如果两个端点中恰有一个为正方形的顶点,则这两个多边形的边数相差 1(注意,此时另一个端点在与该顶点不相邻的边上);如果两个端点在正方形相邻的两条边上,则两个多边形的边数相差 2,都不可能成为相似的两个多边形.故当 $k=1$ 时,不存在符合要求的分割.

再证当 $k>0, k \neq 1$ 时,$1 \times k$ 的矩形可作出满足条件的分割.

只需证 $k>1$ 的情形.取 $n \in \mathbf{N}^*$,使 $k > \dfrac{n+1}{n}$,考虑如图 4.6(A)和(B)

的两个相似的台阶形状,将它们拼为一个 $1\times k$ 的矩形,其中 $\lambda(>1)$ 与 x 待定.

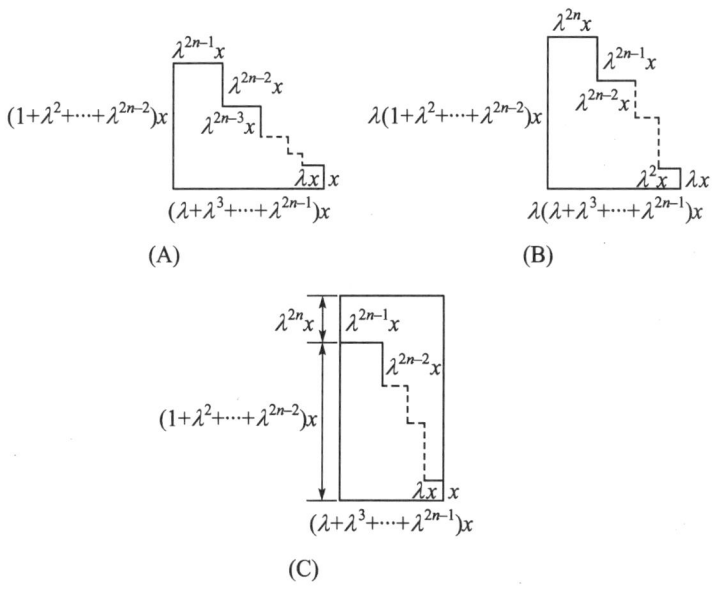

图 4.6

我们只需证明 λ 与 x 的存在性,即可说明符合条件的分割存在. 事实上,记 $f(\lambda)=\dfrac{1+\lambda^2+\cdots+\lambda^{2n}}{\lambda+\lambda^3+\cdots+\lambda^{2n-1}}$,则 $f(1)=\dfrac{n+1}{n}<k$. 而当 $\lambda\to+\infty$ 时,$f(\lambda)\to+\infty$,故存在 $\lambda>1$,使得 $f(\lambda)=k$. 对此 λ,取 x,使得 $(\lambda+\lambda^3+\cdots+\lambda^{2n-1})x=1$,那么上述分割符合要求.

综上,所求 k 为不等于 1 的正实数.

例2 证明华莱士-鲍耶-格温(Wallace-Bolyai-Gerwien)定理:两个面积相等的多边形(不一定凸)组成相等.(所谓组成相等,是指能将一个多边形划分成有限块,(无重叠)拼成另一多边形.)

证明 这个问题可分几步走.

(1) 组成相等具有传递性,即若 $A\backsimeq B,B\backsimeq C$,则 $A\backsimeq C$($\backsimeq$ 是组成

相等的符号),这个结论是显然的.

(2) 三角形可与矩形组成相等,如图 4.7.

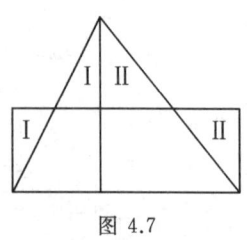

图 4.7

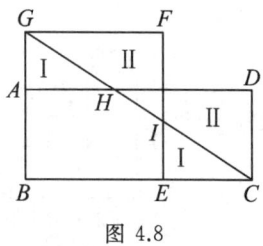

图 4.8

(3) 矩形可与正方形组成相等,如图 4.8. 其中四边形 $GBEF$ 是正方形. 易知 $\triangle GAH \cong \triangle IEC$, $\triangle GFI \cong \triangle HDC$, 但是 $\dfrac{BC}{AB}$ 不能大于 2, 否则 I, H 就有问题了. 当然, 这个问题很容易解决, 我们可以将长边取半, 再将两矩形叠起来, 重复操作直到 $1 < \dfrac{BC}{AB} < 2$ 为止.

(4) 由(3)立即可得, 两面积相等的矩形组成相等.

下面证明华莱士-鲍耶-格温定理.

多边形(不论凹凸)都可以分成若干个三角形, 每个三角形与一个矩形组成相等, 可以假定这个矩形有一边的长为 1(因为所有面积相等的矩形组成相等). 这些矩形可以拼成一个一边为 1 的大矩形, 因此, 每个多边形都与这个边长为 1 的大矩形组成相等, 从而这两个多边形组成相等.

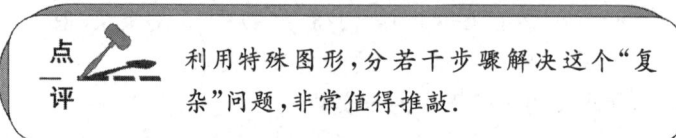

利用特殊图形,分若干步骤解决这个"复杂"问题,非常值得推敲.

例 3　将一个正三角形划分成若干小正三角形, 求证:必定有两个小三角形是全等的. 而非正三角形就有反例, 即可以划分成若干个与原三角形相似, 但两两不全等的小三角形.

证明　先处理正三角形的情况. 用反证法, 假设无全等小三角形.

称图 4.9 中的构形（及其对称）为"基本型"，其中 △PQR 是正三角形，图中所有边都是划分线，$PM \parallel NR$. 图 4.10 表明，小的正三角形基本型将导致更小的正三角形基本型（图中所有边均为划分线），但正三角形仅有有限个，矛盾. 最后说明一开始就会产生"基本型". 如图 4.11，设我们划分的是正 △ABC，则由 ∠B 处的小正三角形，即知"基本型"之存在.

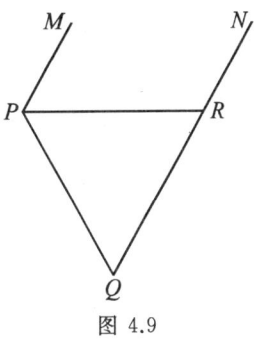

图 4.9

图 4.10

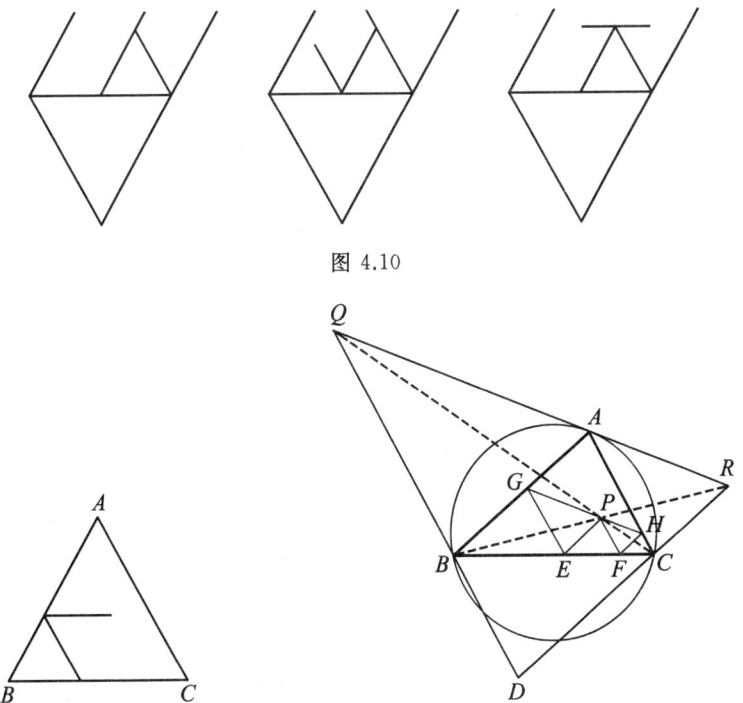

图 4.11

图 4.12

对于任意不等边三角形 ABC 而言，如图 4.12，可以将它划分为如下的 6 个两两不全等的、但与之相似的三角形：△AHG，△BGE，△EGP，△PEF，△FPH 及 △HFC.

作法如下：作平行四边形 ABDC. 作 △ABC 外接圆在 A 点处的

切线,分别交 DB,DC 延长线于 Q,R. 联结 BR,CQ 交于 P,再过 P 作 $GH \parallel QR$ 即可,结论不难验证.

这里采取了加强形式的数学归纳法和最小数原理(即一上来仅仅设最小正三角形有问题),不容易想到(反例取自叶中豪和唐传发的方法).

如果一个图形 G 可划分为若干与之相似但无全等的小图形,则称 G 是"完美的". 本题就是证明了任何非正三角形都是完美的,而正三角形不是完美的. 显然,对于 $n \geqslant 5$,正 n 边形都是不完美的.

历史上颇有名气的一个结果是:正方形是完美的! 为寻找各种划分,数学家花了 40 年时间,现在它们成了"艺术品"(最少划分成 21 个小正方形,由杜韦斯金(A. J. W. Duijvestijn)于 1978 年找到并证明). 另一个不太显然的结果是:立方体是不完美的. 这属于数学奥林匹克范围,有兴趣的读者可试证之.

例 4 一矩形的边长分别为 $a,b(a>b)$,它被分割为若干直角三角形,使得其中任何两个三角形或者有共同的边,或只有一公共顶点,或完全无公共点(这叫做"剖分"). 在有公共边的情形,此边必须是一个三角形的直角边,同时又是另一三角形的斜边. 求证: $a \geqslant 2b$.

证明 我们首先证明,矩形的内部不可能有任何三角形的顶点. 用反证法,设存在一个这样的点 O,环绕这个点的三角形的边可以依次写为 $OA_1, OA_2, \cdots, OA_n$. 不妨设 OA_1 是 $\triangle OA_nA_1$ 的直角边,它必是 $\triangle OA_1A_2$ 的斜边,因此 OA_2 是这个三角形的直角边. 将这种推理继续下去,可知 OA_n 是 $\triangle OA_1A_n$ 的斜边. 在一个直角三角形中,斜边是最长的,因此

$$OA_1 > OA_2 > \cdots > OA_n > OA_1,$$
这是一个矛盾.

考虑直角三角形 XYZ,它的斜边 XY 是所有三角形斜边中最长的. 如果 XY 是矩形内的一条线段,那么将有一个以 XY 为直角边的三角形,它的斜边比 XY 更长,与假设不合. 所以 XY 必在矩形的一边上,而 Z 在它的对边上. 设 XY 的中点为 M,那么 $XY = 2MZ$. 由于 XY 的长度至多是 a,而 MZ 的长度至少是 b,我们得出
$$a \geqslant XY = 2MZ \geqslant 2b.$$

例 5 求证:可以找到一个等腰三角形,它能划分成 3 个三角形,使其中任 2 个三角形可拼成一个新的等腰三角形.

证明 答案是肯定的,可见图 4.13,其中 $\angle CAB = 45°, \angle ABC = \angle ACB = 67.5°$,由此得 $AB = AC$,即 $\triangle ABC$ 为等腰三角形. 过点 C 作 AB 边上的高,垂足为 D. 由于 $\angle CDA = 90°, \angle DAC = 45°$,所以 $\triangle ACD$ 为等腰直角三角形,其中 $CD = AD$.

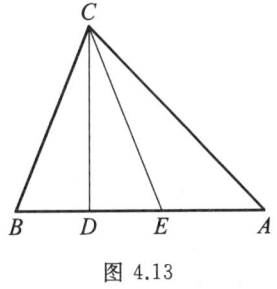

图 4.13

在线段 DA 上取内点 E,使得 $BD = DE$,于是 $\triangle BCE$ 为等腰三角形,其中 $CB = CE$.

今 $\triangle ABC$ 分为 3 个三角形:$\triangle CBD, \triangle CDE, \triangle CEA$. 上面的讨论告诉我们,$\triangle CBD$ 和 $\triangle CDE$ 拼成等腰三角形 CBE,而 $\triangle CDE$ 和 $\triangle CEA$ 拼成等腰三角形 CDA. 由 $\triangle BCD \cong \triangle ECD$,可知将 $\triangle BCD$ 绕 CD 轴在空间中旋转 $180°$,则和 $\triangle CDE$ 重合. 于是 $\triangle CBD$ 和 $\triangle CEA$ 可拼成等腰直角三角形.

点评 请读者考虑,仅由平移和旋转(不用对称),能否找到例子,使 3 个三角形两两拼成等腰三角形?

例 6 在一个平面上分布着一些不交的图形. 一个"凸划分"是指将该平面划分成若干个凸的部分, 使得每一个部分恰好包含一个图形. 对于以下图形, 是否存在这样的凸划分? (1) 有限个点; (2) 有限条不交的线段; (3) 有限个不交的圆盘.

解 该结论对圆盘和点成立, 对线段不成立.

可以认为点是半径为 0 的圆盘, 因此, 只需证明结论对圆盘成立.

设 $D_1, D_2, \cdots, D_n$ 是平面上 n 个不交的圆盘, 它们的圆心分别为 $O_1, O_2, \cdots, O_n$, 半径分别为 $r_1, r_2, \cdots, r_n$. 对于任意 $1 \leqslant i \leqslant n$, 用 f_i 表示平面上的点对圆 D_i 的幂, 则
$$f_i(P) = |O_iP|^2 - r_i^2.$$

设 U_i 是点 P 的集合, 使得 $f_i(P)$ 是 $f_1(P), f_2(P), \cdots, f_n(P)$ 的最小值. 显然, 当点 P 在圆 D_i 内部时, $f_i(P)$ 为负值; 当点 P 在圆 D_i 外部时, $f_i(P)$ 为正值.

由所有的 D_i 不交, 易知当 P 在某个 D_i 内部时, $f_i(P)$ 在 $f_1(P), f_2(P), \cdots, f_n(P)$ 中最小. 于是, $D_i \subseteq U_i$.

显然, 满足 $f_i(P) \leqslant f_j(P)$ 的点 P 的集合是一个半平面, 其边界为圆 D_i 和 D_j 的根轴. 因此, U_i 是 $n-1$ 个半平面的交集, 它是凸的. U_i 和 U_j 的交集包含于圆 D_i 和 D_j 的根轴, 它们至多在边界上有公共点. 从而, $\{U_i\}$ 是所求的满足条件的划分.

对于线段, 只需考虑如图 4.14 所示的例子, 即知这样的凸划分不存在.

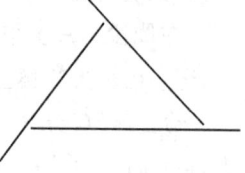

图 4.14

习题 4.b

1. 将一个边长为 1 的正方形划分为若干小矩形,每个小矩形有两条短边(当此小矩形是正方形时,4 条边都算短边). 现在每个小矩形上取一条短边,试证:所取短边长度总和 $\geqslant 1$.

2. 将一凸 1993 边形剖分为若干个凸七边形. 这些凸七边形若有多于 1 条边是 1993 边形的边,则这些边是相邻边. 试证:存在 1993 边形的 3 条相邻的边,属于一个如上的凸七边形.

3. 一个正六边形划分为 n 个面积相等的平行四边形. 求证: $3 \mid n$.

4. 将边长为正整数 m,n 的矩形划分为若干个边长均为正整数且边均平行于矩形的正方形. 试求这些正方形边长之和的最小值.

5. 求证:任意四边形可以划分成 n 个钝角三角形的充要条件是 $n \geqslant 6$.

6. 证明:(1) 若 $n=4$ 或 $n \geqslant 6$,每个锐角三角形可划分为 n 个锐角三角形;

(2) 当 $n \geqslant 7$ 时,每个非锐角三角形可划分为 n 个锐角三角形.

7. 若能够用不相交的对角线将凸 n 边形划分成三角形,并且在多边形的每个顶点汇集奇数个三角形. 证明: $3 \mid n$.

8. 证明:凸多边形不能划分成有限个非凸四边形.

9. 证明:如果凸四边形 $ABCD$ 能够划分成两个彼此相似的四边形,则四边形 $ABCD$ 是梯形或平行四边形.

10. 证明:对于凸多边形 F,以下 3 条等价:

(1) F 有对称中心;

(2) F 可以划分成平行四边形;

(3) F 可以划分成凸的中心对称图形.

11. 在正方形纸片上画出 n 个矩形,使矩形的边平行于纸片的边,且这些矩形的任何两个无公共内点. 证明:如果割去这些矩形,那么由纸片的剩余部分所分解成的小纸片数不大于 $n+1$.

12. 用直线把一正方形纸片分割成两部分,把得到的每一部分又分割成两部分,这样做若干次.问:至少需要分割几次,使得到的部分出现 100 个 20 边形?

13. 用 $2n(n>1)$ 条直线把平面划分成若干部分,这些直线的任意两条不平行,任意三条不共点.证明:这些部分中不可能有多于 $2n-1$ 个角状部分.

14. 凸 n 边形所有的对角线把它划分成若干多边形.证明:每个多边形的边数不大于 n.

15. 证明:无论是三角形区域(边界及内部),还是四边形区域、圆盘或全平面,都可以划分成两两无公共点的线段的并.

16. 能否将正三角形划分成 1 000 000 个凸多边形,使得任意直线与它们中的不多于 40 个有公共点?

17. 正 1000 边形被不相交的对角线划分为三角形.证明:其中至少存在 8 条两两长度不等的对角线.

18. 一个正方形被划分为一些凸多边形.证明:可以进一步把它们划分为更小的凸多边形,使得正方形在这种新的划分之下,每个多边形与奇数个多边形相邻(具有公共边的两个多边形称作相邻).

19. 一张大小为 $a\times b$ 的矩形纸被划分为矩形的小块,每小块都有一条边的长度为 1,且划分线全都平行于原来的边.求证:a,b 中至少有一个为整数.

20. 用两种方法将正方形划分成 100 个面积相等的部分.证明:可以找到 100 个点,使得在用两种方法分出的每一部分中都刚好有 1 个点.

21. 用多种正多边形来铺砌平面(即无重叠也无空隙),不允许有某个正多边形的顶点在另一正多边形的边内,并且在任一顶点处各正多边形的放置是一样的.问:有多少种选择方案?

22. 将一单位正方形分割成 $n(>1)$ 个矩形,每个矩形的边与单位正方形的边平行,任意一条与单位正方形的边平行且过正方形内部的直线也必过某个矩形内部.证明:存在一个矩形,其边界上的点都不是单位正方形边界上的点.

23. 证明:任何一个三角形可以被划分成 3 个多边形(包括三角形),其中之一为钝角三角形,且能重新拼为一个矩形(多边形允许被翻转).

24. 求证:最多有一种方法可将凸多边形用对角线划分成若干个锐角三角形.

25. 已知一个红三角形与一个蓝三角形,试将每个三角形切两刀分成 3 个三角形,使每个蓝色的部分与一个相应的红色部分相似.

26. 一矩形可划分成若干直角边分别为 1 和 2 的直角三角形(即无重叠,也无缝隙).证明:这些直角三角形的个数是偶数.

27. 能否将一张圆纸切成一些片,使这些片能拼成一个同样面积的正方形?

28. 试求出具有如下性质的最小自然数 n,它使每一个凸 100 边形都可以得自 n 个三角形的交,并证明:对于更小的 n,任何凸 100 边形都不能通过这种方法得到.

29. (萨瓦达(Chvátal)美术馆定理)证明:照亮任何一个 n 边形的最少灯数是 $\left[\dfrac{n}{3}\right]$(即对该多边形内及边上任一点,至少存在一盏灯(也看成点),它们的连线段在该多边形内部),照亮任何含 k 个洞的 n 边形的灯数不多于 $\left[\dfrac{n+2k}{3}\right]$.

第五讲 图形的位置、形状及度量

图形的形状和位置问题,显然异常庞杂,永远开发不尽.即使是二维的平面图形已足够令人眼花缭乱.本书后面还会提到三维(欧几里得空间)中的几何体的组合性质(无法想象高维空间的类似问题数学家怎么对付),在这里主要探讨二维图形.

图形的度量(就是长度、面积)则比较容易归类,但其复杂程度却丝毫没有降低.因此,这里把一般的位置、形状问题单独列出,以飨读者,其他问题则再作细分.

图形的位置、形状,特别是度量,是组合几何的重点.

第五讲 图形的位置、形状及度量

§5.1 位置与形状

例 1 用点将圆周分成 $3k$ 条圆弧,长度为 $1,2,3$ 的弧各有 k 条. 证明:有一条直径,其两端点都是分点.

证明 用反证法.

假定任一直径的端点不同时是分点,于是长为 1 的弧关于圆心的对称弧只能将长为 3 的弧给三等分.去掉这两条弧后,剩下两段长度一样的大弧(易知长度均为 $3k-2$).由前面讨论及条件知,长为 1 的弧与长为 3 的弧是一一对应的,因此两段大弧中的任一段若是有 x 条长为 1 的弧,就有 $k-1-x$ 条长为 3 的弧.剩下的均是长为 2 的弧,于是 $x+3(k-1-x)\equiv 3k-2\pmod{2}$,这不可能.

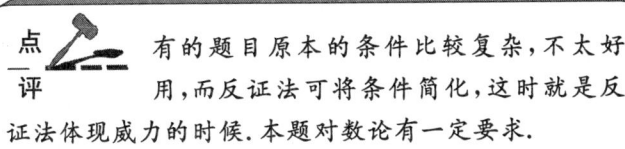

有的题目原本的条件比较复杂,不太好用,而反证法可将条件简化,这时就是反证法体现威力的时候.本题对数论有一定要求.

例 2 给出两个圆,每个圆周长为 100.在其中一个圆上标出 100 个点,在另一个圆上标出若干段弧,弧长的和小于 1.证明:这两个圆能够这样重合:使得标出的点一个也不落在标出的弧上.

证明 我们把两个圆重合,将标定弧的圆固定不动,转动标定点的圆. 将涂色笔固定在不动圆的某一定点处,用它在转动圆上涂色.设标定的弧为 n 段,分别记为 $l_1, l_2, \cdots, l_n$. 我们规定:在点 P_1 进入 l_1 弧至离开

l_1 弧的过程中,落下色笔在动圆上涂色……当点 P_1 进入 l_1 弧至离开 l_n 弧的过程中,落下色笔在动圆上涂色.这样操作完成以后,在动圆上有 n 段涂色的弧,其长度之和小于 1.再考虑点 P_2.在点 P_2 进入 l_1 弧至离开 l_1 弧的过程中,落下色笔在动圆上涂色,直至第 n 段弧也是如此涂色.接着对点 P_3,P_4,$\cdots$,P_{100} 作如上的同样操作.其最终结果如下:在动圆上有 100 组涂色圆弧,每组弧长之和小于 1.因此,在动圆上全部涂色圆弧长之和小于 100,必有没着色的地方.在动圆上,弧被色意味着:若任意标定点进入标定弧内,该标定点一定进入某段涂色弧内.有未着色点存在,就意味着相应的情况下任何标定点都不在任何标定弧上.

例 3 给出两个同样的圆,在它们的每一个上均标出 k 段弧,使每一段弧所对的角小于 $\dfrac{1}{k^2-k+1} \cdot 180°$,并且一个圆上标出的任一段弧与另一个圆上标出的某段弧能够重合.证明:这两个圆也可以这样重合:一圆全部标出的弧都落在另一圆没有标出弧的地方.

证明 类似例 2 的方法,仍设想一圆固定,另一圆顺时针方向转动.开始位置这样选择:动圆上的第 1 段弧与定圆的弧首尾相连,且没有公共内点.这时开始转动,并按下面规定作涂色操作.先考虑动圆的第 1 段弧 φ_1.在动圆 φ_1 弧进入定圆 φ_2 弧到离开定圆 φ_2 弧的过程中,落笔在动圆上涂色,涂色弧的角度值为 $\varphi_1+\varphi_2$.动圆 φ_1 弧进入定圆 φ_3,φ_4,$\cdots$,φ_k 直到离开它们的过程中都进行涂色,涂色弧的角度值之和为

$$(\varphi_1+\varphi_2)+(\varphi_1+\varphi_3)+\cdots+(\varphi_1+\varphi_k)$$
$$=(k-2)\varphi_1+(\varphi_1+\varphi_2+\cdots+\varphi_k).$$

接着,考虑第 2 段弧,第 3 段弧,直至第 k 段弧的情形,都按上述操作处理.于是,每一情形涂色弧的角度值之和分别为下列各值:

$$(k-2)\varphi_2+(\varphi_1+\varphi_2+\cdots+\varphi_k),$$
$$(k-2)\varphi_3+(\varphi_1+\varphi_2+\cdots+\varphi_k),$$
$$\cdots$$
$$(k-2)\varphi_k+(\varphi_1+\varphi_2+\cdots+\varphi_k).$$

经过 k 轮涂色之后,在动圆上被涂色的弧的角度值总和为
$$(k-2)(\varphi_1+\varphi_2+\cdots+\varphi_k)+k(\varphi_1+\varphi_2+\cdots+\varphi_k)$$
$$=2(k-1)(\varphi_1+\varphi_2+\cdots+\varphi_k)$$
$$<2(k-1)\cdot k\cdot\frac{1}{k^2-k+1}\cdot 180°=\frac{k^2-k}{k^2-k+1}\cdot 360°\leqslant 360°.$$

因此,动圆上还有没涂色的地方,这就意味着必有这样的情况出现:动圆上任何标定弧不与定圆上的任何标定弧相交.

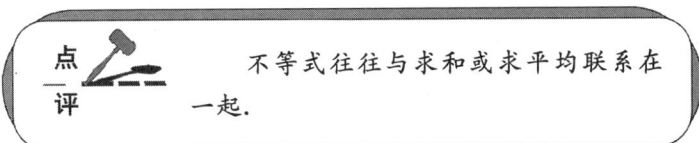
不等式往往与求和或求平均联系在一起.

例 4 能否把 1965 个点放到边长为 1 的正方形中,使得该正方形中面积为 $\frac{1}{200}$ 的、边平行于正方形边的任何矩形内都至少含有一个这样的点?

解 在正方形 $0\leqslant x,y\leqslant 1$ 中的直线 $y=\frac{1}{2}$ 上均匀地放置 200 个点 $\left(\frac{k}{201},\frac{1}{2}\right),k=1,2,\cdots,200$;然后在直线 $y=\frac{1}{4}$ 和 $y=\frac{3}{4}$ 上各放 100 个点 $\left(\frac{k}{101},\frac{1}{4}\right),\left(\frac{k}{101},\frac{3}{4}\right),k=1,2,\cdots,100.$ 以此类推,当 $m=2,3,\cdots,7$ 时,在每一条直线 $y=(2l-1)2^{-m-1},1\leqslant l\leqslant 2^m$ 上各放 $\left[\frac{200}{2^m}\right]$ 个点 $\left(\frac{k}{[200\cdot 2^{-m}]+1},\frac{2l-1}{2^{m+1}}\right),k=1,2,\cdots,\left[\frac{200}{2^m}\right].$ 可知这样的放置满足要求.

例 5 给定一水平带形(两条平行线之间部分),以及与这条带形相交的 n 条直线,这些直线中的每两条都在带形内部相交,而且任意 3 条直线不共点.考察起点在带形下边缘、经由所给直线、终点在带形上

边缘的所有道路(如图 5.1),它们具有以下性质:当沿着一条道路行走时,始终往上走;当走到直线的交点时,必须到另一条直线上去.证明:

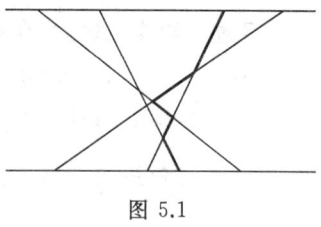

图 5.1

(1) 在这些道路中,没有公共点的道路不少于 $\frac{n}{2}$ 条;

(2) 存在一条道路,它至少由 n 条线段组成;

(3) 存在一条道路,它至多经过 $\frac{n}{2}+1$ 条直线;

(4) 存在一条道路,它经过所有直线.

证明 设 $A_1, A_2, \cdots, A_n$ 为直线与带形下边缘的交点,且号码的次序是从左向右;$B_1, B_2, \cdots, B_n$ 为直线与带形上边缘的交点(也是按照从左向右的次序).按照数 $1, 2, \cdots, n$ 的顺序把从点 $A_1, A_2, \cdots, A_n$ 出发的道路编号,从构造道路的规则可得出以下性质:

1° 不同道路不会恰好通过某条直线中的同一条线段.

2° 相邻的第 k 条和第 $k+1$ 条道路以顶点相接,同时第 k 条在第 $k+1$ 条的左边($k=1, 2, \cdots, n-1$);不相邻的道路一般没有公共点.

3° 第 k 条道路结束于点 B_k.

下面来证明原题.

(1) 我们研究有偶数(或奇数)号码的道路.由性质 1°,它们之间不可能有公共点,而这些道路至少有 $\frac{n}{2}$ 条.

(2) 我们用两种方法来计算所有道路上的线段总数.任一条直线上的每一条线段 $A_i B_{n+1-i}$ 被它与其余直线的交点分为 n 条线段,因此共有 n^2 条线段.另外根据性质 1°也能求出这个和数为 n^2,只要把 n 条道路上的线段条数加起来.因此,至少存在一条道路,在这条道路上的线段不少于 n 条.

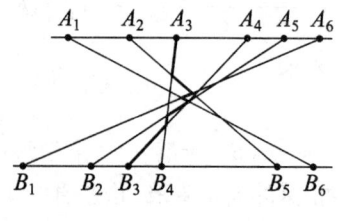

图 5.2

显然,(2)也可由(4)得到.

(3) 现在来估计第 1 条和第 n 条道路上的线段数目.

这些道路围成一个凸集合.设 P 是直线 A_1B_n 与 A_nB_1 的交点,则第 1 条道路在角 A_1PB_1 的内部,第 n 条道路在角 A_nPB_n 的内部.其他直线 $A_2B_{n-1}, A_3B_{n-2}, \cdots, A_{n-1}B_2$ 只能与第 1 条,第 n 条道路之一有公共线段(在点 P 同侧的有公共线段).于是在第 1,第 n 两条道路中的线段至多有 $4+(n-2)$ 条.因此在其中的一条中,至多有 $\dfrac{n}{2}+1$ 条线段.

(4) 我们来考察中间那条道路.如果 n 为奇数,其号码为 $m=\dfrac{n+1}{2}$;如果 n 为偶数,其号码为 $m=\dfrac{n}{2}$.我们证明它经过所有直线(如图 5.2).事实上,它把带形分成两个部分,线段 $A_1B_n, A_2B_{n-1}, \cdots, A_nB_1$ 都从区域中的一个点出发(这个点可能在边界上)而结束于另一个点,所以它们中的每一条都与中间道路有公共点,因而有公共线段.

在此问题中,有趣的是求出最长道路中线段数目的最好估计.

组合几何

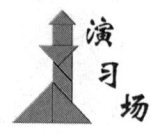

习题 5.a

1. 有一条封闭的自相交折线,它自身的每一段刚好相交一次.证明:该折线共有偶数段.

2. 在边长为 100 的正方形内,放着 n 个半径为 1 的圆.已知正方形内任何长度为 10 的线段都至少与一个圆相交.证明:$n \geq 400$.

3. 大馅饼的形状如同一个内接于半径为 1 的圆的正 n 边形,过每边中点都在馅饼上切出一个长度为 1 的直线切口.求证:用此方法总能在馅饼上切下一块.

4. 在平面上给定一个非凸的不自身相交的多边形,作出多边形的所有完全位于其内部的对角线,这些对角线上的点组成集合 D.证明:D 内的任何两点都可以用完全属于 D 的折线相连.

5. 一个凸多边形各边所在直线分别向外移动距离 1,新的直线所围成的多边形与原来的多边形相似,且互相平行的对应边成比例.证明:原多边形具有内切圆.

6. 桌上放有 n 个纸板正方形和 n 个塑料正方形,任何两个纸板正方形都没有公共点,在塑料正方形之间也同样如此.现知这些纸板正方形的顶点集与这些塑料正方形的顶点集重合.试问:是否一定有一个纸板正方形和塑料正方形重合?

7. 能否在平面上放置无穷多个一样大小的圆,使得任何直线都至多与两个圆相交?

8. 在 n 边形内分布着一些点,使得在由 n 边形的任意 3 个顶点所形成的三角形内都至少含有 1 个点.试问:n 边形内的点数至少有多少?

9. 在正 1981 边形的顶点中任意确定 64 个顶点.证明:必存在以这些顶点中的点作为顶点的梯形.

10. 在正六边形的内部放有另一个正六边形,其边长是前者的一半.证明:大正六边形的中心必在小正六边形的内部.

11. 在半径为 16 的圆内分布着 650 个点.证明:可以找到一个内半

径为 2、外半径为 3 的圆环,在该圆环中至少含有 10 个点.

12. 一个古老的矮人仪式需要 10 个矮人在夏至太阳升起时面向东方站立,并使得每 5 个人中有 4 个人站在一个圆周上.问:矮人最多的圆周上最少有几个人?

13. 平面上给定有限多个圆,每两个外离或外切,并且每个圆至多与其他 6 个圆相切.每个不与 6 个圆相切的圆均已标上一个实数.证明:对其他圆至多有一种标法,使得这些圆所标的数恰好等于与它相切的 6 个圆所标的数的算术平均值.

14. M 是平面上 $n(\geqslant 3)$ 个点的点集,任三点不共线.证明:存在 $2n-5$ 个点组成的集合 P,使 M 中任三点组成的三角形内部至少含有一个属于 P 的点.

15. 将正 n 边形的所有边和对角线的中点全都标出.求证:对于任意圆,上述中点中在这圆上的至多有 n 个.

16. (克贝(Koebe))任意给定平面图 G,其顶点集为 $V(G) = \{v_1, v_2, \cdots, v_n\}$,边集为 $E(G)$.证明:存在平面中由 n 个圆 $C_1, C_2, \cdots, C_n$ 构成的一个具有下述性质的填装:对 $1 \leqslant i, j \leqslant n, i \neq j$,仅当 $v_i v_j \in E(G)$ 时 C_i 与 C_j 外切.

17. 求满足如下条件的最小正整数 n:在 $\odot O$ 的圆周上任取 n 个点 $A_1, A_2, \cdots, A_n$,则在 C_n^2 个角 $\angle A_i O A_j (1 \leqslant i < j \leqslant n)$ 中,至少有 2007 个不超过 $120°$.

18. 平面上有有限个边平行于坐标轴的矩形.已知对其中任意两个矩形,都存在一条垂直或水平直线与它们都相交.证明:存在一条水平和一条垂直直线,使得每一个矩形与这两条直线中的至少一条相交.

19. 边长为 $n(\geqslant 2)$ 的正三角形被平行于边的直线分割为 n^2 个边长为 1 的正三角形.能否将这些单位正三角形从 1 至 n^2 进行编号,使其满足下列条件:

(1) 编号为 i 和 $i+1(i=1,2,3,\cdots,n^2-1)$ 的两个三角形至少有一个公共点;

(2) 编号为 i 和 $i+2(i=1,2,3,\cdots,n^2-2)$ 的两个三角形至少有一个公共点?

20. 若凸 $2n(n \geqslant 2)$ 边形 P 的 n 条相对顶点的连线(或"主对角线")

和 n 条对边中点的连线通过同一个点.证明:P 的对边平行相等.

21. 已知一个简单多边形(不自交,但不一定凸).证明:存在一条全在多边形内部的对角线,将多边形的边界分成两部分(两部分有两个公共点),每部分至少有多边形的顶点数目的 $\frac{1}{3}$.

22. 设 $D_1,D_2,\cdots,D_n$ 是平面上的闭圆盘,假设平面上的每一点最多属于 m 个圆盘 D_i.证明:存在一个圆盘 D_k,使得 D_k 最多与 $7m-1$ 个其他圆盘相交.

23. 设整数 $n \geqslant 5$,求最大的整数 k,使得存在一个 n 边形(无论凸还是凹,只要边界不自相交)有 k 个内角是直角.

24. 将 9 个点放到一个平面的 10 条直线上,可使得每条直线上恰好有 3 个点.证明:不可能用这样的方法,将 9 个点放到 11 条直线上.

25. 将平面上过点 O 的 $n(>2)$ 条直线作上标记,对于任意如上过点 O 的两条直线,总存在一条作过标记的直线平分这两条直线所成的角.证明:这 n 条直线满足相邻直线的夹角相等.

26. 如果凸 n 边形 $A_1A_2\cdots A_n$ 满足 $A_1A_2=A_2A_3=\cdots=A_nA_1$,且 $\angle A_1 \geqslant \angle A_2 \geqslant \cdots \geqslant \angle A_n$.证明:$A_1A_2\cdots A_n$ 是正 n 边形.

27. 求证:在任何凸 $2n(n>2)$ 边形中,总有一条对角线不与任何一条边平行.

28. 平面上给定 $4n+1$ 个点,任意三点不共线.证明:可以用其中的 $4n$ 个点组成 $2n$ 对,联结每对点的 $2n$ 条线段至少有 n 个不同的交点.

29. 求最小的正整数 $n(\geqslant 3)$,使得平面内任意无三点共线的 n 个点中,必有 3 点是非等腰三角形的顶点.

30. 在圆周上标出 $4n$ 个点,每隔一个交替地染上红色与蓝色,每种颜色的点成对分组,每组点对用同样颜色的线段联结.证明:如果任何 3 条线段不共点,那么至少可以找到 n 个点,它们是红色线段与蓝色线段的交点.

31. 求证:可以安排平面上 n 个点,使以任意三点为顶点的三角形中,锐角三角形的个数不小于所有三角形数目的 25%.

32. 在平面上有 $n(\geqslant 4)$ 个点,其中任何三点不共线.如果对任意三点,均能找到第四个点构成平行四边形的顶点,求 n 的所有值.

33. 在平面上给定不自相交的闭折线,它的任何 3 个顶点都不在一条直线上. 如果不相邻的两条边中,一条边的延长线与另一条边相交,则称它们是特别的. 证明:共有偶数对特别的边.

34. 证明:对任意正整数 k,存在数 A,使 $y=A\sin x$ 的图像有 k 个两两不全等的内接正方形(即这些正方形的顶点属于这个函数图像).

35. 作三角形内切圆的外切正方形,使正方形的任何一边都不平行于三角形的任一边. 证明:正方形的边在三角形外部分的总长度不到其周长的一半.

36. 给定一个边长为 1 的正方形,在该正方形内互不重叠地放置一些各边与给定正方形的边平行的小正方形,考察与给定正方形的某一条对角线相交的小正方形. 试问:所有这些与该对角线相交的小正方形周长的总和能否大于任意给定的正数?

37. 平面上有 6 个点 A, B, P_1, P_2, P_3, P_4. 求证:一定存在 $1 \leqslant i < j \leqslant 4$,满足 $|\sin \angle AP_iB - \sin \angle AP_jB| \leqslant \dfrac{1}{3}$.

38. 若切一个凸 n 边形,是指任选一对相邻边上各自的中点,沿这两点连线切去一个"角",得到一凸 $n+1$ 边形. 今对一面积为 1 的正六边形不断地切下去,求证:无论怎么切,所得的 $k(>6)$ 边形的面积总大于 $\dfrac{1}{3}$.

39. 平面上的 n 个圆满足:存在平面上的 6 个点,任一点都至少在这 n 个圆中的 3 个圆上. 求 n 的最小值.

40. 平面上的 n 条直线满足:存在平面上的 7 个点,任一条直线都至少经过这 7 个点中的 3 个. 求 n 的最大值.

41. 三维空间中存在 n 个平面及 6 个点,满足:

(1) 每个平面至少通过这 6 个点中的 4 个点;

(2) 这 6 个点的任意 4 个点不能同在一条直线上.

求 n 的最大值.

42. 求证:为使平面上 3 个凸多边形不能和一条直线相交,必须且只须每个多边形可被 2 条其他直线分开(即每个多边形与其他某个多边形在 2 条直线中一条的不同侧).

43. 在正 n 边形 $A_1A_2\cdots A_n$ 内部任取一点 O. 证明:至少有一个角 $\angle A_iOA_j$,满足 $\left(1-\dfrac{1}{n}\right)\pi \leqslant \angle A_iOA_j \leqslant \pi$.

44. 在矩形地图上放置同样形状但尺寸较小的地图(小的完全落在大的里面).求证:可以一下子刺穿两个地图,使得刺穿点在两图上具有同一位置.

§5.2 旋转与对称

对称与旋转是几何中一个有趣的话题.它不仅是一个"核心数学"话题(与几何变换、群论乃至物理学有关),也是组合几何关注的课题.关于这些问题,所需要的知识少得可怜,但题目品种并不少,难度也决不小.

例 1 在平面上给定直线 l,直线外一点 O 及任意一点 A.求证:只要运用关于直线 l 的轴对称及关于 O 的旋转,就可以将 O 变换成 A.

证明 设将 O 变换成关于 l 对称的 O_1 的变换为 $S_l(O)=O_1$.利用 S_l 的对称性和关于点 O 的旋转,点 O 可以变换成以 O_1 为圆心、$r=OO_1$ 为半径的圆 ω 上的任意一点.圆 ω 又可以变换成图 5.3 所示的任意一个圆.当围绕点 O 作旋转时,一连串的圆盖住了整个平面,其中必然包含点 A.

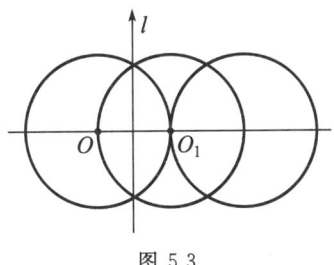

图 5.3

例 2 定义在全体实数上的函数 $y=f(x)$ 的图像在绕原点旋转 $\dfrac{\pi}{2}$ 后变为自身.

(1) 求证:$f(x)=x$ 恰好有一个解;

(2) 试求这样的函数的例子.

解 (1) 设 $f(0)=y_0$,则 $(0,y_0)$ 是函数 $y=f(x)$ 的图像上的点.把该

点按同一方向绕原点旋转两次,每次旋转角为 $\frac{\pi}{2}$,得到的点 $(0,-y_0)$ 仍在 $y=f(x)$ 的图像上.所以,$y_0=f(0)=-y_0$,于是 $y_0=0$,即 $f(0)=0$.也就是说 $x=0$ 是方程 $f(x)=x$ 的一个解.

另一方面,设 $x=x_0$ 是方程 $f(x)=x$ 的一个解,即 $f(x_0)=x_0$,则点 (x_0,x_0) 在函数 $y=f(x)$ 的图像上.它绕原点旋转 3 个 $\frac{\pi}{2}$ 后得到点 $(x_0,-x_0)$,且此点也在 $y=f(x)$ 的图像上.所以,$x_0=f(x_0)=-x_0$,$x_0=0$.

从上面的讨论可知,方程 $f(x)=x$ 恰有一个解 $x=0$.

(2) 构造函数如下:

$$f(x)=\begin{cases} 0, & x=0, \\ -\dfrac{1}{2}x, & 4^k\leqslant |x|<2\cdot 4^k, \\ 2x, & 2\cdot 4^{k-1}\leqslant |x|<4^k, \end{cases}$$

其中 $k\in \mathbf{Z}$.

它的图像如图 5.4 所示.

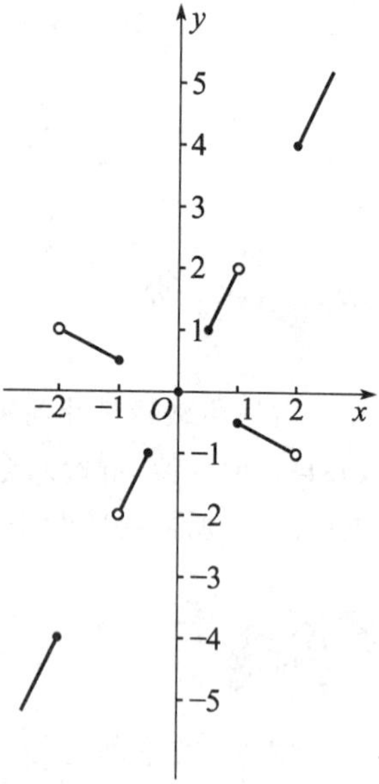

图 5.4

例 3 证明:有界平面图形的对称轴必共点.

证明 首先证明,有界图形 K 不可能有两条平行的对称轴.否则如图 5.5,设 l_1 与 l_2 是两条平行的对称轴,距离为 d.易知在 l_1 与 l_2 外的某一侧必定有 K 中的点,设为 A,A 至 l_1 的距离为 s,A 关于 l_2 的对称点为 A',而 A' 关于 l_1 的对称点为 A_1.容易算得 $A_1A=2d$.于是由 A_1 又可以找到一个向外移出 $2d$ 的 K 中新点 A_2,这样一直进行下去,K 就不是有界图形,矛盾.

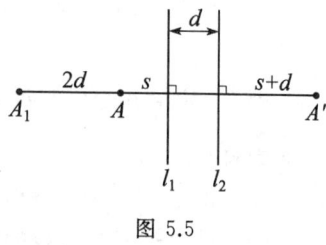

图 5.5

接下去用反证法. 若有 3 条对称轴不共点,假设它们的交点是 $\triangle ABC$ 的顶点,记 $\triangle ABC$ 的内心为 I,内切圆半径为 r. 又设 K 的直径是 d(因为 K 是有界集),$k=\sup IA$($\sup$ 的定义是,可找到一点 $P\in K$,使 $IP>k-\varepsilon, 0<\varepsilon<\dfrac{2r^2}{k}$),其中 A 为 K 中的任意点.

如图 5.6,作 $\triangle ABC$ 的角平分线并无限延长,将全平面分成 15 个部分. 由对称性,不妨设 P 在 3 个阴影部分的某一个之中. 于是,P 至直线 BC 的距离不小于 r. P 关于直线 BC 的对称点为 P',I 关于直线 BC 的对称点为 I',则对于等腰梯形 $II'P'P$,有托勒密定理,即 $P'I^2-PI^2=II'\cdot P'P\geqslant 4r^2$,于是 $P'I\geqslant PI+\dfrac{4r^2}{P'I+PI}\geqslant PI+\dfrac{2r^2}{k}>k$,矛盾. 于是这些对称轴共点.

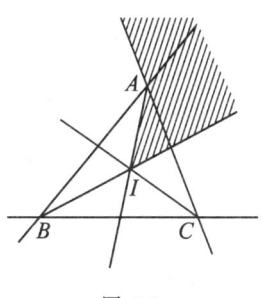

图 5.6

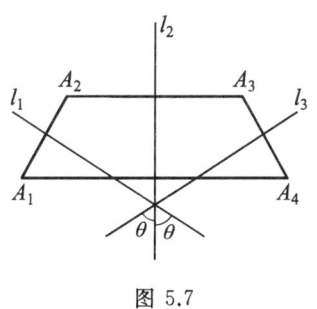

图 5.7

点评 注意这个点集 K 可能是"开集",所以不能用"max"而必须用"sup"及一套 ε 语言. 此结果可作为定理. 此外,我们还可以证明,在图 5.7 中,如果 l_1 与 l_2 是两条对称轴(夹角是 θ),那么 l_3 也是对称轴(四边形 $A_1A_2A_3A_4$ 是等腰梯形). 于是,共点的对称轴的分布应该是:如为有限条,相邻夹角相等;如为无限条,则是"稠密"的.

另外可以思考,如果一个平面图形(未必有界)具有有限条对称轴,它们是否共点? 读者亦可考虑空间的情形(此时可分对称面和对称轴).

例4 将平面上所有整点红蓝二染色.证明:可以找到一个具有对称中心的、由同色点构成的无限集合.

证明 不妨认为平面上关于$(0,0)$和$(1,0)$对称的同色点仅有有限对.此时,存在$m\in \mathbf{N}$,当$n\geqslant m,n\in \mathbf{N}$时,纵坐标为$n$的点和它关于$(0,0)$及$(1,0)$的对称点均为异色点.

设红点构成的集合为A,蓝点构成的集合为B,不妨设$(0,m)\in A$,则$(0,-m)\in B$,$(2,m)\in A$,$(-2,-m)\in B$,$\cdots$,$(2k,m)\in A$,$(-2k,-m)\in B(k\in \mathbf{N})$.

另一方面,$(0,m)\in A$还可推出$(2,-m)\in B$,则$(-2,m)\in A$,$(4,-m)\in B$,$(-4,m)\in A$,$\cdots$,$(-2k,m)\in A(k\in \mathbf{N})$.

因此,$(2k,m),(-2k,m)\in A(k\in \mathbf{Z})$,即有无穷多对同色点具有对称中心$(0,m)$.

例5 在一个正方形的4个顶点上各站着一只青蛙(看作点),约定青蛙不能同时跳,但可以无先后顺序地跳,且每次跳到以另外3只青蛙的重心为对称中心的对称点处.是否有一只青蛙能跳到另一只青蛙的身上?

解 每次跳动是以另外三只青蛙的重心为对称中心的,所以一只青蛙跳了一次后,紧接着再跳一次便跳回原处,即连续两次跳动等于没有跳动.因此,我们只要讨论以下这样的跳动就够了,即每只青蛙跳过后,下一次跳的是另一只青蛙.

记第i只青蛙在第n次跳动后的坐标为$(x(i,n),y(i,n))$,$i=1,2,3,4,n=0,1,\cdots$,而初始位置为

$(x(1,0),y(1,0))=(1,1)$,$(x(2,0),y(2,0))=(1,2)$,

$(x(3,0),y(3,0))=(2,1)$,$(x(4,0),y(4,0))=(2,2)$.

假设第$n+1$次跳动轮到第4只青蛙,于是有

$x(i,n+1)=x(i,n),y(i,n+1)=y(i,n),i=1,2,3$.

又前三只青蛙的重心为

$$P_n = \left(\frac{x(1,n)+x(2,n)+x(3,n)}{3}, \frac{y(1,n)+y(2,n)+y(3,n)}{3} \right),$$

于是点 $(x(4,n), y(4,n))$ 关于点 P_n 的对称点 $(x(4,n+1), y(4,n+1))$ 为：

$$x(4,n+1) = \frac{2(x(1,n)+x(2,n)+x(3,n))}{3} - x(4,n),$$

$$y(4,n+1) = \frac{2(y(1,n)+y(2,n)+y(3,n))}{3} - y(4,n).$$

下面用归纳法来证明：第 n 次跳动若由第 j 只青蛙完成，则 $x(j,n), y(j,n)$ 形如 $\frac{m_j}{3^n}$，其中整数 m_j 不能被 3 整除，而其余 3 只青蛙的坐标 $x(k,n), y(k,n)$ 形如 $\frac{m_k}{3^{n-1}}$，其中 m_k 为整数.

现在考虑第 $n+1$ 步，它由第 k 只青蛙完成，$k \neq j$. 记 k, j, p, q 为 $1, 2, 3, 4$ 的一个排列，则

$$x(k,n+1) = \frac{2(x(j,n)+x(p,n)+x(q,n))}{3} - x(k,n)$$

$$= \frac{2(m_j+3m_p+3m_q)}{3^{n+1}} - \frac{9m_k}{3^{n+1}} = \frac{m'_k}{3^{n+1}}.$$

因为 m_j 不能被 3 整除，所以 3 除不尽 m'_k. 这时第 j, p, q 只青蛙的位置坐标不变. 对 y 坐标同法讨论，便由归纳法证明了上述断言.

最后我们来证明，按照题目要求的跳法，任何时候都不可能有一只青蛙跳到另一只青蛙身上. 事实上，若第 n 次跳动由第 j 只青蛙完成，它跳到第 k 只青蛙身上，则有 $x(j,n)=x(k,n-1), y(j,n)=y(k,n-1)$，即 $x(k,n-1) = \frac{m_j}{3^n}$，其中 m_j 不能被 3 整除. 但是 $x(k,n-1) = \frac{a_k}{3^v}$，$a_k$ 不能被 3 整除，$v \leqslant n-1$. 这导出矛盾.

例 6 (柯尼希(König)，苏奇(Szücs))一个边长为 1 的正方形的四边是反射镜面. 一束光线从正方形内部的一个点发出，并反复被镜面所反射(这里规定，光线打到角上则原路返回). 证明：光线的路径要么是闭的且有周期性，要么在该正方形中稠密，即在途中任意接近正方形中的每一个点. 它有周期性的一个充分必要条件是：正方形的一边与这

束光线的起始方向夹角有一个有理数值的正切值.

证明 在图 5.8 中与坐标轴平行的直线是

$$x=l+\frac{1}{2},\ y=m+\frac{1}{2},$$

其中 l 和 m 是整数. 图中那个边长为 1、环绕原点的粗黑边框的正方形就是问题中的基本正方形, 其中点 $P(a,b)$ 是光线的起点. 我们来构造 P 经过直接反射或反复反射, 在镜面中所得到的所有映像. 易知它们有 4 种类型, 不同类型的映像坐标是

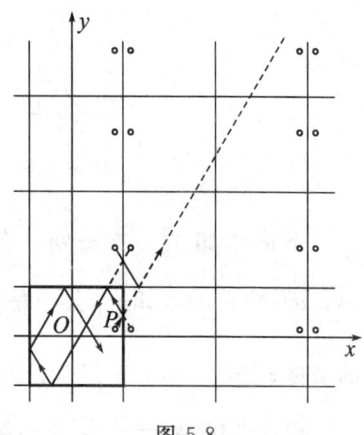

图 5.8

(A) $a+2l, b+2m$;   (B) $a+2l, -b+2m+1$;
(C) $-a+2l+1, b+2m$;   (D) $-a+2l+1, -b+2m+1$,

其中 l 和 m 是任意的整数. 此外, 如果光线在 P 点的速度有方向余弦 λ, μ, 那么速度对应的映像就有方向余弦

(A) λ, μ;   (B) $\lambda, -\mu$;   (C) $-\lambda, \mu$;   (D) $-\lambda, -\mu$,

基于对称性, 可以假设 μ 是正的.

如果我们想象把平面划分成单位边长的正方形, 一个典型正方形的内部是

$$l-\frac{1}{2}<x<l+\frac{1}{2},\ m-\frac{1}{2}<y<m+\frac{1}{2}, \tag{1}$$

那么每一个正方形都恰好包含基本正方形

$$-\frac{1}{2}<x<\frac{1}{2},\ -\frac{1}{2}<y<\frac{1}{2}$$

中每个点的一个映像. 如果基本正方形中任意一个点在式(1)中的映像是类型 A, B, C 或 D 之一, 那么该正方形中任意其他的点在式(1)中的映像也具有同一类型.

显然 P 原来的路径将会在同一条线 l 上一直继续下去. l 在任何一个正方形中的一段线段都是 P 的路径在基本正方形中折线部分的

映像. 在 l 位于不同正方形中的线段与 P 的介于相邻接反射间的那部分路径之间存在一个——对应, l 的每一条线段都是 P 的路径对应部分的一个映像.

如果 P 沿同样的方向运动回到了最初的位置, 则 P 在基本正方形中的路径将会是周期性的. 当且仅当 l 通过原来的点 P 的一个类型 A 的映像时, 这样的情形会发生. l 上任意一点的坐标是 $x=a+\lambda t, y=b+\mu t$. 于是当且仅当对某个 t 和整数 l, m, 有 $\lambda t=2l, \mu t=2m$, 也就是 $\frac{\lambda}{\mu}$ 是有理数(其实也包括 ∞)时, 这个路径是周期性的.

剩下来要证明: 当 $\frac{\lambda}{\mu}$ 是无理数时, P 的路径可以任意接近于该正方形的每一个点 (ξ, η). 对此的充分必要条件是 l 应该任意接近于 (ξ, η) 的某个映像, 而一个充分条件是它应该任意接近 (ξ, η) 的某个类型 A 的映像. 而且, 如果对每个 ξ 和 η, 任何正数 ε, 以及对某个正数 t 和适当的整数 l, m, 有

$$|a+\lambda t-\xi-2l|<\varepsilon, \quad |b+\mu t-\eta-2m|<\varepsilon, \tag{2}$$

那么这些条件就能满足要求.

取
$$t=\frac{\eta+2m-b}{\mu},$$

此时式(2)中的第二个不等式自动满足, 而第一个不等式就变成

$$|m\varphi-\omega-l|<\frac{1}{2}\varepsilon,$$

其中
$$\varphi=\frac{\lambda}{\mu}, \quad \omega=(b-\eta)\frac{\lambda}{2\mu}-\frac{1}{2}(a-\xi).$$

而此结论(运用抽屉原理)是常见的.

例 7 如果对平面上的点集 H 中的任意 3 个点, 都存在一条直线, 使得这 3 个点关于这条直线轴对称, 则称 H 是好的. 证明:

(1) 一个好的点集不一定是轴对称的;

(2) 如果一个好的点集中共有 $n(\geqslant 19)$ 个点, 则这 n 个点在一条直线上.

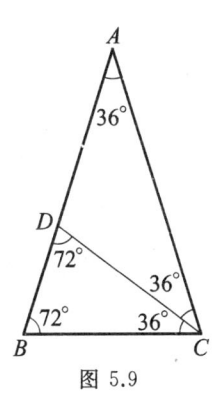

图 5.9

证明 (1) 如图 5.9，$\triangle ABC, \triangle ADC, \triangle BCD$ 均为等腰三角形，A,B,D 共线，所以 A,B,C,D 中任意 3 个点皆有一条对称轴，它是一个好的点集.但此时 A,B,C,D 不是轴对称的.

(2) 用反证法.假设结论不成立.于是,不可能有点集中的 5 个点共线.否则,在这条直线外必有 1 个属于集合的点 K,过点 K 作此直线的垂线,则此直线上必有至少 3 个点在这条垂线的同侧,记为 A,B,C(如图 5.10).

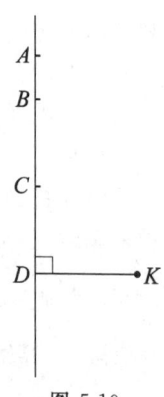

图 5.10

因为 $\angle KCB, \angle KBA \geqslant \dfrac{\pi}{2}$，

由于 K,C,B 有对称轴,则 $BC=CK$.

同理,$AC=CK$,矛盾.

故不可能有点集中的 5 个点共线.

不妨设 A,B 为这个点集中距离最短的两个点(如图 5.11),则其余 $n-2$ 个点有以下 4 种情况：

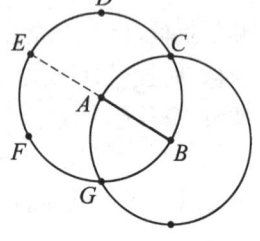

图 5.11

(i) 在线段 AB 中垂线上；

(ii) 在 AB 所在直线上；

(iii) 在以 A 为圆心、AB 长为半径的圆上；

(iv) 在以 B 为圆心、AB 长为半径的圆上.

由前面的证明可知,(i),(ii)两种情况点的总数不超过 6 个.

又因为 AB 的距离最小,所以(iii),(iv)两种情况点的总数不超过 10 个.

$10+6+2 \geqslant n$,矛盾.

因此,结论成立.

此题看似组合问题,其实对平面几何要求不低.而对所有不大的 n,求出不共线的可能,相当有意思.

第五讲 图形的位置、形状及度量

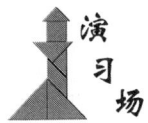

习题 5.b

1. 一个图形可以有不止1个但却有限的对称中心吗?

2. 求证:$n \leqslant 7$ 时,不存在 n 个点的二阶祖冲之点集(即任意两点的中垂线还至少过其他两点).

3. 点 A 位于距半径为 1 的圆的圆心 50 的地方,对点 A 进行关于与圆相交的任意直线对称的映射.证明:点 A 进行 25 次映射能"打入"圆,24 次则不能做到.

4. 在平面上(或在空间中)给定有限集合 K_0,把用这个集合中的一个点关于另一点的对称映射所得到的一切点都加到这个集合上,这就得到了 K_1.类似地可由集合 K_1 得到 K_2,由 K_2 得到 K_3,等等.

(1) 设集合 K_0 由距离为 1 的两个点 A,B 构成,问:当 n 最小取什么值时,在集合 K_n 中存在与点 A 距离为 1000 的点?

(2) 设 K_0 由面积为 1 的等边三角形的 3 个顶点构成,求包含 K_n 的最小凸多边形的面积($n=1,2,\cdots$);

以下各小题中 K_0 由单位体积正四面体的 4 个顶点构成:

(3) 研究包含 K_1 所有点的最小凸多面体,问:这个多面体有多少个面?都是什么样的面?

(4) 这个多面体的体积等于多少?

(5) 求包含集合 $K_n(n=1,2,3,\cdots)$ 的最小凸多面体的体积.

5. 给定一个凸多边形及其内部一点 O,已知任何经过 O 的直线都将多边形分为面积相等的两部分.证明:该多边形是一个以 O 为对称中心的中心对称图形.

6. 有一张矩形台球桌,在它的各个角上都有小网袋(但没有中袋),球一旦落入网袋就停止不动了.从球台的一个角沿着与边成 $45°$ 的方向发出球来,现知在某一时刻小球击中了某一边的中点.求证:小球不可能碰到与之相对的边的中点.

7. 有 n 个点是某个凸 n 边形的顶点,此外,在该 n 边形内部还标出了 k 个点,这 $n+k$ 个点中任意三点不共线,且都是等腰三角形之顶点.

求 k 的可取值.

8. 在正 $2m+1$ 边形的顶点上放置着数字 $1,2,\cdots,2m+1$,它的每一条对称轴都将不在其上的数字分成两个集合.如果其中一个集合中的每一个数字都大于与它处于对称位置的另一集合中的数字,则称这种放置对于相应的对称轴是"好的".试问:是否存在一种放置,它对于每一条对称轴都是"好的"?

9. 今有一条非封闭的折线内接于一条抛物线,折线共由有限条边组成,它的起点位于抛物线的顶点,它的任何相邻两边都同抛物线的过它们公共顶点的切线交成相等的角.证明:这样的折线必位于抛物线对称轴的一侧.

10. 用线段把方格纸的正方形片(边长为 1)划分成较小的正方形,这些线段沿方格的边引进.证明:这些线段的长度和能被 4 整除.

11. 记凸四边形的面积为 S,对它的每个顶点,都作其关于不经过它的对角线的对称点,将所得到的 4 个像点组成的四边形面积记作 S'.求证:$\dfrac{S'}{S}<3$.

12. 平面上有 $n(>2)$ 条直线,其中任何两条都不平行,任何 3 条都不相交于同一点.现知,可将平面绕某点 O 旋转某个角度 $\alpha(<180°)$,使得每一条所引直线都重合于另外某一条所引直线的原来位置,试指出可使这一现象实现的所有 n 值.

13. 两两不平行也不重合的 3 条直线组成的空间图形,最多可能有多少条对称轴?

§5.3 距　　离

两点之间的距离是大家再熟悉不过的概念,但组合几何研究的一般是 n 个点间的距离分布,甚至无数个点(比如凸图形边界上的点)间的距离分布,其难度就可以想见. 关于距离问题,目前的研究已经较为成熟,对其中一些由简洁的初等方法可以解决的问题,奥林匹克数学已有所涉及,不过基本上仅限于"欧氏距离". 对这个我们再熟悉不过的距离,有关的问题太多了!

例1 已知矩形 $ABCD$, $AB=b$, $AD=a(a \geqslant b)$,今在矩形内部或边界上任意放三点 X,Y,Z,求这三点两两之间最小距离的最大值(用 a,b 表示).

解 设 AD,BC 的中点分别为 E,F,联结 EF,得到两个小矩形,如图 5.12(A). 根据抽屉原则,必有两点在其中一个小矩形内部或边界上,于是必有两点距离 $\leqslant \sqrt{\dfrac{a^2}{4}+b^2}$. 如果有 $AD \geqslant AF$,则让三点 X,Y,Z 分

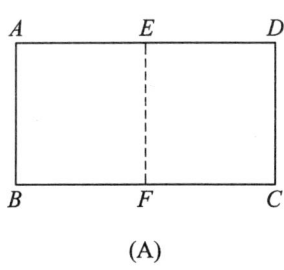

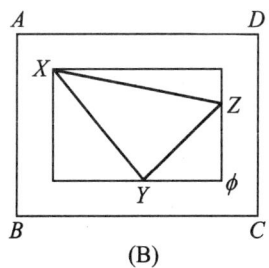

(A)   (B)

图 5.12

别落在 A, F, D 上，即可达到这个极值. 这个条件是 $a \geqslant \sqrt{\dfrac{a^2}{4}+b^2}$，或 $\dfrac{a}{b} \geqslant \dfrac{2}{\sqrt{3}}$.

当 $1 \leqslant \dfrac{a}{b} < \dfrac{2}{\sqrt{3}}$ 时，我们证明达到极值时 $\triangle XYZ$ 构成正三角形，且 X, Y, Z 之一在矩形顶点（比如 A）上，而另两点在矩形边（比如 BC，CD）上.

对于矩形内部或边界上任三点 X, Y, Z，现作出覆盖这三点的、使其边与矩形 $ABCD$ 的边平行或垂直的矩形. 设这类矩形中最小的一个是 ϕ，如图 5.12(B)，易知 ϕ 必有一个顶点正是 X, Y, Z 之一，这意味着可以将 ϕ 连同 X, Y, Z 平移至矩形 $ABCD$ 的某个角处，也就是说，可以将 $\triangle XYZ$（包括 X, Y, Z 共线的退化情形）作平移，使 X, Y, Z 之一落在矩形 $ABCD$ 的顶点上. 不妨设 X 落在 A 上，而 Y, Z 仍在矩形 $ABCD$ 内部或边界上.

下证在 $1 \leqslant \dfrac{a}{b} < \dfrac{2}{\sqrt{3}}$ 时，BC, CD 上分别存在一点 M, N，使 $\triangle AMN$ 为正三角形. 如果这个被证明，则根据抽屉原则，若 Y 在 $\triangle AMN$，$\triangle ABM$，$\triangle ADN$ 之一的内部或边界上，则 $XY = AY \leqslant AM$ 或 $AN = d$（正三角形 $\triangle AMN$ 边长），否则 Y 在 $\triangle CMN$ 内部或边界上，而 Z 也同理在 $\triangle CMN$ 内部或边界上. 由于 MN 是 $Rt\triangle CMN$ 的斜边，故仍有 $YZ \leqslant MN = d$. 而 X, Y, Z 分别落在 A, M, N 上时，可以达到这个极值.

下证这个正三角形 AMN 的确存在，并计算其边长 d. 设 $\angle DAN = \theta$，$\angle MAB = 30° - \theta$，则有 $d\cos\theta = a$，$d\cos(30°-\theta) = b$，解得 $\tan\theta = \dfrac{2b}{a} - \sqrt{3}$.

这个值确实大于 0，又 $\dfrac{2b}{a} - \sqrt{3} \leqslant 2 - \sqrt{3} < \dfrac{1}{\sqrt{3}}$，故 $0° < \theta < 30°$，这就意味着这样的正三角形 AMN 是存在的. 而此时 $d = \dfrac{a}{\cos\theta} =$

$2\sqrt{a^2+b^2-\sqrt{3}ab}$.

于是,当 $\dfrac{a}{b}\geqslant\dfrac{2}{\sqrt{3}}$ 时, X,Y,Z 之间最小距离的最大值为 $\sqrt{\dfrac{a^2}{4}+b^2}$;当 $1\leqslant\dfrac{a}{b}<\dfrac{2}{\sqrt{3}}$ 时, X,Y,Z 之间最小距离的最大值为 $2\sqrt{a^2+b^2-\sqrt{3}ab}$.

例 2 平面上有 7 个点,每两点之间距离的最小值为 1. 求证:存在其中的 3 个点,两两距离严格大于 1.

证明 用反证法,假设结论不成立.不妨设距离最大的两点是 A,B,易知 $AB>1$.

现过 A,B 分别作直线 l_A,l_B 均与 AB 垂直,则由 AB 的定义知,其余 5 个点 C,D,E,F,G 均在 l_A,l_B 围成的带形内(不含 l_A,l_B).

今分别以 A,B 为圆心,1 为半径在带形内作半圆.易知在半圆内部不会有 C,D,E,F,G 这些点,而在两个半圆之外若有点的话,不妨设是 C,则 $\triangle ABC$ 即为所求.于是由假设,其余 5 个点均在两个半圆上.

由抽屉原则,不妨设以 A 为圆心的半圆上依次有 3 个点 C,D,E,如图 5.13. C,D,E 不可能位于线段 AB 同侧,因为 $\angle CAD\geqslant 60°$, $\angle DAE\geqslant 60°$,而 $\angle CAD+\angle DAE=\angle CAE\geqslant 120°>90°$.于是不妨设 C,D 在 AB 一侧,而 E 在另一侧.

下面证明, $\triangle BEC$ 即为所求三角形.

因为 $\angle CAE\geqslant 120°$,故 $CE>1$.接下去无非是证明 $BC,BE>1$. 因为 $\angle CAB<90°$, $\angle CAB\geqslant\angle CAD\geqslant 60°$,故 $\angle DAB<30°$.又 $\angle DAE\geqslant 60°$,故 $\angle EAB>30°$.于是在 $\triangle CAB$, $\triangle DAB$, $\triangle EAB$ 中, $CA=DA=EA$,而 $\angle DAB<\angle EAB$, $\angle DAB<\angle CAB$,于是 $1\leqslant BD<BC$, $1\leqslant BD<BE$. 证毕.

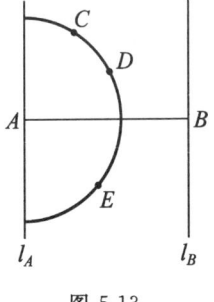

图 5.13

例 3 设 n 点集 F 有 k 种不同距离 $d_1<d_2<\cdots<d_k$,各种距离数依次为 $a_1,a_2,\cdots,a_k$.

证明:对每一个 $i(1 \leqslant i \leqslant k)$,有 $a_i \leqslant \dfrac{n}{4}(1+\sqrt{8n-7})$.

证明 在各点间连线,并设从各点引出的某距离的线段条数为 $x_1, x_2, \cdots, x_n$,则 $a_i = \dfrac{1}{2} \sum\limits_{i=1}^{n} x_i$.

今以每点为圆心,上述距离为半径各作一圆,则这 n 个圆上所含点数分别为 $x_1, x_2, \cdots, x_n$. 每个圆上每两点间有一条弦,由于每条弦至多属于两个圆(3 个半径相等的圆不可能交于同两点),故至少得到 $\dfrac{1}{2}(C_{x_1}^2 + C_{x_2}^2 + \cdots + C_{x_n}^2)$ 条不同的弦,但这些弦都是原 n 点的连线,因此有

$$\frac{1}{2} \sum_{i=1}^{n} \frac{1}{2} x_i(x_i - 1) \leqslant \frac{1}{2} n(n-1),$$

即

$$\sum_{i=1}^{n} x_i^2 - \sum_{i=1}^{n} x_i - 2n(n-1) \leqslant 0.$$

由于 $\sum\limits_{i=1}^{n} x_i = 2a_i$, $\sum\limits_{i=1}^{n} x_i^2 \geqslant \dfrac{1}{n}\left(\sum\limits_{i=1}^{n} x_i\right)^2 = \dfrac{1}{n} \cdot 4a_i^2$,代入上式得 $2a_i^2 - na_i - n^2(n-1) \leqslant 0$,

故

$$a_i \leqslant \frac{n + \sqrt{n^2 + 8n^2(n-1)}}{4} = \frac{n}{4}(1+\sqrt{8n-7}).$$

点评 特别地,$a_k \leqslant n$ 是最佳结果(见例 6,它的推广见例 7). 另外有 $a_1 \leqslant 3n-6$,但这不是最佳的结果,最佳结果见习题 17.

例 4 (埃德尔斯布伦纳-哈伊纳尔(Edelsbrunner-Hajnal)) 设 $f(n)$ 表示凸 n 边形的顶点所确定的单位距离可能出现的最大个数. 证明:$f(n) \geqslant 2n-7$.

证明 设 P, Q, R 是边长为 1 的等边三角形的顶点,按顺时针顺序排

列. $\widehat{QR}$ 是以 P 为圆心,1 为半径的一段圆弧. 类似地,$\widehat{RP}$ 与 $\widehat{PQ}$ 是分别以 Q 与 R 为圆心,1 为半径的圆弧. 称由这三段圆弧围成的区域为**勒洛**(Reuleaux)**三角形**.

设 P_0,Q_0 和 R_0 分别表示 $\widehat{QR}$,$\widehat{RP}$ 和 $\widehat{PQ}$ 的中点. 此外,令 γ_P,γ_Q 和 γ_R 分别表示以 P_0,Q_0 和 R_0 为圆心的单位圆,如图 5.14(A).

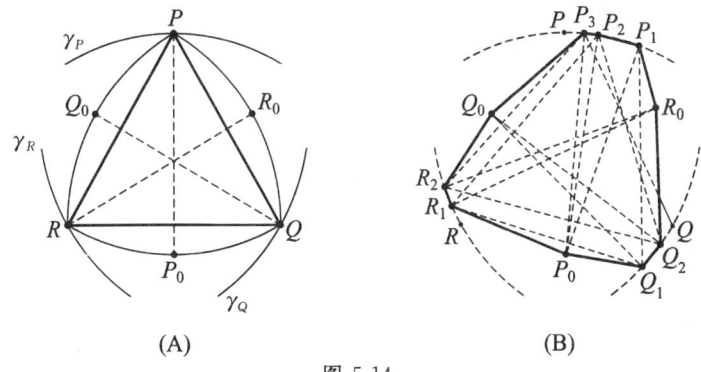

图 5.14

在 γ_P 上取一点 P_1,P_1 接近 P 且按顺时针方向排在 P 后. 于是有一点 $Q_1\in\gamma_Q$,Q_1 接近 Q 且 $P_1Q_1=1$. 易见 Q_1 也按顺时针方向位于 Q 后,且 $Q_1Q<P_1P$. 下面选择一点 $R_1\in\gamma_R$,使其满足 $Q_1R_1=1$ 与 $R_1R<Q_1Q$. 如此进行下去,可以在弧 γ_P,γ_Q 和 γ_R 上进一步放置点 P_2,Q_2,R_2,P_3,Q_3,R_3,$\cdots$,直到集合 $S=\{P_1,Q_1,R_1,P_2,Q_2,R_2,\cdots\}$ 含有恰好 $n-3$ 个点为止,如图 5.14(B). 如果 P_1P 选择得充分小,则 $S\cup\{P_0,Q_0,R_0\}$ 中的所有元素互异,且为凸,即这些点均为凸包顶点.

S 中的所有 $n-3$ 个点到 P_0,Q_0 或 R_0 都是单位距离,S 的元素确定的单位距离出现 $n-4$ 次. 因此,$S\cup\{P_0,Q_0,R_0\}$ 确定至少 $2n-7$ 个单位距离.

例 5 (莫泽(Moser)) 设 C 为凸 n 边形的顶点集. 证明:存在一个顶点,由它出发之互异距离的个数 $\geqslant\dfrac{n}{3}$.

证明 如果 n 个点构成一凸 n 边形,可称它们处于"凸位置".

设 D 为一圆盘,PR 为 D 的一条弦,则 PR 将 D 分成两部分,其中较小的部分称为冠.(如果 PR 是 D 的直径,则两部分均视为冠.)

先看一个引理.设 C' 为一 m 点集,其中所有的点落在由弦 PR 所确定的圆盘的闭冠内,假设 $C' \cup \{P, R\}$ 处于凸位置.如果 $P \notin C'$,则由 P 到 C' 的点的所有 m 个距离互异.引理的结论是显然的.

下面回到原题.设 D 为包含 C 中所有元素的最小圆盘.

如果只有两个点 $P, R \in C$ 落在 D 的边界上,则 PR 必为直径,且由 PR 所确定的两个闭冠中至少有一个含 C 中不同于 P 的至少 $\left\lceil \dfrac{n}{2} \right\rceil$ 个点.

如果 D 的边界上有 C 的两个以上的点,且无两点确定一直径,则可从中选取三点 $P, Q, R \in C$,使得 $\triangle PQR$ 的 3 个角均不是钝角(否则由调整,D 就不是最小圆盘). 由于 C 中的点处于凸位置,$\triangle PQR$ 的内部不含 C 的点,因此,由 $\triangle PQR$ 的边所确定的 3 个冠中至少有一个含 C 中至少 $\left\lceil \dfrac{n}{3} \right\rceil$ 个点.这些点异于对应边的一个端点.

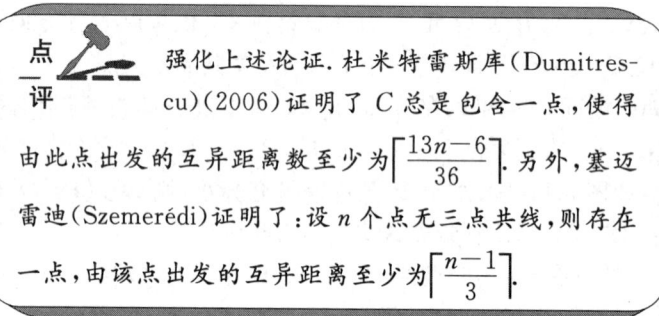

点评 强化上述论证.杜米特雷斯库(Dumitrescu)(2006)证明了 C 总是包含一点,使得由此点出发的互异距离数至少 $\left\lceil \dfrac{13n-6}{36} \right\rceil$. 另外,塞迈雷迪(Szemerédi)证明了:设 n 个点无三点共线,则存在一点,由该点出发的互异距离至少为 $\left\lceil \dfrac{n-1}{3} \right\rceil$.

例 6 (霍普夫(Hopf),潘维茨(Pannwitz),萨瑟兰(Sutherland))设 $F_2(n)$ 表示平面中 n 个点确定的最大距离可能出现的最大次数.证明:$F_2(n) = n$.

证明 设 Ω 是平面 n 点集,且
$$\max\{PQ \mid P, Q \in \Omega\} = 1,$$

当且仅当 $PQ=1$ 时,以线段联结 P,Q,如此构造出图 G.

用归纳法. 结论对 $n=3$ 显然成立. 设 $n>3$,并假设定理对任意小于 n 的整数成立.

如果 G 有一个度至多为 1 的顶点 P,对 $\Omega-\{P\}$ 应用归纳假设,即得
$$|E(G)| \leqslant F_2(n-1)+1=n,$$
因此,以下可以假设 G 的每一个顶点与至少 2 个另外的顶点相邻.

如果 G 的所有顶点的度均为 2,则 $|E(G)|=n$. 假设有一点 P 与另外三点 $Q,R,S \in \Omega$ 相连,其中 $\angle QPR$ 小于 $\angle QPS$,且均不超过 $\frac{\pi}{3}$,如图 5.15(A). 设 T 为 Ω 中异于 P 的点,T 也与 R 相邻,则或者 PS 或者 PQ 不与线段 RT 相交. 不失一般性,假设 PS 与 RT 不相交,但这是不可能的. 因为或 PQ 与 RT 相交且 $ST>1$(由于 $ST+PR>SP+RT$),或两者不相交且 $PT>1$(由于 $\angle PQT>\angle PTQ$).

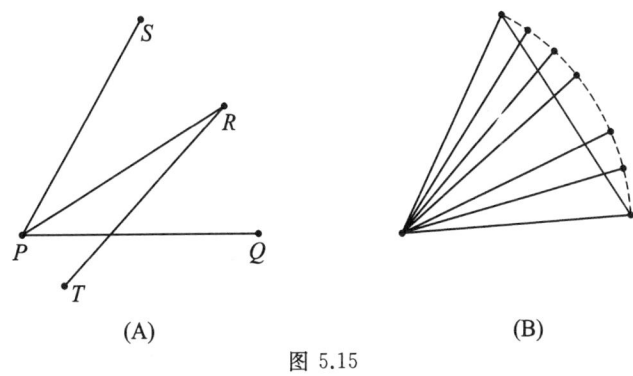

图 5.15

因此,$F_2(n) \leqslant n$,而且图 5.15(B)中给出的例子表明此界可达.

> **点评** 此题曾作为 1965 年第 7 届 IMO 第 6 题,由波兰提供. 注意,例 4 与例 5 是不等式,前者是构造题,后者是存在题. 例 6 则以等式形式出现,既有存在性,也有构造性.

例 7 (格林鲍姆(Grünbaum),黑佩斯(Heppes),斯特拉谢维奇(Straszewicz))设 $F_3(n)$ 表示空间中 $n(\geqslant 4)$ 个点确定的最大距离可能出现的最大次数.证明:$F_3(n)=2n-2$.

证明 对 n 用归纳法.结论对 $n=4$ 显然正确.现假设结论对任何小于 n 的整数均正确.在 $\mathbf{R}^3$ 中固定一 n 点集 K,其直径 $\max_{P,Q\in K} PQ=1$.当且仅当 K 中的两点距离为 1 时,以线段联结它们.

如果 K 中有一点 P 与另外至多两点相连,则对集合 $K-\{P\}$ 应用归纳假设.可得由 K 所确定的单位距离数至多为
$$F_3(n-1)+2=2n-2.$$

因此,可以假设 K 的每一个点与至少 3 个其他点相连,且这些点均是 K 的凸包的顶点.以每一点 $P\in K$ 为中心画一单位球 $B(P)$,令
$$C=\bigcap_{P\in K} B(P).$$

显然,C 是一个由球形"面"与分离它们的圆弧("边")围成的凸集(球形多胞形).设 N,F,E 分别表示 C 的顶点数、面数、边数.注意到 $F=n$,因为由归纳可知每一个 $B(P)$ 对 C 的边界恰好贡献一个面.另一方面,$N\geqslant n$,如果 C 有一顶点不属于 K,则其中严格不等式成立.

C 的每一个顶点 X 与 C 的至少 3 条边关联.而且,如果 $X\in K$,则 C 的与 X 关联的边数等于满足 $XQ=1$ 的点 $Q\in K$ 的个数.对 C 的边重复计数,得到
$$2F_K+3(N-n)\leqslant 2E,$$
其中 F_K 表示 K 确定的单位距离数.

由欧拉多面体公式,
$$N-E+F=2,$$
因此
$$\begin{aligned}
2F_K &\leqslant 2E-3(N-n)\\
&=2(N+F-2)-3(N-n)\\
&=2(n+F-2)-(N-n)\\
&\leqslant 2(n+n-2)-0\\
&=2(2n-2).
\end{aligned}$$

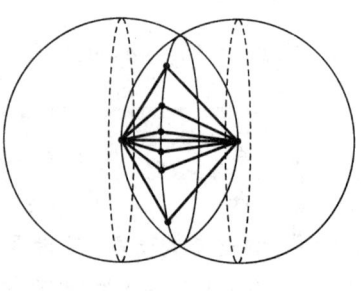

图 5.16

图 5.16 说明 $n=8$ 时 $F_3(n)\geqslant 2n-2$,

故 $F_3(n) = 2n - 2$.

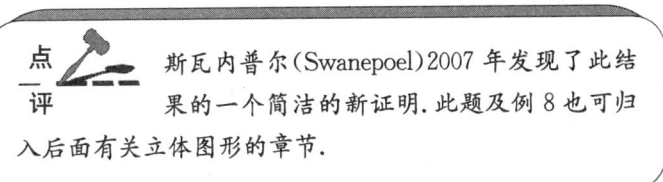

点评 斯瓦内普尔(Swanepoel) 2007 年发现了此结果的一个简洁的新证明. 此题及例 8 也可归入后面有关立体图形的章节.

例 8 边长为 1 的立方体内部或边界上有 8 个点. 证明: 必有两点间距离 $\leqslant 1$.

证明 如图 5.17, 将立方体 $A_1A_2A_3A_4$-$A_5A_6A_7A_8$ 放入空间直角坐标系中, 顶点坐标均已标好. 要讨论的 8 个点 $P_1, P_2, \cdots, P_8$ 在立方体内部或边界上.

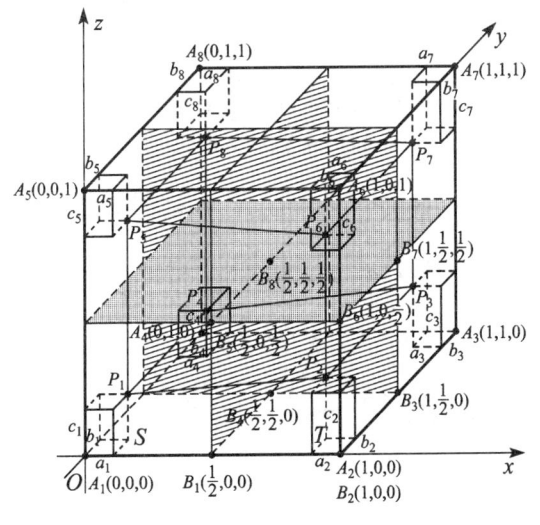

图 5.17

图中 3 个阴影面是立方体的"中截面", 它们把立方体分成 8 个全等的小立方体. 易知小立方体的直径为 $\dfrac{\sqrt{3}}{2} < 1$. 若 8 个点中没有两点间

123

距离≤1,则每个小立方体中不可能有两点.于是,每个小立方体中恰有 $P_1, P_2, \cdots, P_8$ 中的一点.如图所示,不妨设 P_i 在以 $A_i(1 \leq i \leq 8)$ 为顶点的小立方体内.

注意图中每个 P_i 对应 3 个非负数 $a_i, b_i, c_i (1 \leq i \leq 8)$,分别是 P_i 至立方体 A_i 的 3 个面的距离.特别地,(a_1, b_1, c_1) 是 P_1 的坐标.

下面先证明,如题目结论不成立,则对所有 a_i, b_i, c_i,有
$$0 \leq a_i, b_i, c_i < \frac{1}{3}, 1 \leq i \leq 8.$$

由对称性,只需证 $0 \leq a_1, b_1, c_1 < \frac{1}{3}$;又由对称性,只需证 $a_1 < \frac{1}{3}$ 即可.

用反证法,设 $\frac{1}{3} \leq a_1 \leq \frac{1}{2}$.另外,易知有 $0 \leq b_1 \leq \frac{1}{2}, 0 \leq c_1 \leq \frac{1}{2}$.此时可证得 $P_1 P_2 < 1$.这是因为:首先,如一凸多面体所有顶点均在一个球内,则该凸多面体完全在球内.

如图,由于 P_2 在小立方体 $B_1 B_2 B_3 B_4 - B_5 B_6 B_7 B_8$ 内(B_2 即 A_2),于是有
$$P_1 P_2 \leq \max\{P_1 B_i, 1 \leq i \leq 8\},$$
下面只要证明 $\max\{P_1 B_i, 1 \leq i \leq 8\} < 1$ 即可.

显然有 $\quad P_1 B_1, P_1 B_5, P_1 B_4, P_1 B_8 \leq \frac{\sqrt{3}}{2} < 1.$

下证 $P_1 B_2 < 1$,即 $\sqrt{(a_1-1)^2 + b_1^2 + c_1^2} < 1$.

由于 $a_1 \geq \frac{1}{3}, b_1 \leq \frac{1}{2}, c_1 \leq \frac{1}{2}$,故

$$上式 \leq \sqrt{\left(\frac{2}{3}\right)^2 + \left(\frac{1}{2}\right)^2 + \left(\frac{1}{2}\right)^2} = \sqrt{\frac{17}{18}} < 1.$$

同理可证,$P_1 B_3, P_1 B_7, P_1 B_6$ 均 < 1.

于是,由前所述,有 $0 \leq a_i, b_i, c_i < \frac{1}{3}, 1 \leq i \leq 8.$

下面证明
$$P_1 P_2 + P_2 P_3 + P_3 P_4 + P_4 P_1 + P_1 P_5 + P_2 P_6 + P_3 P_7 + P_4 P_8$$
$$+ P_5 P_6 + P_6 P_7 + P_7 P_8 + P_8 P_5 \leq 12,$$ 于是必有一条线段 ≤ 1.

如图,由勾股定理,有
$$P_1P_2^2 = ST^2 + (c_1-c_2)^2 = (1-a_1-a_2)^2 + (b_1-b_2)^2 + (c_1-c_2)^2$$
$$\leq (1-a_1-a_2)^2 + b_1^2 + b_2^2 + c_1^2 + c_2^2.$$

由于 $a_1 < \frac{1}{3}, a_2 < \frac{1}{3}, b_1, b_2, c_1, c_2 < \frac{1}{3}$,故 $1-a_1-a_2 > \frac{1}{3}$,于是
$$b_1^2 \leq b_1(1-a_1-a_2),\ b_2^2 \leq b_2(1-a_1-a_2),$$
$$c_1^2 \leq c_1(1-a_1-a_2),\ c_2^2 \leq c_2(1-a_1-a_2),$$

代入上式,得
$$P_1P_2^2 \leq (1-a_1-a_2)^2 + (1-a_1-a_2)\cdot(b_1+b_2+c_1+c_2)$$
$$\leq (1-a_1-a_2)^2 + (1-a_1-a_2)(b_1+b_2+c_1+c_2)$$
$$+ \frac{(b_1+b_2+c_1+c_2)^2}{4}$$
$$= \left(1-a_1-a_2+\frac{b_1+b_2+c_1+c_2}{2}\right)^2,$$

此即 $P_1P_2 \leq 1-a_1-a_2+\frac{b_1+b_2+c_1+c_2}{2}$.

同理,有 $P_2P_3 \leq 1-b_2-b_3+\frac{a_2+a_3+c_2+c_3}{2},\cdots$

于是,$P_1P_2+P_2P_3+\cdots+P_8P_5 \leq 1-a_1-a_2+\frac{b_1+b_2+c_1+c_2}{2}+1-b_2-b_3+\frac{a_2+a_3+c_2+c_3}{2}+\cdots+1-b_5-b_8+\frac{a_5+a_8+c_5+c_8}{2}$.

注意右式中 $a_i, b_i, c_i (1 \leq i \leq 8)$ 正好全部约去,该式 $= 12$,于是结论成立. 当且仅当所有 $a_i = b_i = c_i = 0 (1 \leq i \leq 8)$ 时取到等号.

点评 奥数王国波兰的这道压轴题结论很显然,但却并不好处理(要不然怎么会成为最后一题). 注意里面有调整的思路.

习题 5.c

1. 令 P_k 表示相互距离有 k 种时平面上的最多点数,S_k 表示空间中的相应数字. 求 P_k,$S_k(k\leqslant 2)$ 的值.

2. $A_0A_1\cdots A_n\cdots$ 是一条无限的平面折线,起点 A_0 的坐标是 $(0,1)$,折线按顺时针方向环绕着坐标原点 O. 它的第一段长度为 2 且与第四象限的角平分线平行,以后的每一段都与前一段交成直角,并与某一条坐标轴相交于一个点,长度则等于此时可能的最小整数值. 将距离 OA_n 记作 r_n,将折线的头 n 段长度之和记作 s_n. 求证:对于任意给定整数 k,必有充分大的 n,满足 $\frac{s_n}{r_n}>k$.

3. 在半径为 1 的圆内分布着 n 个点. 证明:在圆内或圆周上可以找到一个点,它与所有这些点的距离之和不小于 n.

4. 有一个凸 $k(>6)$ 边形周长为 2. 将其各边中点依次联结,形成新的凸 k 边形. 证明:其周长大于 1.

5. 一张纸上有一个墨渍,对于墨渍中的每个点都确定出它到墨渍边界的最大距离和最小距离. 试比较最大距离中最小值与最小距离中最大值的大小. 若这两个值相等,试确定墨渍的形状.

6. 在半径为 10 米的圆形表演场地中,有一头狮子沿着折线共跑了 30 公里. 证明:它在拐弯中所转过的角度之和不小于 2998 弧度.

7. 在 A 国内,城市之间都有公路相连,每条公路之长都小于 500 公里,而且从任何城市到另外任一城市沿公路行程也都少于 500 公里. 每当一条公路关闭修理时,由每个城市都仍可沿着其余公路到达另外任一城市. 证明:此时由任一城市沿公路到另外任一城市时,行程少于 1500 公里.

8. 在半径为 1 的圆内引出若干条弦. 证明:如果每条直径至多与 k 条弦相交,那么弦的长度和小于 $k\pi$.

9. (格雷厄姆(Graham))已知边长为 1 的正方形内部及边界上有

6 个点. 求证:必定有两点的距离不大于 $\frac{\sqrt{13}}{6}$.

10. 在平面上分布着一些已知直线和点. 证明:平面上存在一点 A,它不重合于任何已知点,并且它到任何已知点的距离都大于它到任何已知直线的距离.

11. 在长度为 1 的线段上标出了一些区间,不论是同一区间或是不同区间中的任何两点的距离都不等于 0.1. 证明:所标出的长度之和不超过 0.5.

12. 证明:正 n 边形中心到顶点距离之和,小于其他任何点到各顶点距离之和.

13. 证明:凸 n 边形中的任何一点到顶点距离之和,与到对边距离之和之比不小于 $\sec\frac{\pi}{n}$.

14. 在大小为 3×4 的矩形中分布着 4 个点. 证明:其中必有某两点间的距离不超过 $\frac{25}{8}$.

15. 在平面上画一个正方形和正三角形. 证明:在正方形的各个顶点同正三角形的各个顶点之间的距离中,必有某者为无理数.

16. n 个点的相互距离中有 k 个不同的值. 证明:$k\geqslant \sqrt{n-1}-1$.

17. (哈博特(Harborth))设 $f_2(n)$ 表示平面上 n 个点中最小距离可能出现的最大次数. 证明:$f_2(n)=[3n-\sqrt{12n-3}]$.

18. 在某片树林中有 $n(\geqslant 3)$ 个鸟巢,而且它们之间的距离不相等. 每一个巢中各有一只鸟,在某一时刻某些鸟离开自己的巢而飞落到其他的巢中. 如果某一对鸟之间的距离小于另外一对鸟之间的距离(一只鸟可以与其他任何已知鸟结成"一对"),那么在飞落之后,第一对鸟之间的距离就大于第二对鸟之间的距离. 问:当 n 取何值时能做到这一点?

19. 平面上有 m 个同心圆,它们的并集记为 M. 求映射 $f:M\to M$,使得对于 M 中的任意两点 A,B,都有 $d(f(A),f(B))\geqslant d(A,B)$,这里 $d(X,Y)$ 表示点 X,Y 之间的距离.

20. 将平面任意五染色. 证明:存在两点同色,且距离在

(0.9999,1.0001)之间.

21. (李普曼(Lipman))对单位正方形的点进行任意三染色.求证：必有同色点之间的距离不小于 $\dfrac{\sqrt{65}}{8}$.

22. 在周长为 15 的圆周上取了 n 个点.现知对其中的每个点,都可以刚好从中找到 1 个与其距离为 1 的点,也可以刚好从中找到 1 个与其距离为 2 的点(点与点的距离均按弧长计算).证明:n 是 10 的倍数.

23. 证明:每个二维有界集 X 都可以分解为 3 个集合 X_1, X_2, X_3,满足 $d(X_i) \leqslant \dfrac{\sqrt{3}}{2} d(X)$,其中常数 $\dfrac{\sqrt{3}}{2}$ 为最佳.(事实上,直径为 1 的图形可由 3 个直径不超过 $\dfrac{\sqrt{3}}{2}$ 的圆覆盖).

24. 证明:对任意正整数 n,平面上存在一个有限点集 A,使得 A 中的每个点都恰与 A 中的 n 个点距离为 1.

25. 集合 M 由 k 条两两不相交、且在一条直线上的线段组成.已知,可以把长度不超过 1 的任何线段放在直线上,使它的两个端点属于集合 M.证明:组成集合 M 的所有线段长度之和不小于 $\dfrac{1}{k}$.

26. 一个国王打算建造 n 个城市,并在它们之间修建 $n-1$ 条道路,使得从每一个城市都可以通往任何其他的城市(每一条道路联结两个城市,所有道路不相交,并且不穿过别的城市).国王要求:沿着道路网,两个城市之间的最短距离分别为 $1, 2, 3, \cdots, \dfrac{1}{2}n(n-1)$.求证:$n$ 或 $n-2$ 是完全平方数.

27. (塞迈雷迪(Szemerédi))设 P 为平面中无三点共线的 n 点集.证明:存在点 Q,由 Q 出发的互异距离数至少为 $\dfrac{1}{3}(n-1)$.

28. (黑佩斯(Heppes),雷韦斯(Révész))设 P 为 $\mathbf{R}^d (d \leqslant 3)$ 中的有限点集.证明:必可将 P 划分成至多 $d+1$ 个直径更小的子集.

29. 在边长为 1 的正方形内有条折线,长度为 L,已知正方形上的每个点与这些折线段的距离小于 ε.证明:$L \geqslant \dfrac{1}{2\varepsilon} - \dfrac{\pi\varepsilon}{2}$.

30. 在边长为 100 的正方形内有条折线 L,它具有这样的性质:正方形的任意点离开 L 不大于 0.5. 证明:在 L 上有两点,它们之间的距离不大于 1,而沿着 L 来走时,它们之间的距离不小于 198.

31. (爱尔特希(Erdös)) 设 $f_2(n)$ 表示平面上 n 个点中给定距离(不妨设为 1)可能出现的最大次数. 运用图论知识证明:存在常数 $c>0$,使得 $f_2(n) \leqslant cn^{\frac{3}{2}}$.

32. (斯潘塞(Spencer),塞迈雷迪(Szemerédi),特罗特(Trotter)) 设 $f_2(n)$ 表示平面上 n 个点中给定距离(不妨设为 1)可能出现的最大次数. 证明:存在常数 $c>0$,使得 $f_2(n) \leqslant cn^{\frac{4}{3}}$.

33. (莱夫曼(Lefmann),蒂勒(Thiele)) 设 P 为平面上无三点共线的 n 点集,$d_1,d_2,\cdots,d_k$ 为 P 的互异距离,s_i 表示 d_i 之重数($1 \leqslant i \leqslant k$),即距离为 d_i 的点对的个数. 证明:$\sum_{i=1}^{k} s_i^2 \leqslant \frac{3}{4} n^2(n-1)$.

34. 设 h_k 是圆内接正 k 边形的边心距,且这个圆的半径为 R. 证明:$(n+1)h_{n+1} - nh_n > R$.

35. 在桌子上放着 50 块走时准确的手表. 证明:在某一时刻,从桌子中心到各分针末端的距离之和大于从桌子中心到各手表中心的距离之和.

36. 在凸 12 边形内给定两点,它们彼此相距 10 厘米. 证明:这两个点到 12 边形各顶点距离之和的差小于 1 米.

37. 有 n 条长度为 1 的线段相交于同一点,以这些线段的端点为顶点可得一 $2n$ 边形. 证明:这个 $2n$ 边形中至少有一条边不小于直径为 1 的圆内接正 $2n$ 边形的边.

§5.4 面 积

面积是几何中最重要的概念之一,是平面几何与组合几何命题的热点.组合几何问题的一大特点,就是往往不能用常规方法加以解决,例如解析几何方法就常常毫无用武之地.面积问题也不例外.有一些面积问题可归结为几何不等式,我们这里的分类则视其命题构造的复杂程度而定.

关于面积,有如下著名结果(读者也可以尝试着证明一下).

定理1(等周不等式)   任一平面有界凸形的面积为 S,周长为 L,则有 $S \leq \dfrac{L^2}{4\pi}$,当且仅当该图形是一个圆时等式成立.

定理2(斯泰纳(Steiner))   凸 n 边形各边依次确定,则当其内接于圆时面积最大(读者可考虑各边是否计顺序);凸 n 边形只有一条边不确定,则当该边为半圆直径(所有边的端点均在半圆周上)时面积最大.

例1   证明:在各内角和周长均给定的所有凸 n 边形中,圆外切 n 边形具有最大面积.

证明   由相似的知识知,只需证明:在所有具有给定顶角大小的多边形中,面积与周长的平方之比最大的是圆外切多边形.先证 $n=4$ 时的情形.

首先,假设四边形 $ABCD$ 是有一角为 α 的平行四边形,$ABCD$ 的边长为 a 和 b.这时,对于 $ABCD$ 来说,面积与周长的平方之比等于 $\dfrac{ab\sin\alpha}{4(a+b)^2} \leq \left(\dfrac{a+b}{2}\right)^2 \cdot \dfrac{\sin\alpha}{4(a+b)^2} = \dfrac{1}{16}\sin\alpha$,并且仅当 $a=b$ 时等式成立,

即 $ABCD$ 是菱形. 显然, 菱形是圆外切四边形.

现在假定, $ABCD$ 不是平行四边形. 这时, 延长它的某两条边必相交. 为确定起见, 设射线 AB 和 DC 相交于 E, 引直线 $B'C' \parallel BC$, 它与 $\triangle AED$ 的内切圆相切 (如图 5.18), 点 B' 和 C' 分别位于边 AE 和 DE 上.

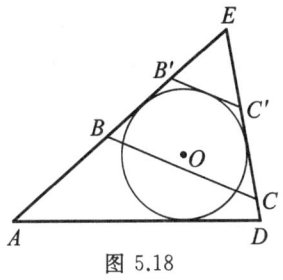

图 5.18

$\triangle AED$ 的内切圆半径用 r 表示, 而它的圆心是 O. 这时,

$$S_{\triangle EB'C'} = S_{\triangle EB'O} + S_{\triangle EC'O} - S_{\triangle OB'C'} = \frac{1}{2}r(EB' + EC' - B'C') = qr,$$

其中 $q = \frac{1}{2}(EB' + EC' - B'C')$. 因此

$$S_{ABCD} = S_{\triangle AED} - S_{\triangle EBC} = S_{\triangle AED} - K^2 S_{\triangle EB'C'} = Pr - K^2 qr,$$

其中 P 是 $\triangle AED$ 的周长的一半, $K = \dfrac{EB}{EB'}$. 现在计算四边形 $ABCD$ 的周长. 四边形 $ABCD$ 与 $\triangle EBC$ 的周长之和等于 $\triangle AED$ 的周长与 $2BC$ 的和. 因此, 四边形 $ABCD$ 的周长等于

$$2P - (EB + EC - BC) = 2P - 2Kq.$$

因而, 四边形 $ABCD$ 的面积与它的周长的平方之比等于 $\dfrac{Pr - K^2 qr}{4(P - Kq)^2}$. 对于外切四边形 $AB'C'D$, 这个比值等于 $\dfrac{Pr - qr}{4(P - q)^2}$, 因为此时 $K = 1$.

剩下的就是证明 $\dfrac{Pr - K^2 qr}{4(P - Kq)^2} \leqslant \dfrac{Pr - qr}{4(P - q)^2}$, 即 $\dfrac{P - K^2 q}{(P - Kq)^2} \leqslant \dfrac{1}{P - q}$ (因为 $P > q$, 能约去因子 $P - q$). 不等式 $(P - K^2 q)(P - q) \leqslant (P - Kq)^2$ 是成立的, 因为它等价于不等式 $-Pq(1 - K)^2 \leqslant 0$. 等号仅当 $K = 1$ 时才成立, 即 $ABCD$ 是圆的外切四边形.

当 $n \geqslant 5$ 时, 首先证明 n 边形中一定有一条边, 与它邻接的两个角的和大于 $180°$. 这是因为所有与边相邻接的一对角的总和等于 n 边形所有角的和的两倍, 所以与某边相邻接的两角之和不小于 $\dfrac{n-2}{n} \cdot 360°$ $\geqslant 360° \cdot \dfrac{3}{5} > 180°$.

为确定起见,设顶角 $\angle A_1$ 和 $\angle A_2$ 的和大于 $180°$. 这时,射线 A_nA_1 和 A_3A_2 相交于点 B,如图 5.19(A). 考虑 n 边形 $A_1'A_2'\cdots A_n'$,它的边与 n 边形 $A_1A_2\cdots A_n$ 的边平行,又外切于一个圆,如图 5.19(B). 用点 B' 表示射线 $A_n'A_1'$ 和 $A_3'A_2'$ 的交点. 为了简化计算,我们假定 $(n-1)$ 边形 $BA_3A_4\cdots A_n$ 和 $B'A_3'A_4'\cdots A_n'$ 周长一样,都等于 P(这从多边形的相似变换能够得到).

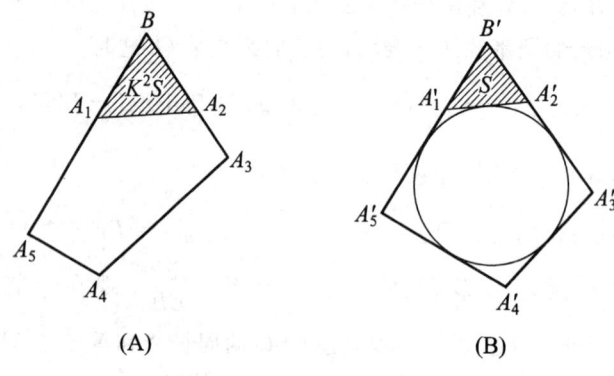

图 5.19

多边形 $A_1'A_2'\cdots A_n'$ 的内切圆半径用 r 表示. 这时,$B'A_3'A_4'\cdots A_n'$ 的面积等于 $\frac{1}{2}rP$. 按归纳假设,$(n-1)$ 边形 $BA_3A_4\cdots A_n$ 的面积不大于 $(n-1)$ 边形 $B'A_3'A_4'\cdots A_n'$ 的面积,即它等于 $\frac{1}{2}\alpha rP$,这里 $\alpha \leqslant 1$. 仅当多边形 $BA_3A_4\cdots A_n$ 外切于一个圆时,$\alpha=1$. 用 S 表示 $\triangle A_1'A_2'B'$ 的面积,用 K 表示 $\triangle A_1A_2B$ 和 $\triangle A_1'A_2'B'$ 的相似系数. 这时,$\triangle A_1A_2B$ 的面积等于 K^2S. 显然,$S = \frac{1}{2}r \cdot A_1'B' + \frac{1}{2}r \cdot A_2'B' - \frac{1}{2}r \cdot A_1'A_2' = \frac{1}{2}rq$,其中 $q = A_1'B' + A_2'B' - A_1'A_2'$. 因此,多边形 $A_1'A_2'\cdots A_n'$ 和 $A_1A_2\cdots A_n$ 的面积分别等于 $\frac{1}{2}r(P-q)$ 和 $\frac{1}{2}r(\alpha P - K^2 q)$,而周长分别等于 $P-q$ 和 $P-Kq$. 剩下的就是证明:
$$\frac{\alpha P - K^2 q}{(P - Kq)^2} \leqslant \frac{P-q}{(P-q)^2} = \frac{1}{P-q},$$
并且等式仅当 $\alpha=1$ 和 $K=1$ 时才成立(由 $\alpha=1$ 得到多边形 $BA_3A_4\cdots$

A_n 和 $B'A_3'A_4'\cdots A_n'$ 全等. 如果还有 $K=1$,那么 $\triangle A_1A_2B \cong \triangle A_1'A_2'B'$,即多边形 $A_1A_2\cdots A_n$ 和 $A_1'A_2'\cdots A_n'$ 全等). 简单的计算表明,不等式 $(P-q)(\alpha P-K^2 q) \leqslant (P-Kq)^2$ 等价于不等式 $0 \leqslant Pq(1-K)^2 + (1-\alpha)(P-q)P$. 后边的不等式是成立的,并且仅当 $K=1$ 且 $\alpha=1$ 时等号成立.

例 2 已知平面上有五点 A,B,C,D,E,点 D,E 在 $\triangle ABC$ 内,无三点共线,且 $S_{\triangle ABC}=1$. 求证:以这五点中任三点为顶点的三角形中,必有一个的面积 $\leqslant 1-\dfrac{\sqrt{3}}{2}$,且此下界不可改进.

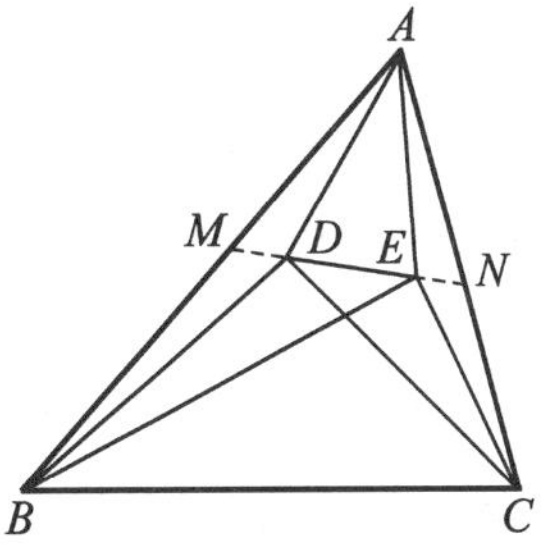

证明 如图 5.20,将 DE 向两边延长后一定与 $\triangle ABC$ 某两边相交,不妨设与 AB,AC 分别交于点 M,N.

记 $k=\min(S_{\triangle ABD}, S_{\triangle ACE}, S_{\triangle DEB}, S_{\triangle DEC})$,我们证明 $k \leqslant 1-\dfrac{\sqrt{3}}{2}$.

图 5.20

记 $\dfrac{BM}{AM}=p, \dfrac{CN}{AN}=q, \dfrac{MD}{MN}=a, \dfrac{EN}{MN}=b, \dfrac{DE}{MN}=c$,则 $a+b+c=1$,不妨设 $p \leqslant q$.

易知
$$S_{\triangle ABD}=\dfrac{a}{1+q}, \quad S_{\triangle ACE}=\dfrac{b}{1+p},$$
$$S_{\triangle BDE}=\dfrac{cp}{(1+p)(1+q)} \leqslant \dfrac{cp}{(1+p)^2}.$$

于是 $a \geqslant (1+q)k, b \geqslant (1+p)k$,

故 $c \leqslant 1-(2+p+q)k \leqslant 1-2k(1+p), \dfrac{p-2kp(1+p)}{(1+p)^2} \geqslant S_{\triangle BDE} \geqslant k$,

即 $k(2p(1+p)+(1+p)^2) \leqslant p$,

或 $k \leqslant \dfrac{p}{3p^2+4p+1} = \dfrac{1}{3p+\dfrac{1}{p}+4} \leqslant \dfrac{1}{2\sqrt{3}+4} = 1-\dfrac{\sqrt{3}}{2}$,

其中不等式是算术平均不小于几何平均.

令 $p=q=\frac{1}{\sqrt{3}}, a=b=\frac{1}{2}-\frac{\sqrt{3}}{6}$,可知 $1-\frac{\sqrt{3}}{2}$ 不可改进.

> **点评** 类似地,读者可研究单位面积三角形内有 4(或 5)个点,求以这些点为顶点的三角形中最小面积之最大值. 正方形也是大家感兴趣的,若单位面积正方形内部或边上放 n 点,记任三点组成的三角形最小面积之最大值为 $g(n)$,则 $g(5)=\frac{\sqrt{3}}{9}$,$g(6)=\frac{1}{8}$. 有兴趣的读者可尝试证明(较复杂).

例 3 已知一凸多边形 $A_1A_2\cdots A_n$,由其中任 3 个顶点组成的三角形中,最小面积为 $S_\triangle$,设该凸多边形面积为 S_n. 求证:$S_\triangle < \frac{32\pi}{n^3}S_n$.

证明 三次方是不能再改进的. 我们一步一步完成这个证明. 首先有如下原理:

面积伸缩原理 将直角坐标系中一个凸多边形的每个顶点 (x_i, y_i) 变成 (x_i, ky_i),则原来的面积 S 与变换后的面积 S_k 满足 $S_k = kS$. 这里 k 是任意正数. 这一结果可推广到一般图形.

这个结论明显成立,比如从三角形开始就可以归纳证明. 易知凸形经伸缩后仍为凸形.

另外一个需要用到的是著名的不等式(弧度制):
$$\sin\theta < \theta \left(0 < \theta < \frac{\pi}{2} \text{ 时}\right).$$

下面我们正式进入证明.

不妨设凸多边形 Ⅰ 的直径(顶点距离的最大值)为 a,将它放入坐标系,使直径两端坐标分别是原点与 $(a, 0)$,易知 y 轴与直线 $x=a$ 均为凸形 Ⅰ 的支撑线. 再作平行于 x 轴的两根支撑线,并设 Ⅰ 上的两

点 A,B 分别在上下两根支撑线上,如图 5.21(A)所示. 设上下两根支撑线之间的距离为 $b(\leqslant a)$,然后把所有 Ⅰ 的顶点的纵坐标均乘以 $k\left(=\dfrac{a}{b}\right)$,得图 5.21(B),此时四根支撑线构成边长为 a 的正方形,点 A,B 分别对应于点 A',B'.

设凸形 Ⅰ,Ⅱ 的周长分别为 C_n 与 C'_n,凸形 Ⅱ 的面积为 S'_n.

由外包线大于内包线,有 $C'_n<4a$;由 Ⅱ 是凸形,可知 S'_n 大于图 5.21(B)中虚线围成的四边形面积 $\dfrac{1}{2}a^2$. 于是有

$$C'^2_n<16a^2<32S'_n. \tag{1}$$

若设凸形 Ⅱ 中最小的顶点三角形面积为 $S'_\triangle$,易知 $S'_\triangle=kS_\triangle$,而 $S'_n=kS_n$,故有

$$\dfrac{S_\triangle}{S_n}=\dfrac{S'_\triangle}{S'_n}. \tag{2}$$

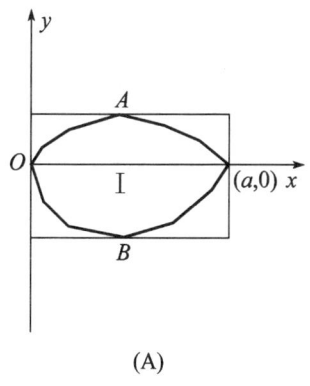
(A)

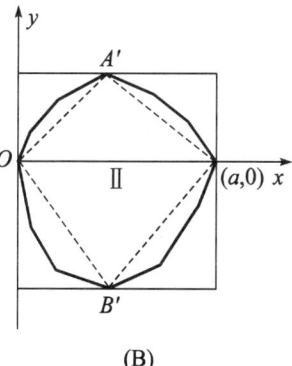
(B)

图 5.21

不妨设凸形 Ⅱ 是 $A_1A_2\cdots A_n$,现研究其所有的周边三角形 $\triangle A_iA_{i+1}A_{i+2}(1\leqslant i\leqslant n, A_{n+1}=A_1, A_{n+2}=A_2)$,易知 $S'_\triangle\leqslant S_{\triangle A_iA_{i+1}A_{i+2}}$. 再记 $A_iA_{i+1}=a_i$,而 $\theta_i=\pi-\angle A_{i-1}A_iA_{i+1}(A_0=A_n, 1\leqslant i\leqslant n)$,于是 $\theta_1+\theta_2+\cdots+\theta_n=2\pi$,所以

$$S_{\triangle A_iA_{i+1}A_{i+2}}=\dfrac{1}{2}a_ia_{i+1}\sin\theta_{i+1},$$

故有 $S'^n_\triangle\leqslant$ 所有周边三角形面积之积 $=\dfrac{1}{2^n}a_1^2a_2^2\cdots a_n^2\sin\theta_1\sin\theta_2\cdots\sin\theta_n$

$$< \frac{1}{2^n} a_1^2 a_2^2 \cdots a_n^2 \theta_1 \theta_2 \cdots \theta_n$$

$$\leq \frac{1}{2^n} \left(\frac{a_1+a_2+\cdots+a_n}{n} \right)^{2n} \left(\frac{\theta_1+\theta_2+\cdots+\theta_n}{n} \right)^n$$

$$= \frac{1}{2^n} \left(\frac{C_n'}{n} \right)^{2n} \left(\frac{2\pi}{n} \right)^n.$$

由式(1),得 $\quad S_\triangle' < \frac{1}{2} \frac{C_n'^2 \cdot 2\pi}{n^3} < \frac{32\pi S_n'}{n^3},$

由式(2),得 $\quad \frac{S_\triangle}{S_n} < \frac{32\pi}{n^3}.$

证毕.

> **点评** 此题的较难之处是得出式(1),后面倒比较容易想到. 在应用算术-几何平均不等式时,只能得到最小三角形面积与周长的平方的关系,若再用面积不等式就反向了(等周不等式 $C^2 \geq 4\pi S$,此处 C, S 分别是凸形的周长与面积).于是通过伸缩变换,到另一个图形去"转了一圈",才得到正向的不等式. 这个想法是比较巧妙的,不过"损失"也不小,系数 32π 应该可以降下来.

例4 对任一图形 F(非凸的多边形),它的弦定义为两个端点在 F 的边上,而整个线段在图形 F 中.

(1) 是否总存在一条弦,能将整个图形的面积等分?

(2) 试证:存在一条弦,使得它将图形分成的两部分的面积都不小于整个图形面积的 $\frac{1}{3}$,且这个数不能再放大.

解 (1) 答案是否定的. 以图 5.22 为例. 图中 3 个三角形部分都为等边三角形,伸出去的三支互相全等. 只要 3 个大三角形面积足够大,不论如何作弦,都不可能将其等分.

(2) 用反证法,假设不存在一条弦,能将多边形分成两部分,它们的面积都 $\geqslant \frac{1}{3}$ 总面积. 不妨设总面积为 1, 因此不论如何作弦,总有一部分面积 $< \frac{1}{3}$.

显然存在一条弦,将多边形 F 分为两部分,其中一部分 F_1 的面积 $< \frac{1}{3}$,且它是使得面积 $< \frac{1}{3}$ 的弦中包含多边

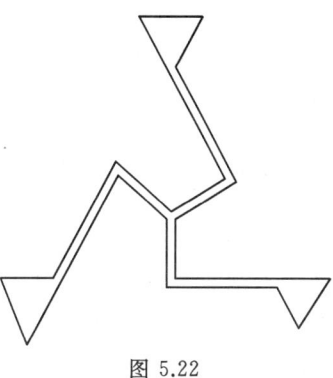

图 5.22

形 F_1 的顶点数最多的弦. 将这条弦记作 AB. 作弦 $CD \parallel AB$,CD 不在 F_1 中. 我们从弦 AB 连续运动到弦 CD,这些弦都不在 F_1 中. 弦 CD 将多边形 F 分为两部分,其中一部分 $F_{11} \supset F_1$,$F_{11} \neq F_1$,所以 F_{11} 的面积大于 F_1 的面积. 如果 F_{11} 的面积 $< \frac{1}{3}$,由 F_1 的选取可知在 AB 运动到 CD 时,不可能碰到多边形 F 的顶点,特别地,点 C 及 D 也不可能为顶点.

再连续作上述运动,直到碰到至少一个顶点,所得的弦为 EF,其中 E 或 F 为顶点,截出的部分记作 F_{21},则有
$$F_{21} \supset F_1, F_{21} \neq F_1,$$
因此 F_{21} 的面积 $\geqslant \frac{1}{3}$,否则 F_{21} 包含的顶点数超过 F_1 所包含的顶点数,这和 F_1 的选取矛盾.

于是 F_1 的面积 $< \frac{1}{3}$,F_{21} 的面积 $\geqslant \frac{1}{3}$,四边形 $ABFE$ 整个落在多边形内部. 显然,必定存在一条弦,它和 AB 平行,且截出部分 F_2 满足
$$F_{21} \supset F_2 \supset F_1.$$

又 F_2 的面积为 $\frac{1}{3}$,因此另一部分 $F - F_2$ 的面积为 $\frac{2}{3}$,这就达到了目的.(证明利用到面积变化是连续的这一事实.)

在图 5.22 中,让 3 个大三角形充分大,可知不可能使 $\frac{1}{3}$ 这个数更大.

例5 有一条由 51 节每节长为 $\sqrt{3}$ 的线段组成的闭折线 $A_1A_2\cdots A_{51}A_1$ 位于一单位圆内.

求证:$\sum_{i=1}^{51} S_{\triangle A_iA_{i+1}A_{i+2}} \geq \frac{9}{4}\sqrt{3}$,这里 $A_{52}=A_1,A_{53}=A_2$.

证明 放置一长度为 $\sqrt{3}$ 的向量于 A_1A_2 处. 第 1 次将该向量绕 A_2 点旋转到达 A_3A_2;第 2 次将上次所得的向量绕 A_3 点旋转到达 A_3A_4. 这样继续进行下去,直到第 51 次之后回到线段 A_1A_2 上,但此时的向量与最初的向量方向正好相反. 由此得知:$\angle A_1A_2A_3,\angle A_2A_3A_4,\cdots,\angle A_{51}A_1A_2$ 这 51 个角之和等于 $k\times 360°+180°$. 于是,这些角绝对值之和大于或等于
$$|k\times 360°+180°|\geq 180°.$$
设这 51 个角的绝对值按从大到小的顺序排列为
$$\theta_1\geq\theta_2\geq\cdots\geq\theta_{51},$$
易知
$$0°<\theta_j<60°,j=1,2,\cdots,51.$$
不妨设
$$\theta_1+\theta_2+\cdots+\theta_{51}=q\times 60°+r°,$$
这里 q 是自然数,r 是实数,并且 $q\geq 3,0\leq r<60$. 我们还定义如下一些量:
$$\varepsilon_1=60°,\varepsilon_2=60°,\cdots,\varepsilon_q=60°,$$
$$\varepsilon_{q+1}=r°,\varepsilon_{q+2}=\varepsilon_{q+3}=\cdots=\varepsilon_{51}=0°,$$
显然 $(\varepsilon_1,\varepsilon_2,\cdots,\varepsilon_{51})$ 能够优控 $(\theta_1,\theta_2,\cdots,\theta_{51})$.

题中所述的 51 个三角形面积之总和为
$$T=\frac{3}{2}(\sin\theta_1+\sin\theta_2+\cdots+\sin\theta_{51}).$$
因为在 $[0°,60°]$ 范围内正弦函数是凹函数,根据凹函数的优控不等式(卡拉马塔(Karamata)不等式),可得
$$T=\frac{3}{2}(\sin\theta_1+\sin\theta_2+\cdots+\sin\theta_{51})\geq\frac{3}{2}(\sin\varepsilon_1+\sin\varepsilon_2+\cdots+\sin\varepsilon_{51})$$
$$=\frac{3}{2}(\sin 60°+\sin 60°+\sin 60°+\cdots)\geq\frac{9}{4}\sqrt{3}.$$

| 点 评 | 这里所谓的"优控",是指满足以下一些条件:
(i) $\varepsilon_1 \geqslant \varepsilon_2 \geqslant \cdots \geqslant \varepsilon_n, \theta_1 \geqslant \theta_2 \geqslant \cdots \geqslant \theta_n$;
(ii) $\sum_{j=1}^{m} \varepsilon_j \geqslant \sum_{j=1}^{m} \theta_j, m=1,2,\cdots,n-1$;
(iii) $\sum_{j=1}^{n} \varepsilon_j = \sum_{j=1}^{n} \theta_j$.
"优控"是一个比较高级、有力的方法.

例 6 在一个边长为 1 的正方形中,有长度之和为 18 的有限条线段,每条线段平行于该正方形的某一条边.若这些线段把正方形划分成若干个两两无内部相交的小区域,求证:这些小区域中至少有一个的面积不小于 0.01.

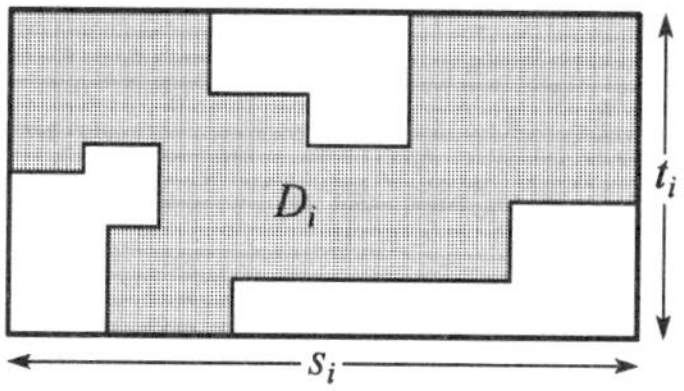

证明 设 $D_1, D_2, \cdots, D_n$ 是题中所说的小区域,它们的面积和周长分别表示为 $A_1, A_2, \cdots, A_n$ 和 $p_1, p_2, \cdots, p_n$. 易知 $\sum_{i=1}^{n} p_i \leqslant 4+2\times 18 = 40$.

图 5.23

任取 D_i,设 Q_i 是包含 D_i 的最小矩形,如图 5.23 所示,其边长分别是 s_i 和 t_i,则
$$p_i \geqslant 2(s_i+t_i), A_i \leqslant s_i t_i,$$
因此, $\sum_{i=1}^{n} \sqrt{A_i} \leqslant \sum_{i=1}^{n} \sqrt{s_i t_i} \leqslant \frac{1}{2} \sum_{i=1}^{n} (s_i+t_i) \leqslant \frac{1}{4} \sum_{i=1}^{n} p_i \leqslant 10.$

如果 $A_i < 0.01, i=1,2,\cdots,n$,则
$$\sum_{i=1}^{n} A_i < \frac{1}{10} \sum_{i=1}^{n} \sqrt{A_i} \leqslant 1,$$
这与 $\sum_{i=1}^{n} A_i = 1$ 矛盾!于是结论成立.

例 7 平面上有 6 点,任意 3 点不共线.以任意 3 点为顶点作一个三角形,求这种三角形中最大面积与最小面积之比的最小值.

解 对于 n 个点,记这样的比值的最小值为 E_n,下证 $E_6=3$.

若有一点在其他点连成的三角形内,则显然有 $E_6 \geqslant 3$,故不妨设 6 点连成凸六边形 $P_1P_2P_3P_4P_5P_6$.过 $\triangle P_1P_3P_5$ 的重心 G 关于各边的对称点作相应边的平行线,连成 $\triangle ABC$(图 5.24).联结各边中点 X, Y, Z.

下面考虑点 P_2 的位置.

(1) 若 P_2 在 $\triangle ABC$ 内(不含边界),则
$$S_{\triangle P_1P_2P_3} < S_{\triangle P_1ZP_3} \leqslant \frac{1}{3} \cdot S_{\triangle P_1P_3P_5};$$

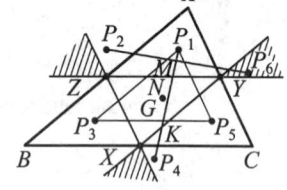

图 5.24

(2) 若 P_2 与 P_6 同在直线 YZ 的上方,则 P_2P_6 交 P_1P_4 于 YZ 上方的点 M.又设 P_1P_4 交 YZ 于 N,交 BC 于 K,易知 $NK=3NP_1$,于是
$$\frac{S_{\triangle P_2P_4P_6}}{S_{\triangle P_1P_2P_6}} = \frac{P_4M}{P_1M} > \frac{NK}{NP_1} = 3.$$

类似地,若 P_4 与 P_2 同在 ZX 的左边,或 P_4 与 P_6 同在 XY 的右边,则 $E_6 > 3$.

若 P_2 在图中阴影区域内,则只须考虑 P_6 在 YZ 下方,P_4 在 ZX 右边的情况.但这时 P_4 与 P_6 同在 XY 右边,因而 $E_6 > 3$.

(3) 如图 5.25,Ⅰ 与 Ⅱ 两部分是对称的.不妨设 $P_2 \in$ Ⅰ,则只有 $P_4 \in$ Ⅲ,$P_6 \in$ Ⅴ 的情形待证.设 P_2P_4 交 BX 于 D,P_4P_6 交 CY 于 E,P_6P_2 交 AZ 于 F,则显然有

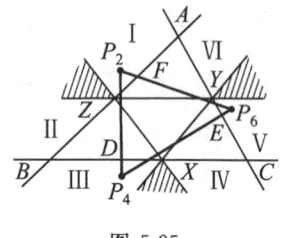

图 5.25

$$S_{\triangle P_2P_4P_6} \geqslant S_{\triangle DEF} \geqslant S_{\triangle DEZ} \geqslant S_{\triangle DZY} = \frac{1}{4} S_{\triangle ABC} = S_{\triangle P_1P_3P_5}.$$

但 $\triangle P_1P_3P_5$ 与 $\triangle P_2P_4P_6$ 是对等的,故可设 $S_{\triangle P_2P_4P_6} \leqslant S_{\triangle P_1P_3P_5}$,从而 $S_{\triangle P_2P_4P_6} = S_{\triangle P_1P_3P_5}$.于是,$P_2$ 与 Z,P_4 与 X,P_6 与 Y 三对点中,至少有两对重合.这又归纳到 (2).

当三对点均重合时，$P_1P_2P_3P_4P_5P_6$ 恰为一仿射正六边形的顶点，这是 $E_6=3$ 成立的唯一情形．从而 $E_6=3$ 得证．

1971 年，爱尔特希（P. Erdös）、迈尔（A. Meir）、绍什（V. Sos）和图兰（P. Turán）证明了 $E_5=\dfrac{\sqrt{5}+1}{2}$，此题也可以作为数学竞赛的练习．估计 E_n 是个大难题．

习题 5.d

1. 证明:两端在圆周上、且平分圆面积的所有曲线中,直径具有最小的长度.

2. 平面上有一个边长为 1 的正方形 $ABCD$,其内部有三点 E,F,G(不在对角线上).求证:在以 A,B,C,D,E,F,G 为顶点的所有三角形中,必有一个面积不大于 $\frac{1}{8}$.如果是内部两点呢?一点呢?(注意这些点中任三点不共线.)

3. (索伊费尔(Soifer))任给一个图形 F,令 $S(F)$ 表示满足下面条件的最小正整数 n:在 F 内部(包括边界)任给 n 个点,使得总存在其中的三点,以它们为顶点的三角形的面积不超过 F 面积的 $\frac{1}{4}$.求对于任意三角形 $T,S(T)$ 的值;对于任意平行四边形 $P,S(P)$ 的值;以及对任意凸图形 $F,S(F)$ 的值.

4. 两个全等矩形的边上共有 8 个交点.证明:公共部分之面积大于每个矩形面积之半.

5. 在平面上有 n 个图形.设 $S_{i_1 i_2 \cdots i_k}$ 是号码分别为 $i_1,i_2,\cdots,i_k$ 的图形的公共部分面积,而 S 是给定图形所覆盖的平面部分的面积.用 M_k 表示所有 $S_{i_1 i_2 \cdots i_k}$ 的和,也就是所有 k 个已知图形相交所可能得到的公共部分图形的面积和.

(1) 证明:$S = M_1 - M_2 + M_3 - \cdots + (-1)^{n+1} M_n$;

(2) 证明:当 m 是偶数时,$S \geq M_1 - M_2 + M_3 - \cdots + (-1)^{m+1} M_m$;当 m 是奇数时,$S \leq M_1 - M_2 + M_3 - \cdots + (-1)^{m+1} M_m$.

6. 在面积为 1 的衣服上有 5 块补丁,并且它们中的每一块的面积不小于 $\frac{1}{2}$.证明:可以找到两块补丁,使之公共部分的面积不小于 $\frac{1}{5}$.

7. 在面积为 6 的正方形里有 3 个面积为 3 的多边形.证明:在它们中间可求出 2 个多边形,使之公共部分的面积不小于 1.

8. 证明:从任何树上都可以扯掉 $\frac{7}{15}$ 的树叶,使得剩下部分的遮阴面积仍不小于原来的 $\frac{8}{15}$(树叶数可认为是 15 的倍数,枝干的粗细不计).

9. 在面积是 5 的矩形中,放着 9 个面积是 1 的矩形.证明:必有两个矩形,其重叠部分的面积不小于 $\frac{1}{9}$.

10. 两个矩形在平面上不重合地叠放在一起,它们的边界上共有 8 个交点.将这些交点每间隔 1 个联结起来得到一个四边形.证明:当一个矩形作平行移动时,四边形的面积不发生变化.

11. 证明:若三角形面积为 1,则其内部或边界上任 5 点中必有 3 点所成的三角形(包括退化的三点共线的三角形)面积 $\leqslant 3-2\sqrt{2}$.

12. 证明:单位面积的凸形内任取 5 个点,必有其中 3 点所成的三角形面积 $\leqslant \frac{2}{5+\sqrt{5}}$.

13. 一凸 n 边形的边两两不平行,给定凸 n 边形内一点.证明:过此点的平分凸 n 边形面积的直线不多于 n 条.

14. 设 P 是一个凸多边形.证明:在 P 内存在一个凸六边形,其面积至少是 P 的面积的 $\frac{3}{4}$.

15. 菱形(大小形状不固定)的 3 个顶点依次在边长为 1 的正方形的边 AB,BC,AD 上,求菱形第 4 个顶点的轨迹所成图形之面积.

16. 证明:平行四边形内三角形面积不大于其半;三角形内平行四边形面积不大于其半.

17. 面积为 S 的 n 边形内接于半径为 R 的圆,在 n 边形的每条边上都标出一个点.证明:由所标点构成的 n 边形周长不小于 $\frac{2S}{R}$.

18. 一正方形和一三角形都外切于半径为 1 的圆.证明:正方形和三角形的公共部分面积大于 3.4.

19. 证明:单位面积凸四边形内任意一点和 4 个顶点组成的 10 个

三角形中,至少有一个面积不超过 $\frac{\sqrt{2}-1}{2}$,且这个界不可改进(此处三点共线的三角形也承认,面积为 0).

20. 证明:单位凸六边形的所有顶点组成的三角形中,必有一个的面积不大于 $\frac{1}{6}$,且此界不可改进.

21. 设凸四边形 $ABCD$ 面积为 1. 求证:可以在它的内部、边上或顶点上找出 4 个点,构成一个面积大于 $\frac{1}{2}$ 的平行四边形.

22. 设 M 是直径为 1 的凸 2000 边形中面积最大的一个. 求证:M 中必有两条相互垂直的对角线.

23. 一个凸图形被两个半径为 1 的圆覆盖,求它的最大面积.

24. 证明:同时平分三角形面积与周长的直线有 1,2 或 3 条.

§5.5 格点和有理点

格点又叫做整点,即坐标都是整数的点.类似地,定义有理点为坐标都是有理数的点.从表面上看,这些点似乎过于整齐单调而没有多少性质,其实它们具有丰富的内涵.有一门几何数论就是专门研究这方面问题的,目前把几何数论混同于组合几何的也不乏其人.这类问题中最著名的是圆内格点计数问题;其次是闵可夫斯基猜测.此外,确定在平面、空间乃至高维推广中最少有多少($f(n)$)个格点,才能保证有 n 个格点其质心(各自坐标的算术平均)也是格点,仍是困扰当今数学界的难题.这是一个与群论等都有联系的重大组合数论问题,似乎与组合几何无关.其实,对于较小的 n,枚举的过程中还是有点几何味道的,这是数学奥林匹克的任务,再上去就是数学研究的范围了,与组合几何确实关系不大,姑且不谈.不过这也说明,数学问题的分类,因其审查角度的不同而可以不同.

关于格点的结论也不少,一些比较有名的如下:

(1) 整点正 n 边形只有 $n=4$ 这一种(但边不一定与坐标轴平行).(空间情形见《数学加德纳》一书,但不放此节.)

(2) 若整点等边 n 边形存在,则 n 为偶数.

(3) 皮克(Pick)定理(与简单多面体的欧拉定理密切相关):一个不自相交的格点多边形(注意不一定凸)的面积 = 内部格点数 + $\dfrac{\text{边界上的格点数}}{2}$ −1. 显然,格点问题与几何、数论的关系都是很密切的.

(4) 闵可夫斯基(Minkowski)定理:一个以原点为对称中心的凸形,若其面积大于 4,则它必覆盖除原点之外的其他整点.(闵可夫斯基定理的高维推广,是开创"数的几何"或几何数论这一分支的基本结论.)

 组合几何

例1 设 p 是一个奇素数，n 为一正整数，在坐标平面上的一个直径为 p^n 的圆周上有 8 个不同的整点. 证明：在这 8 个点中存在 3 个点，以这 3 点为顶点的三角形，其边长的平方均为能被 p^{n+1} 整除的整数.

证明 若 A、B 是两个不同的整点，则 AB^2 是一个正整数. 若给定的素数 p 满足 $p^k | AB^2$，且 $p^{k+1} \nmid AB^2$，则记 $\alpha(AB) = k$. 若 3 个不同整点构成的三角形的面积为 S，则 $2S$ 是一个整数.

由海伦公式及面积公式 $S = \dfrac{abc}{4R}$（其中 a, b, c 为三角形的三边长，R 为三角形外接圆半径），可得 $\triangle ABC$ 的面积与其三边长及直径的两个公式

$$2AB^2 \cdot BC^2 + 2BC^2 \cdot CA^2 + 2CA^2 \cdot AB^2 - AB^4 - BC^4 - CA^4 = 16S^2, \tag{1}$$

$$AB^2 \cdot BC^2 \cdot CA^2 = (2S)^2 p^{2n}. \tag{2}$$

先证一个引理. 设 A, B, C 是直径为 p^n 的圆上的 3 个整点，则 $\alpha(AB), \alpha(BC), \alpha(CA)$ 中要么至少有一个大于 n，要么按照某种次序排列为 $n, n, 0$.

设 $m = \min\{\alpha(AB), \alpha(BC), \alpha(CA)\}$.

由式(1)可得 $p^{2m} | (2S)^2$，所以 $p^m | 2S$.

由式(2)可得 $\alpha(AB) + \alpha(BC) + \alpha(CA) \geqslant 2m + 2n$.

若 $\alpha(AB) \leqslant n, \alpha(BC) \leqslant n, \alpha(CA) \leqslant n$，则

$$\alpha(AB) + \alpha(BC) + \alpha(CA) \leqslant m + 2n,$$

于是 $2m + 2n \leqslant m + 2n$，

这就意味着 $m = 0$.

因此，$\alpha(AB), \alpha(BC), \alpha(CA)$ 中有一项为 0，且另外两项均为 n.

下面证明：在一个直径为 p^n 的圆上的任意 4 个整点中，存在两个整点 P, Q，使得

$$\alpha(PQ) \geqslant n + 1.$$

假设对于这个圆上依次排列的 4 个整点 A,B,C,D 结论不正确. 根据引理,由 A,B,C,D 确定的 6 条线段中有两条线段其端点不同,不妨设为 AB,CD,满足 $\alpha(AB)=\alpha(CD)=0$.

另外 4 条线段满足
$$\alpha(BC)=\alpha(DA)=\alpha(AC)=\alpha(BD)=n.$$

因此,存在不能被 p 整除的正整数 a,b,c,d,e,f,使得
$$AB^2=a, CD^2=c, BC^2=bp^n,$$
$$DA^2=dp^n, AC^2=ep^n, BD^2=fp^n.$$

由于 $ABCD$ 是圆内接四边形,由托勒密定理有
$$\sqrt{ac}=p^n(\sqrt{ef}-\sqrt{bd}),$$

将上式两边平方得 $ac=p^{2n}(\sqrt{ef}-\sqrt{bd})^2,$

所以 $(\sqrt{ef}-\sqrt{bd})^2$ 是有理数.

但 $(\sqrt{ef}-\sqrt{bd})^2=ef+bd-2\sqrt{bdef}$,若它是有理数,则 $\sqrt{bdef}$ 必须是一个整数(当 AB,CD 是对角线时不受影响).

因此,$(\sqrt{ef}-\sqrt{bd})^2$ 是一个整数.

于是,$ac=p^{2n}(\sqrt{ef}-\sqrt{bd})^2$,表明 $p^{2n}|ac$,矛盾.

现在设直径为 p^n 的圆上的 8 个整点为 $A_1,A_2,\cdots,A_8$. 将满足 $\alpha(A_iA_j)\geqslant n+1$ 的线段染成黑色. 顶点 A_i 引出的黑色线段的数目称为 A_i 的次数.

(1) 若有一个点的次数不超过 1,不妨设为 A_8,则至少有 6 个点与 A_8 所连的线段不是黑色的. 设这 6 个点为 $A_1,A_2,\cdots,A_6$. 由拉姆赛定理,一定存在 3 个点,这 3 个点构成的三角形的 3 条边要么全是黑色的,要么全不是黑色的.

对于第一种情形,恰好满足结论要求.

对于第二种情形,不妨设这个三角形为 $\triangle A_1A_2A_3$,于是,4 个点 A_1,A_2,A_3,A_8 中没有一条线段是黑色的,矛盾.

(2) 所有顶点的次数均为 2,于是,黑色线段被分成若干条回路.

如果有一条长度为 3 的由黑色线段组成的回路,则满足结论的要求.

如果所有回路的长度至少为 4,则有两种可能:要么是两条长度均

为 4 的回路,不妨设为 $A_1A_2A_3A_4$ 和 $A_5A_6A_7A_8$;要么是一条长度为 8 的回路,不妨设为 $A_1A_2A_3A_4A_5A_6A_7A_8$.对于这两种情形,A_1,A_3,A_5,A_7 中没有一条黑色的线段,矛盾.

(3) 若有一点的次数至少为 3,不妨设为 A_1,且设 A_1A_2,A_1A_3,A_1A_4 为黑色线段.只要证明在线段 A_2A_3,A_3A_4,A_4A_2 中至少有一条是黑色的.

如果 A_2A_3,A_3A_4,A_4A_2 均不是黑色的,由引理可得 $\alpha(A_2A_3)$,$\alpha(A_3A_4),\alpha(A_4A_2)$ 按某种次序排列分别为 $n,n,0$.

不妨假设 $\alpha(A_2A_3)=0$,设 $\triangle A_1A_2A_3$ 的面积为 S,由式(1)可知 $2S$ 不能被 p 整除.

又因为 $\alpha(A_1A_2) \geqslant n+1, \alpha(A_1A_3) \geqslant n+1$,由式(2)可知 $2S$ 能被 p 整除,矛盾.

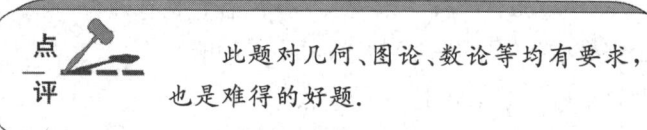

此题对几何、图论、数论等均有要求,也是难得的好题.

例 2 在平面上标注无穷多个整点,已知它们中任何四点不共圆.求证:对任意正数 r,存在一个半径为 r 的圆,在它内部没有一个被标注的点.

证明 用反证法,假设结论不成立,于是半径为 $[r]+1$ 的任何圆内部都至少有一个标注点.现用边长为 $k=2[r]+2$ 的正方形"无缝"地平行(即边与坐标轴平行)铺砌全平面,则每个正方形中至少有一个标注点.

现将平面整点分类.若 $(a,b) \equiv (c,d) \pmod k$,则称之为"同类".显然,只有有限多类($k^2$),其中必有无穷多列,每一列上有无穷多个正方形含有同一类标注点,不妨称为"标记列"与"第一类正方形".将这一列的非第一类正方形全划掉,剩下的(经压缩)仍是全平面的一个铺砌.再对第二标记列、第三标记列……重复这一过程,于是当操作到 k^2+1 次后,便有两标记列上的标记点均为同类,构成一矩形顶点,而在一切平移之前它们也构成矩形之顶点,矛盾.

 此题的本质是矩形,四点共圆只是一个"烟幕弹".

例3 剪一个面积大于 $n(n\in \mathbf{N}^*)$ 的任意形状的纸片(可以有"洞").求证:它一定可以放在坐标平面上,覆盖住至少 $n+1$ 个格点.

证明 将纸片放在格点坐标系中,然后将每个小方格中的纸片部分平移到同一方格中.由于纸片面积大于 n,而小方格面积为 1,必有一点被纸片覆盖 $n+1$ 次.将坐标轴平移,使这点成为格点,此时纸片就覆盖了 $n+1$ 个格点.

这是布利希费尔特(Blichfeldt)得出的定理.我们可以用类似方法证明:给出无限大的方格纸,一图形面积小于方格面积,则在这张方格纸内部可以放下这个图形,而不覆盖任何格点.

例4 格点三角形 ABC 有一条边的长度为 $\sqrt{n}$,n 为正整数,r,R 分别是 $\triangle ABC$ 的内切圆、外接圆半径.

(1) 若 n 为无平方因子的正整数,证明:$\dfrac{r}{R}$ 必为无理数;

(2) 若 n 为非平方数,则 $\dfrac{r}{R}$ 必为无理数吗?若结论成立,请证明之,否则请举出反例.

解 (1) 设 $\triangle ABC$ 三边为 a,b,c,则
$$S_{\triangle ABC}=\frac{abc}{4R}=\frac{1}{2}(a+b+c)r.$$

149

易知 $S_{\triangle ABC}, a^2, b^2, c^2 \in \mathbf{Q}$, 故 $R^2 \in \mathbf{Q}$, 故

$$\frac{r}{R} \notin \mathbf{Q} \Leftrightarrow Rr \notin \mathbf{Q} \Leftrightarrow \frac{abc}{a+b+c} \notin \mathbf{Q} \Leftrightarrow abc(a+b+c) \notin \mathbf{Q}.$$

用反证法,假设 $abc(a+b+c) \in \mathbf{Q}$,平方得 $ab+bc+ca \in \mathbf{Q}$. 设 $ab+bc+ca=k>0$, $ab+bc=k-ca$,平方得 $ac(k+b^2) \in \mathbf{Q}$,故 $ac \in \mathbf{Q}$,同理 $ab, bc \in \mathbf{Q}$. 今设 $c=\sqrt{n}$. 由于 n 无平方因子,故 $a=m\sqrt{n}, b=l\sqrt{n}$,其中 m, l 均为正整数. 由于 $|a-b|<c$,只能有 $l=m$,即 $a=b$,于是 $S_{\triangle ABC} = \frac{1}{2} c \sqrt{a^2 - \left(\frac{c}{2}\right)^2} = \frac{n}{4} \sqrt{4m^2-1} \notin \mathbf{Q}$,矛盾.

(2) 结论不成立. 反例如下:设 $A(0,0), B(7,1), C(1,7)$,此时 $\frac{r}{R} = \frac{12}{25}$.

例 5 证明:直线上的有理点(或整点)个数是 $0, 1$ 或无穷多个;圆上的有理点个数是 $0, 1, 2$ 或无穷多个;椭圆、双曲线、抛物线上的有理点个数是 $0, 1, 2, 3, 4$ 或无穷多个.

证明 直线 $x+y=\sqrt{2}$ 上没有有理点,直线 $x+\sqrt{2}y=0$ 上只有一个有理点 $(0,0)$. 如一直线 l 上有两个不同的有理点 $(a,b), (c,d)$,则 l 的参数方程为 $x=a+\lambda(c-a), y=b+\lambda(d-b)$.

由于 $c-a, d-b$ 不同为 0,故当 λ 取遍一切有理数时,给出 l 上的无穷多个有理点. 当 $(a,b), (c,d)$ 为整点时,λ 取遍一切整数时给出无穷多个整点.

下证任一圆上如有 3 个有理点,则必有无穷多个有理点. 圆的标准方程是 $x^2+y^2+Dx+Ey+F=0$. 将 3 个有理点的坐标代入,得到关于 D, E, F 的有理系数一次方程组,这个方程组的解是唯一的(因为三点决定一个圆). 由解的行列式公式可知,D, E, F 均为有理数,称这样的圆为一个有理圆. 现在过一个已给的有理点 (x_0, y_0) 作有理直线 $y-y_0 = k(x-x_0)$(k 为有理数),与圆方程联立并消去 y,得到关于 x 的有理系数二次方程,它的一个根是点 x_0. 由韦达定理,另一个根也是有理数,即这条直线与圆的另一交点也是有理点. 由于有无穷多个有理数 k

第五讲 图形的位置、形状及度量

使直线与圆交于两点,故圆周上有无穷多个有理点.

同理,因为二次曲线的一般方程 $Ax^2+Bxy+Cy^2+Dx+Ey+F=0$ 含 5 个独立参数,若曲线含 5 个有理点,它必为有理曲线.过一个点作有理直线与之相交,即得曲线上有无穷多个有理点.

以下列出各种有限有理点数的例子:

点数	圆	椭圆、双曲线	抛物线
0	$x^2+y^2=\sqrt{2}$	$x^2\pm 2y^2=\sqrt{2}$	$x^2+y=\sqrt{2}$
1	$x^2+y^2+\sqrt{2}y=0$	$x^2\pm(2y^2+\sqrt{2}y)=0$	$x^2+\sqrt{2}y=0$
2	$x^2+y^2+\sqrt{2}y=1$	$x^2\pm(2y^2+\sqrt{2}y)=1$	$x^2+\sqrt{2}y=1$
3		$(\sqrt{2}x+y)^2\pm x^2=3(x+y)$	$(\sqrt{2}x+y)^2=2x+2y$
4		$(\sqrt{5}x+y)^2\pm 4x^2=9$	$(x+\sqrt{2}y)^2=x+2$

例 6 平面上有 2004×2004 个点排成的方阵.找出最大的 n,使得可以画出一个凸 n 边形,其顶点均为方阵中的点.

解 不妨设这 2004×2004 个点是格点 $\{(i,j),0\leqslant i,j\leqslant 2003\}$.

设凸 n 边形 T 的顶点均为方阵中的点.

对 T 的任一条边 a,a 的端点坐标均为正整数,所以 a 在 x 轴、y 轴上的投影长度 x_a,y_a 均为非负整数.

T 至多有两条边与 x 轴垂直,也至多有两条边与 y 轴垂直.对其他的边 a,斜率的绝对值为 $\dfrac{y_a}{x_a}=\dfrac{p}{q}$,其中 p,q 为互素的正整数.并且由于 T 是凸多边形,斜率为 $\dfrac{p}{q}$ 的边至多有 2 条,斜率为 $-\dfrac{p}{q}$ 的边也至多有 2 条.

称 $p+q$ 为边 a 的值.对与 x 轴或 y 轴垂直的边,定义边的值为 1.
显然 $\sum x_a\leqslant 2\times 2003$,$\sum y_a\leqslant 2\times 2003$(其中求和号均遍及 T 的所有边 a),所以

$$\sum (x_a + y_a) \leqslant 4 \times 2003 = 8012. \tag{3}$$

又将 T 的 n 条边按照值归并,设值为 k 的有 c_k 条,则 $c_1 \leqslant 4$.

在 $k \geqslant 2$ 时,由 p 与 q 互素,得 p 与 $k = p+q$ 互素,所以 p 的个数 $\leqslant \{1,2,\cdots,k\}$ 中与 k 互素的个数即 $\varphi(k)$,从而 $c_k \leqslant 4\varphi(k)$.

$$\sum (x_a + y_a) \geqslant \sum (p+q) = \sum_{k \geqslant 1} k c_k$$
$$\geqslant c_1 + 2c_2 + \cdots + 21 c_{21} + (n - c_1 - c_2 - \cdots - c_{21}) \times 22$$
$$= 22n - 21c_1 - 20c_2 - \cdots - c_{21}$$
$$\geqslant 22n - 4 \times 21 - 4\varphi(2) \times 20 - \cdots - 4\varphi(21) \times 1$$
$$= 22n - 4(21 + 1 \times 20 + 2 \times 19 + 2 \times 18 + 4 \times 17 + 2 \times 16 + 6 \times 15 + 4 \times 14 + 6 \times 13 + 4 \times 12 + 10 \times 11 + 4 \times 10 + 12 \times 9 + 6 \times 8 + 8 \times 7 + 8 \times 6 + 16 \times 5 + 6 \times 4 + 18 \times 3 + 8 \times 2 + 12)$$
$$= 22n - 4332, \tag{4}$$

由式(3),(4), $22n \leqslant 8012 + 4332 = 12344$,
所以 $n \leqslant 561$.

下面我们举出一个 $n = 561$ 的例子. 定义 $S = \{(a,b) \mid a, b$ 为互素正整数,且 $a + b = 2, 3, \cdots, 21\}$.

考虑如下 561 个向量的集合(记为 S_0):
$$S_0 = \{(\pm a, \pm b) \mid (a, b) \in S\} \cup \{(\pm 1, 0), (0, \pm 1),$$
$$(3, 19), (3, -19), (-15, 7)\} - \{(-8, -13), (-1, 20)\}.$$
$$|S_0| = 4 \cdot 139 + 7 - 2 = 561.$$

易证:S_0 中的向量互不同向;S_0 中向量之和为零向量;S_0 中向量的 x 坐标绝对值之和为 $2 \cdot 2003$,y 坐标绝对值之和为 $2 \cdot 2003$.

下面用 S_0 中的向量构造一格点凸 561 边形.

如图 5.26,将 S_0 中的向量按逆时针顺序排列为 $\vec{a}_1, \vec{a}_2, \cdots, \vec{a}_{561}$. 令 $A_0 = $ 原点 O,找 A_k 满足 $\overrightarrow{A_0 A_k} = \vec{a}_1 + \vec{a}_2 + \cdots + \vec{a}_k (k = 1, 2, \cdots, 561)$,则 $\overrightarrow{A_0 A_{561}} = \vec{a}_1 + \vec{a}_2 + \cdots + \vec{a}_{561} = \vec{0}$. 所以 A_{561} 与 A_0 重合. 这说明 $A_0 A_1 \cdots A_{560}$ 构成一个 561 边形,设为 T.

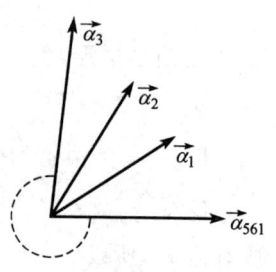

图 5.26

由于 $\vec{a}_1, \vec{a}_2, \cdots, \vec{a}_{561}$ 为逆时针排列，故 T 为凸的，如图 5.27.

又因为 $\vec{a}_i$ 的两个坐标均为整数，所以 T 为格点多边形.

由(3)知 T 在 x 轴、y 轴上的投影长均为 2003，因此 T 可放在一个 2004×2004 的点阵中.

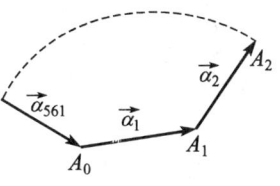

图 5.27

本题较为复杂，充分利用了数论的知识及部分向量知识，值得仔细推敲. 本题经单壿教授改编.

习题 5.e

1. 求证:平面上存在无穷多条直线,每两条直线交于一整点,每三条直线不共点.

2. 在直角坐标系中,证明以下结论:

(1) 若无穷点集 M 中每两点距离都是整数,则 M 必在一直线上;

(2) 任给 $n \geqslant 3$,可找到平面上 n 个整点,每三点不共线,每两点间的距离是整数,每三点构成的三角形的面积均为整数;

(3) 可找到无穷多个整点,每三点不共线,每两点间的距离是无理数,每三点构成的三角形的面积为整数.

3. 面积大于 π 的凸图形 F 关于原点 O 中心对称. 证明:可将其绕原点旋转到某个位置,使 F 内至少还有另外一个整点.

4. 证明:任一面积大于 $\dfrac{\pi}{2}$ 的凸图形 F,可将其绕内部一点 P 旋转到某个位置,使 F 至少含有一个整点.

5. 证明:边长为 $a, b (a \leqslant b)$ 的矩形保证覆盖整点的充要条件是 $a \geqslant 1, b \geqslant \sqrt{2}$.

6. 求证:对任意正整数 n,存在一个圆,圆内及圆上恰有 n 个整点.

7. 求证:对于锐角三角形 ABC,若其顶点都是格点,则其内部或边界上至少还有一个格点.

8. 平面上有 9 个整点. 证明:必定存在其中 3 个整点,其质心也是整点.

9. 直角坐标系中,三整点在半径为 R 的圆周上. 证明:有两个整点的距离 $\geqslant \sqrt[3]{R}$.

10. 利用闵可夫斯基定理证明:对任一无理数 α,存在无穷多个整数对 (m, n),使得 $\left|\alpha - \dfrac{m}{n}\right| \leqslant \dfrac{1}{n^2}$.

11. 给定素数 $p > 3$,考察所有整点 (x, y),其中 $0 \leqslant x, y < p$. 证明:可以标出其中 p 个不同整点,使其中任何 4 点都不是某平行四边形之

顶点,任何 3 点不共线.

12. 证明:在坐标平面上不能画出这样的凸四边形,它的所有顶点是格点,一条对角线的长度是另一条对角线的两倍,且对角线之间的夹角等于 $45°$.

13. 在所有格点中,有些点做了标记,再给定有限的具有整数坐标的向量组.如果将已知的有限向量组的始端放置在任何一个有标记的格点上,那么它们的终端落在有标记格点的数目多于落在没做标记格点的数目.求证:有标记的格点有无穷多个.

14. 在一块地上有 10000 棵树,每行 100 棵,共 100 行,形成整齐的方格网.试问:如果站在每一个树墩上时,都看不见树后面的任何一个树墩(这里可认为树足够细),最多可以砍去多少棵树?

15. 以平面直角坐标系中的每一个整点为圆心,各作一个半径为 $\frac{1}{14}$ 的圆.证明:任何半径为 100 的圆都至少与这些圆中的一个相交.

16. 证明:平面上的有理点 (x, y) 可以分为两个点集 A, B,A 与任一条平行于 y 轴的直线仅有有限多个公共点,B 与任一条平行于 x 轴的直线仅有有限多个公共点.

17. 是否可以用一系列半径不小于 5 且两两没有相互重合区域的圆盘覆盖平面上的所有格点?

18. 已知直角坐标平面上的每个整点都是一个半径为 $\frac{1}{1000}$ 的圆盘的圆心.证明:

(1) 存在一个正三角形,其 3 个顶点分别在 3 个不同的圆盘内;

(2) 每个满足 3 个顶点分别在 3 个不同圆盘内的正三角形的边长大于 96.

19. 能否在平面的每个整点上都写 1 个正整数,使得当且仅当写在它们上面的 3 个正整数具有大于 1 的公因数时 3 个整点共线?

20. 正整数 $n \geqslant 5$,$P_1, P_2, \cdots, P_n$ 是整点,O 是原点,$S_{\triangle OP_i P_{i+1}} = \frac{1}{2}$ ($1 \leqslant i \leqslant n, P_{n+1} = P_1$).求证:存在 $i, j, 2 \leqslant |i-j| \leqslant n-2$,且 $S_{\triangle OP_i P_j} = \frac{1}{2}$.

21. 在空间直角坐标系中,E 是顶点为整点、内部及边上没有其他整点的三角形的集合,求这类三角形的面积所成的集合.

22. 设 L 是直角坐标平面的一个子集,定义为 $L=\{(41x+2y, 59x+15y)|x,y\in \mathbf{Z}\}$. 证明:一切以坐标原点为中心的面积等于 1990 的平行四边形 P 至少包含 L 中的两点.

23. 在一张无限大的国际象棋棋盘上有一只 (p,q) 马,即它可同时水平向东或西移动 $p(q)$ 格、垂直向南或北移动 $q(p)$ 格,这表示该 (p,q) 马跳了一步(通常的马即 $(1,2)$ 马). 整数对 (p,q) 应满足什么条件,才能使这只 (p,q) 马从任何一格出发,可以到达这张棋盘的任何一格内?

24. 在平面上的每个整点处放一盏灯. 当时刻 $t=0$ 时,仅有一盏灯亮着,当 $t=1,2,\cdots$ 时,满足下列条件的灯被打开:至少与一盏亮着的灯的距离为 2005. 证明:所有的灯都能被打开.

25. 直角坐标系中有一个顶点为整点的凸五边形,其每段边长均为整数. 证明:其周长为偶数.

26. 证明:在直角坐标系中,存在一个由无穷多个圆组成的集合 C,具有下述性质:

(1) 横坐标轴上的任一个有理点都在 C 中的某个圆上;

(2) C 中任意两个圆至多有一个交点(相切).

27. $n\geqslant 2$ 为固定整数,在任意整点 (i,j) 上写一个数,定义为 $i+j$ 关于 n 的余数. 找出所有正整数组 (a,b),使以 $(0,0),(a,0),(a,b)$, $(0,b)$ 为顶点的矩形具有如下性质:

(1) 矩形内的数中,$0,1,2,\cdots,n-1$ 出现的次数相同;

(2) 矩形边界上的数中,$0,1,2,\cdots,n-1$ 出现的次数相同.

28. 证明:斜率为无理数的一对平行线之间(无论它们靠得有多近)必有无穷多个整点.

29. 设 $f(x,y)=ax^2+2bxy+cy^2,a>0,ac-b^2=1$. 证明:存在两个整数 x' 和 y',满足其中至少一个不为 0,且 $f(x',y')\leqslant \dfrac{2}{\sqrt{3}}$.

第六讲 向量与复数

向量与复数既然和平面几何相关,那么自然也会和组合几何有关.并且同样地,它们在其中有时扮演的是条件的角色,有时扮演的则是方法的角色.这类题目一般都是较为困难的.

例 1 求证:凸 k 边形内任一点到各边距离之和为常数的充分必要条件是:所有边的单位外法向量之和等于 $\vec{0}$.

证明 设 $\vec{n}_1, \vec{n}_2, \cdots, \vec{n}_k$ 为各边单位外法向量,而 $M_1, M_2, \cdots, M_k$ 为各边上的任意点. 对多边形内任一点 X,它到第 i 条边的距离等于内积 $(\overrightarrow{XM_i}, \vec{n}_i)$. 因此内点 A 和 B 到多边形各边的距离之和相等的充分必要条件是

$$\sum_{i=1}^{k}(\overrightarrow{AM_i}, \vec{n}_i) = \sum_{i=1}^{k}(\overrightarrow{BM_i}, \vec{n}_i) = \sum_{i=1}^{k}(\overrightarrow{BA}, \vec{n}_i) + \sum_{i=1}^{k}(\overrightarrow{AM_i}, \vec{n}_i),$$

即 $(\overrightarrow{BA}, \sum_{i=1}^{k} \vec{n}_i) = 0$. 由于 A, B 任取,故有 $\sum_{i=1}^{k} \vec{n}_i = \vec{0}$.

点评 是否可以认为,这个问题的解有个比较形象的说法,即可将这个凸 n 边形的每条边平移成一个新的凸 n 边形,这个新图形的每条边长都相等?请读者考虑.

例 2 在平面上给定正 n 边形 $A_1A_2\cdots A_n$.

（1）证明：如果 n 是偶数，那么对于平面上任何一点 M，表达式 $\pm\overrightarrow{MA_1}\pm\overrightarrow{MA_2}\pm\cdots\pm\overrightarrow{MA_n}$ 中可适当选取正负号，使所得之和等于 $\vec{0}$；

（2）证明：如果 n 是奇数，那么仅对平面上有限个点，才能使上述表达式借助于正负号的选择，使所得之和为 $\vec{0}$.

证明 （1）设 O 为正多边形的外接圆圆心，那么
$$\overrightarrow{MA_i}=\overrightarrow{MO}+\overrightarrow{OA_i},$$
因此在和式中只要在有偶数下标的项前取"$+$"，其余项前取"$-$"即可满足要求.

（2）在和式中设 $\overrightarrow{MA_{i_1}},\overrightarrow{MA_{i_2}},\cdots,\overrightarrow{MA_{i_k}}$ 取"$+$"，$\overrightarrow{MA_{j_1}},\overrightarrow{MA_{j_2}},\cdots,\overrightarrow{MA_{j_{n-k}}}$ 取"$-$". 如果和式等于 $\vec{0}$，那么 $\overrightarrow{MO}=\dfrac{1}{n-2k}(\overrightarrow{OA_{i_1}}+\overrightarrow{OA_{i_2}}+\cdots+\overrightarrow{OA_{i_k}}-\overrightarrow{OA_{j_1}}-\overrightarrow{OA_{j_2}}-\cdots-\overrightarrow{OA_{j_{n-k}}})$，而 M 由这些条件唯一确定.

例 3 平面上不含零向量的集合 A，若其至少有 3 个元素，且对任意 $\vec{u}\in A$，存在 $\vec{v},\vec{w}\in A$，使得 $\vec{v}\neq\vec{w},\vec{u}=\vec{v}+\vec{w}$，则称 A 具有性质 S. 证明：

（1）对任意 $n\geqslant 6$，存在具有性质 S 的向量集合；

（2）具有性质 S 的有限向量集合都至少有 6 个元素.

证明 （1）对 $n(n\geqslant 6)$ 进行归纳.

当 $n=6$ 时，考虑 $\triangle ABC$ 及 $\overrightarrow{AB},\overrightarrow{BC},\overrightarrow{CA},\overrightarrow{BA},\overrightarrow{CB},\overrightarrow{AC}$，可知结论成立.

对于具有性质 S 的 n 元集合 A，设其非零向量为 $\vec{v}_1,\vec{v}_2,\cdots,\vec{v}_n$. 设 $\vec{v}_i,\vec{v}_j$ 是 A 的两个不同向量，$\vec{v}_i$ 与 $\vec{v}_j$ 的夹角是 A 中各向量之间的最小角，则 $(\vec{v}_i+\vec{v}_j)\notin A$，否则与最小性矛盾.

因此，$A\cup\{\vec{v}_i+\vec{v}_j\}$ 有 $(n+1)$ 个元素，且满足性质 S.

（2）考虑一个均以 O 为始点的具有性质 S 的向量集合 $A=\{\overrightarrow{OX_1},\overrightarrow{OX_2},\cdots,\overrightarrow{OX_n}\}$. 若 $\vec{u}$ 与 $\vec{v}$ 不平行，且 $\vec{u}$ 或 $\vec{v}$ 平行于 A 中的一个向量

或 $\overrightarrow{X_iX_j}(i\neq j)$ 中的一个向量.

对向量 $\overrightarrow{OX_i}$ 进行分解,记 $\overrightarrow{OX_i}=a_i\vec{u}+b_i\vec{v}, i=1,2,\cdots,n$. 实数集合 $M=\{a_1,a_2,\cdots,a_n\}$ 具有类似于 S 的性质. 设 M 中的最大数为 a. 显然, $a>0$,且存在 $b,c>0$,使得 $a=b+c,b\neq c$. 否则,a 不是 M 中的最大元素.

同理,对于 M 中的最小元素 a',存在 $b',c'\in M$,且 $b',c'<0,b'\neq c'$,使得 $a'=b'+c'$. 由此即得出 M 中的 6 个不同元素.

例 4 把正 n 边形的顶点涂成若干种颜色,使任意同一种颜色的顶点构成一正多边形. 求证:在这些正多边形中,一定有两个是全等的.

证明 设正多边形的中心为 O,顶点为 $A_1,A_2,\cdots,A_n$. 假设在同样颜色顶点的正多边形中没有相同的,即它们分别有 $m=m_1<m_2<m_3<\cdots<m_k$ 条边.

研究变换 f,它定义在 n 边形顶点的集合上,把顶点 A_k 变为顶点 A_{mk},即 $f(A_k)=A_{mk}$. 在这种变换下,正 m 边形的顶点变为一个点 B,因此向量 $\overrightarrow{Of(A_i)}$ 的和等于 $m\overrightarrow{OB}\neq\vec{0}$,其中 A_i 是 m 边形的顶点.

因为 $\angle A_{m_i}OA_{m_j}=m\angle A_iOA_j$,具有边数大于 m 的任意正多边形的顶点,在所考虑的变换之下变为正多边形的顶点,因此沿 n 边形的所有顶点的向量 $\overrightarrow{Of(A_i)}$ 的和等于 $\vec{0}$. 类似地,沿 m_2 边形,m_3 边形……m_k 边形的所有顶点的向量和都等于 $\vec{0}$. 这样,就与 m 边形顶点的向量 $\overrightarrow{Of(A_i)}$ 的和不等于 $\vec{0}$ 矛盾. 因此,在同样颜色顶点的多边形中间可找到两个全等的.

例 5 一凸多边形的各内角相等. 证明:至少有两条边分别不大于它的两条邻边.

证明 用反证法. 设至多有一条边不大于其两邻边. 我们将该多边形放在复平面上,使其最长边的一个端点 A_1 与原点重合,另一个端点 A_2 与 $z=a$ 重合($a=|A_1A_2|$),其余顶点顺次标号为 $A_3,A_4,\cdots,A_n$,它们

对应的复数依次为 $z_3, z_4, \cdots, z_n$. 不妨设最短边为 $A_k A_{k+1}\left(k \leqslant \dfrac{n}{2}\right)$, 则根据所设前提有

$$|A_k A_{k+1}| < |A_{k+1} A_{k+2}| < |A_{k+2} A_{k+3}| < \cdots < |A_n A_1| \leqslant |A_1 A_2|,$$
$$|A_k A_{k+1}| < |A_{k-1} A_k| < |A_{k-2} A_{k-1}| < \cdots < |A_2 A_3| \leqslant |A_1 A_2|,$$

且两式中最后的非严格不等号至少有一个是严格的.

我们不妨设 $\arg(z_3 - a) = \dfrac{2\pi}{n}$, 则有

$$\sum_{t=1}^{n} |A_t A_{t+1}| \mathrm{e}^{\mathrm{i} \frac{2(t-1)}{n} \pi} = 0,$$ 此处 $A_{n+1} = A_1$, 于是 $\sum_{t=1}^{n} |A_t A_{t+1}| \mathrm{e}^{\mathrm{i} \frac{2(t-\theta)}{n} \pi} = 0$, 此处 $\theta = \dfrac{k+1}{2}$, 故 $\sum_{t=1}^{n} |A_t A_{t+1}| \sin \dfrac{2(t-\theta)}{n} \pi = 0$.

回忆阿贝尔求和法, 即设 $S_t = a_1 + a_2 + \cdots + a_t$, 有 $\sum_{t=1}^{n} a_t b_t = \sum_{t=1}^{n-1} S_t (b_t - b_{t+1}) + S_n b_n$.

令 $a_t = \sin \dfrac{2(t-\theta)}{n} \pi, b_t = |A_t A_{t+1}|$, 则 $S_n = 0$, 于是便有

$$0 = \sum_{t=1}^{n} |A_t A_{t+1}| \sin \dfrac{2(t-\theta)}{n} \pi = \sum_{t=1}^{n-1} S_t (|A_t A_{t+1}| - |A_{t+1} A_{t+2}|)$$
$$= \sum_{t=1}^{k-1} S_t (|A_t A_{t+1}| - |A_{t+1} A_{t+2}|) + \sum_{t=k}^{n-1} S_t (|A_t A_{t+1}| - |A_{t+1} A_{t+2}|).$$

注意在最后一式中, 第一个求和号括号内的这 $k-1$ 项中, 第一项非负, 后面每一项均为正数; 第二个求和号括号内的这 $n-k$ 项全为负数. 又由 θ 的定义, $2 < n, k \leqslant \dfrac{n}{2}$, 以及正弦函数的正负性和增减性(或凸性), 可得 $S_1, S_2, \cdots, S_{k-1} < 0 = S_k$, 而 $S_{k+1}, S_{k+2}, \cdots, S_{n-1} > 0 = S_n$, 于是得 $0 < 0$, 矛盾.

例 6 试证: 存在凸 1990 边形, 它具有如下的性质:

(1) 多边形的各内角相等;

(2) 多边形各边的长度是 $1^2, 2^2, \cdots, 1989^2, 1990^2$ 的一个排列.

证明 问题等价于存在 $1^2, 2^2, \cdots, 1990^2$ 的一个排列 $a_1, a_2, \cdots, a_{1990}$,使得
$$\sum_{k=1}^{1990} a_k(\cos k\theta + i\sin k\theta) = 0, \tag{1}$$
其中 $\theta = \dfrac{2\pi}{1990} = \dfrac{\pi}{995}$.

令 $\{(a_{2k-1}, a_{2k-1+995}), k=1, 2, \cdots, 995\} = \{((2n-1)^2, (2n)^2), n=1, 2, \cdots, 995\}$,规定 $a_{j+1990} = a_j, j=1, 2, \cdots$,则式(1)等价于
$$\sum_{k=1}^{995} b_k(\cos 2k\theta + i\sin 2k\theta) = 0, \tag{2}$$
其中 b_k 是 $(2n)^2 - (2n-1)^2 = 4n-1(n=1, 2, \cdots, 995)$ 的一个排列. 令
$$S_r = \sum_{t=0}^{4} b_{199t+5r}(\cos 2(199t+5r)\theta + i\sin 2(199t+5r)\theta)$$
$$(r = 1, 2, \cdots, 199),$$
并且取 $b_{199t+5r} = 4(5r+t) - 17$(规定 $b_{j+995} = b_j$),

则 $$\sum_{t=0}^{4}(\cos 2 \cdot 199t\theta + i\sin 2 \cdot 199t\theta) = 0.$$

$$S_r = 4(\cos 10r\theta + i\sin 10r\theta) \sum_{t=0}^{4} t(\cos 2 \cdot 199t\theta + i\sin 2 \cdot 199t\theta)$$
$$= 4(\cos 10r\theta + i\sin 10r\theta) S,$$

其中 S 与 r 无关.因此,
$$\sum_{k=1}^{995} b_k(\cos 2k\theta + i\sin 2k\theta) = 4S \sum_{r=1}^{199}(\cos 10r\theta + i\sin 10r\theta) = 0,$$
式(2)成立,原命题得证.

> **点评** 这是第 31 届 IMO 最后一题,对数论技巧运用非常出色.第一步得到 b_k 较为巧妙,后面充分利用同余(模 5,模 995),重新定义、排列 b_k,一举解决问题.读者可考虑 1990 能推广到哪些正整数.

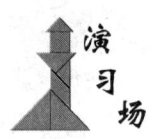

习题 6

1. 给定 n 个复数 $c_1, c_2, \cdots, c_n$,它们在复平面上所表示的点是一个凸 n 边形的顶点. 证明:如果复数 z 满足 $\sum_{i=1}^{n} \dfrac{1}{z-c_i} = 0$,则复平面上与 z 对应的点位于该凸 n 边形内部.

2. 设以圆心为起点的 N 个向量,其终点正好把圆周 N 等分. 把其中一些向量涂成蓝色,其他的涂成红色,计算所有以红、蓝向量为两边的角的度数(依逆时针方向从红到蓝来度量)之和,求"平均角度"(即此和除以所有这种角的个数)的大小.

3. (1) 设 M 为正 n 边形内一点,自 M 依次向该 n 边形的各边所在直线作垂线,垂足依次记为 $K_1, K_2, \cdots, K_n$. 求证:$\overrightarrow{MK_1} + \overrightarrow{MK_2} + \cdots + \overrightarrow{MK_n} = \dfrac{n}{2} \overrightarrow{MO}$,这里 O 为多边形的中心;

(2) 设 M 为正四面体内一点,自 M 依次向该四面体的各面作垂线,垂足依次记为 K_1, K_2, K_3, K_4. 求证:$\overrightarrow{MK_1} + \overrightarrow{MK_2} + \overrightarrow{MK_3} + \overrightarrow{MK_4} = \dfrac{4}{3} \overrightarrow{MO}$,这里 O 为多面体的中心.

4. 在平面上给定 n 个向量,它们的长度都等于 1,且和为零. 求证:可以把这些向量编号,使当 $k=1,2,\cdots,n$ 时,前 k 个向量之和的长度不大于 $\sqrt{2}$.

5. 在平面上给定 $n(\geqslant 2)$ 个向量,其中有不共线的向量. 已知任意 $n-1$ 个向量的和向量都与这 $n-1$ 个向量之外的那个向量共线. 证明:这 n 个向量的和向量是非零向量.

6. 闭折线 M 有奇数个顶点,依次为 $A_1, A_2, \cdots, A_{2n+1}$. 用 $S(M)$ 表示新的闭折线,它的顶点 $B_1, B_2, \cdots, B_{2n+1}$ 依次是折线 M 的每一条边的中点;B_1 是线段 A_1A_2 的中点,B_2 是 A_3A_4 的中点……B_{n+1} 是 $A_{2n+1}A_1$ 的中点,B_{n+2} 是 A_2A_3 的中点……B_{2n+1} 是 $A_{2n}A_{2n+1}$ 的中点.

证明:在用以上方式所作的折线序列 $M_1 = S(M), M_2 = S(M_1)$,

$M_3 = S(M_2), \cdots, M_k = S(M_{k-1})$ 中,存在一条闭折线,它与初始折线 M 同位相似.

7. 单位圆 O 上有 $2n+1$ 个点 $P_1, P_2, \cdots, P_{2n+1}$,全在某直径之一侧.求证:$|\overrightarrow{OP_1} + \overrightarrow{OP_2} + \cdots + \overrightarrow{OP_{2n+1}}| \geqslant 1$.

8. 证明:多项式 P 的导数的根,在 P 本身之根组成的凸包内.

9. 一个学生要移动一个单位圆内的凸多边形,他先移出第一边,由其端点画出第二边,由第二边的端点画第三边……画完后他发现折线未封闭,开始和最后画出的顶点间离开一段距离 d.已知该学生画的角是精确的,而所画的每边的相对误差不超过 p.试证:$d \leqslant 4p$.

10. 在两个向量中,用两个向量的和代替其中一个向量.证明:由向量 $(0,1)$ 和 $(1,0)$ 做若干次这样的运算,就可以得到任意的具有非负整数坐标的向量对 $\overrightarrow{OA}$ 和 $\overrightarrow{OB}$,满足 $S_{\triangle AOB} = \dfrac{1}{2}$.

11. 凸 $2n$ 边形内接于半径为 1 的圆.证明:$\left|\sum\limits_{i=1}^{n} \overrightarrow{A_{2i-1}A_{2i}}\right| \leqslant 2$.

12. 3 个三角形分别是蓝色、绿色和红色,它们有一个公共内点 M. 求证:可以选出每个三角形的一个顶点,使得 M 在以这三点为顶点的三角形内部或边界上.

13. 在平面上给定点 A_0 和 n 个向量 $\vec{a}_1, \vec{a}_2, \cdots, \vec{a}_n$,且使 $\vec{a}_1 + \vec{a}_2 + \cdots + \vec{a}_n = \vec{0}$. 对这组向量的每一个排列 $\vec{a}_{i1}, \vec{a}_{i2}, \cdots, \vec{a}_{in}$ 都定义一个点集 $\{A_1, A_2, \cdots, A_n = A_0\}$,使 $\vec{a}_{i1} = \overrightarrow{A_0A_1}, \vec{a}_{i2} = \overrightarrow{A_1A_2}, \cdots, \vec{a}_{in} = \overrightarrow{A_{n-1}A_n}$. 求证:存在一个排列,使它所定义的所有点 $A_1, A_2, \cdots, A_{n-1}$ 都在以 A_0 为顶点的某个 $60°$ 角的内部或边上.

14. 黑板上标有 A, B, C, D 四点,甲按如下方式作出点 A', B', C', D':A 关于 B 的对称点为 A',B 关于 C 的对称点为 B',C 关于 D 的对称点为 C',D 关于 A 的对称点为 D'.乙擦去了黑板上的点 A, B, C, D,问:甲能否再找到 A, B, C, D?

15. 在 m 维欧几里得空间中有 n 个向量(m 维向量也可看成有 m 个实数坐标的"数组",向量均由原点出发),每个向量的每个坐标不是 1 就是 -1,且任何两个向量之间的夹角 $\geqslant 90°$.求证:所有向量的所有

坐标之和不大于 $m\sqrt{n}$.

16. 设 n 个圆 $\odot_1, \odot_2, \cdots, \odot_n$ 相交于一点 O，又 $\odot_1$ 与 $\odot_2$，$\odot_2$ 与 $\odot_3$，$\cdots$，$\odot_n$ 与 $\odot_1$ 的第二个交点分别是 $A_1, A_2, \cdots, A_n$. 今在 $\odot_1$ 上任取一点 B_1，过 A_1 和 B_1 引直线，使其与 $\odot_2$ 相交，设第二个交点为 B_2；再过 A_2 和 B_2 引直线，使其与 $\odot_3$ 相交，设第二个交点为 B_3……直到在 $\odot_n$ 上交得第二个交点 B_n. 最后，再过 A_n 和 B_n 引直线与 $\odot_1$ 相交，设第二个交点为 B_{n+1}. 求证：B_{n+1} 与 B_1 重合（注：如有某个 B_k 与 A_k 重合，则由 A_k 引 $\odot_k$ 的切线，使其同 $\odot_{k+1}$ 相交得 B_{k+1}）.

17. 已知一张 $n \times n (n \geqslant 3)$ 的方格纸板，每个单位正方形内有下列 4 个单位向量之一：↑，↓，←，→，各向量平行于单位正方形的边，且过单位正方形的中心. 一只甲虫每次根据向量所指的方向从一个单位正方形爬到另一个单位正方形. 如果甲虫从任意一个单位正方形出发，经过若干次移动后，又回到出发时的那个单位正方形，注意向量所指的方向不允许甲虫离开方格纸板. 问：是否可能使得任意一行（不包括第一行和最后一行）所有向量的和等于这一行中平行于这一行的所有向量之和，任意一列（不包括第一列和最后一列）所有向量的和等于这一列中平行于这一列的所有向量之和？

第七讲 立体图形

　　立体图形的组合几何性质无疑更为复杂. 不过由于平面组合几何问题已经挖掘不尽,竞赛中主要不是为了"难度"而出立体图形题的. 简单多面体的欧拉公式,应该是比较重要的立体图形的组合性质.

§7.1 立 方 体

立方体是最基本的立体图形,关于它的性质,这里单独列出一节.

例 1 空间中是否存在一立方体,使它的顶点到某平面的距离分别为 $0,1,2,\cdots,7$?

解 答案是肯定的.设一立方体顶点分别为 $A_0,A_1,A_2,\cdots,A_7$,边长是 a. 设 $A_0=(0,0,0)$, $A_1=(a,0,0)$, $A_2=(a,a,0)$, $A_3=(0,a,0)$, $A_4=(0,0,a)$, $A_5=(a,0,a)$, $A_6=(a,a,a)$, $A_7=(0,a,a)$. 设平面 π 的方程为
$$\alpha x+\beta y+\gamma z=0,$$
易知任一点 $A(x_0,y_0,z_0)$ 至其距离为 $\dfrac{|\alpha x_0+\beta y_0+\gamma z_0|}{\sqrt{\alpha^2+\beta^2+\gamma^2}}$.

问题可转化为寻找 3 个正整数 α,β,γ,使 $\alpha,\beta,\gamma,\alpha+\beta,\beta+\gamma,\gamma+\alpha,\alpha+\beta+\gamma$ 是 $1,2,3,\cdots,7$ 的一个排列.发现 $(\alpha,\beta,\gamma)=(1,4,2)$ 满足.

所以 π 的方程为 $x+4y+2z=0$. 最后得出 $a=\sqrt{21}$.

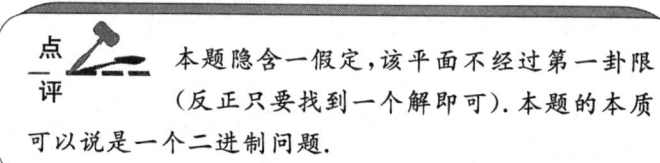

本题隐含一假定,该平面不经过第一卦限(反正只要找到一个解即可).本题的本质可以说是一个二进制问题.

例 2 设立方体中的一块三角形截面同立方体的内切球相切.证明:该截面的面积小于立方体一个面的面积的一半.

证明 设 ABC 是棱长为 2 的立方体(每一个面的面积是 4)的三角形截面,它与立方体的内切球相切于 H. 用 C',B',A' 分别表示 $\triangle ABC$ 所

交的立方体表面与内切球的公共点,这些表面中分别含有线段 AB, AC 和 BC,见图 7.1(A). 容易看出: $\triangle AC'B \cong \triangle AHB$, $\triangle BA'C \cong \triangle BHC$, $\triangle CB'A \cong \triangle CHA$, 从而 $\triangle ABC$ 的面积即为 $\triangle AC'B$, $\triangle BA'C$ 和 $\triangle CB'A$ 的面积之和. 将 A, B, C 这 3 点到它们所在棱中点的距离分别记作 x, y 和 z, 我们用这些距离将上面所述的 3 个三角形的面积表示出来(距离为有号距离,见图 7.1(B)). 易得这 3 个面积是 $\frac{1}{2}(1-xy)$, $\frac{1}{2}(1-xz)$, $\frac{1}{2}(1-zx)$. 不难证明,如果 $|x|<1, |y|<1, |z|<1$,则有
$$\frac{1}{2}(1-xy)+\frac{1}{2}(1-yz)+\frac{1}{2}(1-zx)<2.$$

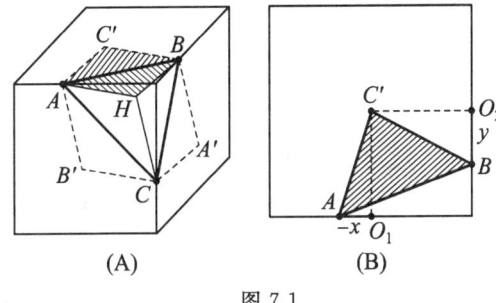

图 7.1

例 3 有一条折线,它的所有顶点都在某个棱长为 2 的正方体表面上,且每一段的长都是 3,折线的两个端点刚好是该正方体的两个距离最远的顶点. 试问: 该折线最少有多少段?

解 如图 7.2,以 A 为中心、3 为半径的球面与立方体表面的交线是 3 条圆弧: $\overparen{KL}$, $\overparen{LN}$, $\overparen{NK}$. 由 $AD_1 = \sqrt{8}$, $LD_1 = \sqrt{AL^2 - AD_1^2} = 1$, 可知点 L 为 $C_1 D_1$ 中点. 类似可知 K, N 也都是相应棱的中点.

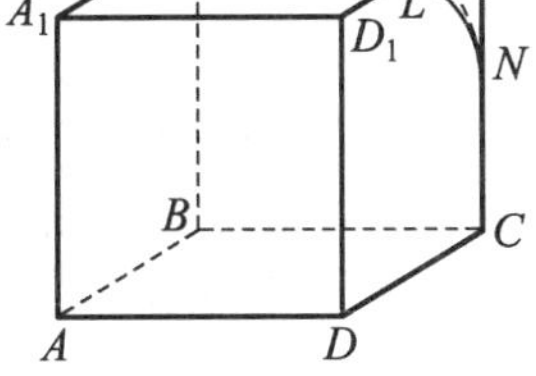

设点 M 为圆弧 $\overparen{KL}$ 上的一点,且不与此弧的任一端点重合. 考察以点 M 为中心、3 为半径的球面. 点 A 在这个

图 7.2

球面上. 不难证明立方体其余的点都在这个球面的内部.

由此得到, 用长度为 3 的线段只能把点 M 与点 A 连起来. 因此, 只有当折线第一段的另一端落在点 L, K 或 N 之一时, 才能延伸折线. 可以这样来延伸折线: 从点 K 沿着长度为 3 的线段到达点 D(除去点 A 外只能到达点 D). 类似地, 从点 L 和 N 仅可到达点 B 和 A_1, 所有这些点都是与立方体顶点 A 相邻的顶点. 折线的下一个顶点必是立方体一条棱的中点, 再下一个顶点是 C, B_1, D_1 之一. 随后的顶点又将是一条棱的中点, 而折线的第 6 段的端点能落到与点 A 相对的顶点 C_1 上.

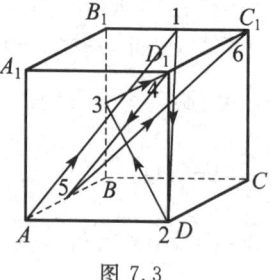

图 7.3

图 7.3 所示的情形是一个例子. 所以满足此题要求的折线的段数最少为 6.

例 4 一个 $20 \times 20 \times 20$ 的立方体由 2000 块 $2 \times 2 \times 1$ 的长方块所组成. 证明: 可以用一根针刺穿这个立方体, 但不穿过任意一个长方块.

证明 每个 20×20 的面上有 $19 \times 19 = 361$ 个在其内的格点. 因为立方体有 3 对平行的面, 所以共有 $361 \times 3 = 1083$ 条可能存在的直线, 针可以沿它们通过立方体. 图 7.4 中用有向直线表示了它们中的一条. 假定我们的目的不能达到, 那么这 1083 条直线必须均被长方块所阻拦, 而这种阻拦仅可能由一个长方块的 2×2 面的中心所实现.

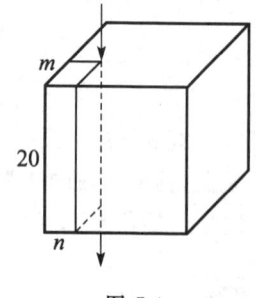

图 7.4

我们来证明这样一条所说的直线必被偶数块长方块所阻拦. 对图中的有向直线, 我们来考察在立方体中所标出的 $m \times n \times 20$ 的大长方块, 它的边界由所说的有向直线和标出的在立方体表面的 4 个面确定. 这个大长方块中的单位立方体由两类组成: 一是不阻拦有向直线的小长方块中的单位立方体, 这时它可能有 0, 2 或 4 个单位立方体属于这个大长方块; 二是阻拦这有向直线的小长方块中的单位立方体, 这时它必有 1 个单位立方体属于这大长方块. 因为这个大长方块中的单位立

168

方体的个数可被 20 整除,是偶数,这就证明了我们的结论. 然而,2000 块小长方块至多阻拦这 1083 条直线中的 1000 条. 因此,我们的目的一定能达到.

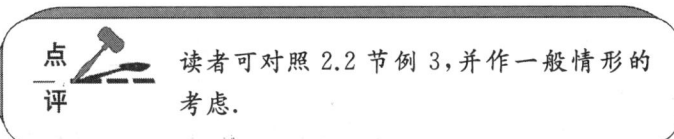

读者可对照 2.2 节例 3,并作一般情形的考虑.

习题 7.a

1. 设 Q 是立方体内部一点. 证明:存在无数条经过 Q 的直线与立方体交于 P,R,满足 $PQ=QR$.

2. 某异型砖由 4 个单位正方体按以下方式做成:规定先取一个单位正方体,在该正方体有公共顶点的 3 个面上涂胶,分别与其他 3 个单位正方体的面相粘合. 试问:能否用这种异型砖建造一个 $11\times12\times13$ 的长方体?

3. 尺寸为 $10\times10\times10$ 的立方体由 500 个黑的和 500 个白的小立方体堆积而成,小立方体之间按国际象棋盘的次序摆放(即每两个相邻的小立方体均异色). 现从中取走 100 个小立方体,使得在所有的 300 个尺寸为 $1\times1\times10$ 的平行于立方体某条棱的每一个柱体中都恰好少了一个小立方体. 证明:被取走的黑色小立方体数目一定是 4 的倍数.

4. 空间直角坐标系内有一立方体,它有 4 个不共面的顶点是整点. 证明:这个立方体的所有顶点均为整点.

5. 已知一三角形的每条边长均不超过 $\sqrt{2}$. 证明:该三角形可以放入一个单位立方体中.

6. 将一个正方体剖分成有限个长方体,使得正方体的外接球体积等于所有剖分长方体的外接球体积之和. 证明:所有这些长方体都是正方体.

7. 当一个正方形所有的点都在一个立方体的面上或内部时,称这个正方形被立方体所包含. 对于边长为 1 的立方体,试求出最大的 a,使边长为 a 的正方形能被该立方体所包含.

8. 3 个平面状反射镜在空间形成一个三面直角. 证明:任何射入这个反射镜的光线,在经过几次反射后,射出的方向都恰好与入射方向相反.

9. 在棱长为 1 的正方体表面上有一条闭折线. 现知正方体的每一个面上都至少有折线上的一段. 证明:折线长度不小于 $3\sqrt{2}$.

10. 证明:单位正方体在任何平面上的投影面积值等于它在与这平面垂直的直线上的投影长度值.

11. 在正方体的内部放着一个多面体 M,它在正方体的每一个侧面上的投影都充满了整个侧面. 证明:多面体 M 的体积不小于正方体体积的 $\dfrac{1}{3}$.

§7.2 球面与球体

立体图形中,除了长方体、立方体,最受青睐的大概就是球.球的很多结果大家耳熟能详,这里不用赘述.

例1 求证:如果一个凸多面体的每个顶点出发恰有3条棱,且每个面都有外接圆,则这个多面体有外接球.

证明 多面体的棱 AB 的两个相邻面的外接圆单一地确定球面 S,使这两个外接圆在这个球面上,因此这两个面的所有顶点都在这个球面上.如果 BC 和 BD 是以 B 为端点的另外两条棱,那么含有 B,C,D 的圆也属于 S,所以棱 BC 的邻面的一切顶点都在 S 上.

现在,可以类似地研究以 C 为端点的棱的邻面.因为对于任何一个顶点都可作一条从棱 AB 开始且结束于这个顶点的棱的链,所以我们可以到达多面体的任何顶点.由此,多面体的任何顶点都在球面 S 上.

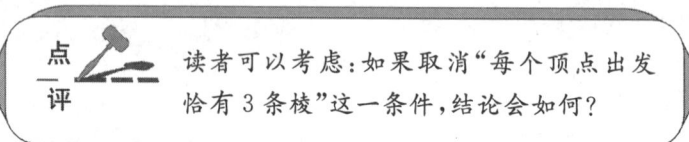

读者可以考虑:如果取消"每个顶点出发恰有3条棱"这一条件,结论会如何?

例2 一个白球上有12%的表面(可理解为若干块区域)沾上了红色.求证:存在球的一个内接平行六面体,它的所有顶点都是白色的.

证明 **方法一** 问题条件中的12%可以换为$(50-\varepsilon)$%,其中 ε 是一个可以任意小的正数.事实上,若将球作中心对称反射,并不会得到一个全红的球,在它上面仍有全白的区域.因此,原来球上同一区域互为中心对称的区域也是白色. 在这两个白色区域中各取正方形的 4 个顶点(两个正方形关于球心中心对称),即得所求作的平行六面体的 8 个顶点.

方法二 取 3 个过球心且互相垂直的平面,将球依次关于它们作 3 次反射,则在所得的球面上,红色所覆盖的面积不超过球面的 $8 \times 12\% = 96\%$. 因而存在一个白点,它与它在各次反射中所重合的点一道,给出了所求作的平行六面体的所有顶点. 按这一思路可以证明,存在一个顶点皆为白色的正方体.

例3 是否能选定一个球、一个三棱锥和一张平面,使得平行于所选平面的任一平面满足以下要求:该平面截所选球的截面面积与它截所选棱锥的截面面积相等.

解 答案是肯定的. 在 $Oxyz$ 空间直角坐标系中,考察以下四点为顶点的四面体:$A(0,-d,r), B(0,d,r), C(d,0,-r), D(-d,0,-r)$.

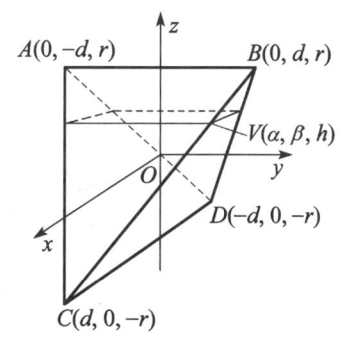

图 7.5

下面的讨论将说明,通过对 d 的适当选取,可保证:任何一张平行 Oxy 坐标面的平面 $z=h$ 截该四面体所得截面的面积,等于同一平面截以原点 O 为中心、r 为半径的球所得截面的面积.

如图 7.5,平面 $z=h$ 截所述球所得的圆以 $\sqrt{r^2-h^2}$ 为半径,该截面的面积为 $\pi(r^2-h^2)$. 另一方面,平面 $z=h$ 截所述四面体所得的截面是一个矩形,设该矩形在 BC 棱上的顶点为 $V(\alpha,\beta,h)$. 约定以 $\vec{v},\vec{b},\vec{c}$ 表示向量 $\overrightarrow{OV},\overrightarrow{OB}$ 和 $\overrightarrow{OC}$,则有 $\vec{v} = \lambda\vec{c} + (1-\lambda)\vec{b}$,

即 $(\alpha,\beta,h) = (\lambda d, (1-\lambda)d, -\lambda r + (1-\lambda)r)$,

于是 $h = r - 2\lambda r, \lambda = \dfrac{r-h}{2r}$.

因此, $\alpha = \left(\dfrac{r-h}{2r}\right)d, \beta = \left(1 - \dfrac{r-h}{2r}\right)d = \left(\dfrac{r+h}{2r}\right)d.$

173

据此,我们算出所截矩形的面积:
$$4\alpha\beta = 4\left(\frac{r-h}{2r}\right)\left(\frac{r+h}{2r}\right)d^2 = (r^2-h^2)\frac{d^2}{r^2}.$$

如果取 $d=\sqrt{\pi}r$,那么所截矩形的面积就与所截圆的面积 $\pi(r^2-h^2)$ 相等.

例 4 在半径为 10 的球外作一个外切 19 面体. 证明:在该 19 面体的表面上可以找到两个点,它们之间的距离大于 21.

证明 已知球的面积等于 400π,因此外切 19 面体的表面积大于 400π,而它的某一个面的面积大于 $\frac{400\pi}{19}$. 假若 A 是球与该面的切点,B 为该面上的点,而且 $AB > \sqrt{21}$(这样的点是存在的,否则整个面均位于半径为 $\sqrt{21}$ 的圆内,相应的面积将小于 $21\pi < \frac{400\pi}{19}$),设 O 为球心,则 $BO > \sqrt{121} = 11$. 由此易得,经过 O 点联结 B 点和多面体上另外一点的线段长大于 21.(还能证明,这个长度大于 22.)

例 5 给定一条空间闭折线,其顶点为 $A_1, A_2, \cdots, A_n$,它的每一段都与某个定球 O 的球面相交于两点,而折线的所有顶点全都位于球外. 这些顶点与交点将折线分成 $3n$ 条线段. 现知紧挨着点 A_1 的两条线段彼此相等,紧挨着点 $A_2, A_3, \cdots, A_{n-1}$ 的两条线段亦是如此. 求证:紧挨着点 A_n 的两条线段也彼此相等.

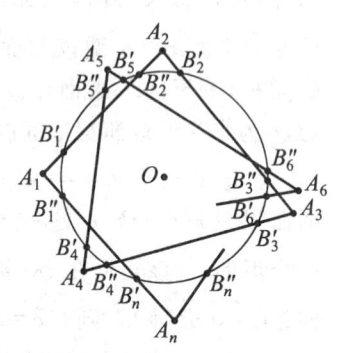

图 7.6

证明 如图 7.6,设线段 A_1A_2 与球面相交于点 B_1' 和 B_2'',线段 A_2A_3 与球面相交于点 B_2' 和 B_3'',线段 A_3A_4 与球面相交于点 B_3' 和 B_4''……线段 $A_{n-1}A_n$ 与球面相交于点 B_{n-1}' 和 B_n'',最

后，线段 A_nA_1 与球面相交于点 B'_n 和 B''_1. 需要证明：可由等式 $A_1B'_1=A_1B''_1$, $A_2B'_2=A_2B''_2$, $\cdots$, $A_{n-1}B'_{n-1}=A_{n-1}B''_{n-1}$ 推出 $A_nB'_n=A_nB''_n$.

考察 $\triangle OA_1A_2$, $\triangle OA_2A_3$, $\cdots$, $\triangle OA_nA_1$ 所在的平面，以及位于它们中的等腰 $\triangle OB'_1B''_2$, $\cdots$, $\triangle OB'_{n-1}B''_n$, $\triangle OB'_nB''_1$. 它们全都彼此全等，因而特别地，可推出等式 $B''_nB'_{n-1}=B'_nB''_1$.

使用如下定理：如果由球面外一点 X 引一条射线交球面于 Y 和 Z 两点（假定 $XY<XZ$），则不论所引的射线是哪一条，乘积 $XY\cdot XZ$ 都保持为常数（它仅依赖于 X 点的选取）. 可知有 $A_nB'_n\cdot A_nB''_n=A_nB''_n\cdot A_nB'_{n-1}$，由此即知 $A_nB'_n(A_nB'_n+B'_nB''_1)=A_nB''_n(A_nB''_n+B''_nB'_{n-1})$. 如果假设 $A_nB'_n<A_nB''_n$，那么如上等式的左端就将小于右端，因而导致矛盾. 同理，让上述不等式反号，也将导致矛盾. 故知问题中的论断正确.

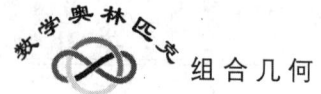

习题 7.b

1. 半径为 1 的球面上有两点,用球内长度小于 2 的曲线连起来.证明:这条曲线一定在这个球的某个半球之内.

2. 在球状的太阳表面上发现了有限个彼此不相交的圆形黑斑,其中每一个黑斑所占面积都小于太阳表面积的一半.证明:在太阳表面上有在同一直径上的相对两点未被黑斑覆盖.

3. 在半径为 1 的球面上分布着一些大圆上的弧段,所有这些弧段的长度和小于 π.证明:可以找到一个经过球心的平面,使它不与上述任何一个弧段相交.

4. 证明:若四面体各面的外接圆半径相等,则其对边的长度相等.

5. 证明:若一点位于一个具有 n 个面的凸多面体内部,且该点到每个顶点的距离最大值为 1,则该点到各面所在平面的距离之和严格小于 $n-2$.

6. 一凸多面体的某些面涂成黑色,每两个黑色的面无公共棱,且黑色面数大于面数的一半.证明:这个多面体无内切球.

7. "规则多面体"是指各个面都是正多边形的凸多面体,当且仅当一个规则多面体的各个面都不是三角形时,称其为 TLP. 求证:

(1) 所有的 TLP 都有外接球;

(2) 对于每个 TLP,至多有 3 种不同的面(即存在集合 $\{m,n,p\}$,使得 TLP 的各个面或者是正 m 边形,或者是正 n 边形,或者是正 p 边形);

(3) 仅存在一种 TLP,它恰有正五边形和正六边形两种面(即足球);

(4) 对于 $n>3$,以 2 个正 n 边形为底面、n 个正方形为侧面的棱柱是一个 TLP,则除这种 TLP 外,只存在有限种 TLP.

§7.3 其他各种空间问题

除了长方体、立方体和球体，其他空间问题还包括规则或不规则多面体，以及空间点集。显然，对应于平面的不规则图形和平面点集，也有非常丰富和高难度的问题，发明、搜集空间的这类问题，可能还是个起步而已。

关于多面体，最有名的结果是欧拉定理，即若设简单多面体（不一定凸）的点数、面数和棱数分别为 V, F, E，则 $V+F-E=2$.

另一个非常有名的结果是柯西定理，说的是各面对应相等且同样安置的两个凸多面体，必为全等。

在法国著名数学家阿达马的著作《几何》（立体部分）中有这个问题的解答，看上去挺"初等"的（但自然很不简单），读者可以把它当作一道挑战自己的难题。不过这个结论的用处显然远不及欧拉定理。

例1 设 P_1 是一个有 9 个顶点 $A_1, A_2, \cdots, A_9$ 的凸多面体，P_i 是由 P_1 作平移变换 $A_1 \to A_i$ 得到的多面体 $(i=2,3,\cdots,9)$. 证明：$P_1, P_2, \cdots, P_9$ 中至少有两个多面体，它们至少有一个公共的内点。

证明 以 A_1 为位似中心，将 P_1 作位似变换，使其相似比为 $2:1$，得到多面体 P'，显然 $P_1 \subset P'$. 下面证明，对于 $i=2,3,\cdots,9$，$P_i \subset P'$.

如图 7.7，设 X 是 $P_i(i=2,3,\cdots,9)$ 中任意一点，Y 是将 P_i 进行平移 $A_i \to A_1$ 时由 X

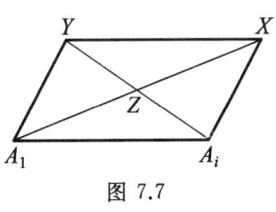

图 7.7

生成的像,易知 $Y \in P_1$. 由于 $\overline{A_1 Y} \underline{\underline{}} \overline{A_i X}$,故四边形 $A_1 A_i X Y$ 是平行四边形, $\overline{A_1 X}$ 和 $\overline{A_i Y}$ 相交平分于点 Z. 而 $Y, A_i \in P_1$,所以 $\overline{Y A_i} \subset P_1$,进而 $Z \in P_1$. 又 $\overline{A_1 X} = 2 \overline{A_1 Z}$,故 $X \in P'$,从而 $P_i \subset P'$.

显然,有下面关于多面体体积的关系式
$$\overline{P}_1 + \overline{P}_2 + \cdots + \overline{P}_9 = 9 \overline{P}_1,$$
由相似比为 $1:2$ 可知 $\qquad P' = 2^3 \cdot \overline{P}_1 = 8 \overline{P}_1.$

根据关于体积的重叠原则,$P_1, P_2, \cdots, P_9$ 中至少有两个多面体彼此相交,这两个多面体至少有一个公共内点.

例 2 证明:如果某个图形在空间中恰好有 n 条对称轴,那么 n 是奇数.

证明 注意下面两个简单结论.

(1) 若空间直角坐标系的轴 Ox 和 Oy 是图形 F 的对称轴,则轴 Oz 也是这图形的对称轴.

这是因为 F 中的任意点 $A(x, y, z)$ 关于 Ox 轴的对称点为 $B(x, -y, -z)$,B 关于 Oy 轴的对称点为 $C(-x, -y, z)$. B, C 都在 F 上,并且点 C 和 A 关于轴 Oz 对称,所以 Oz 是图形 F 的对称轴.

(2) 若直线 s 和 t 是图形 F 的对称轴,则直线 t 关于直线 s 的对称直线 t' 也是图形 F 的对称轴.

事实上,设 A_1 是图形 F 中的任一点,则 A_1 关于 s 的对称点 A_2,A_2 关于 t 的对称点 A_3,A_3 关于 s 的对称点 A_4 都属于 F. 以 s 为轴作反射时,点 A_2, A_3 及 t 分别变为点 A_1, A_4 及直线 t'. 因为 A_2 和 A_3 关于 t 对称,所以它们的像(点 A_1 和 A_4)也关于 t' 对称,故 t' 是图形 F 的对称轴.

对于本题,设图形 F 的 n 条对称轴为 $S_1, S_2, \cdots, S_n$. 若轴 $S_i (i \geq 2)$ 和 S_1 垂直相交于 O 点,则令图形 F 的、与 S_i 和 S_1 垂直相交于 O 点的对称轴 $S_j (j \geq 2, j \neq i)$ 对应于轴 S_i (由(1)知 S_j 存在);若 S_i 与 S_1 不垂直或不相交,则令与轴 S_i 关于 S_1 对称的轴 S_j 对应于 S_i (由(2)知,S_j 是存在的). 在这两种情况下,轴 S_j 都不同于轴 S_1 和 S_i,因此,$n-1$ 条

直线 $S_2, S_3, \cdots, S_n$ 可以两两配对,且各对没有公共元素,所以 $n-1$ 是偶数,从而 n 是奇数.

> **点评** 配对的思想对很多问题至关重要. 它和分类、估计等都是数学中的基本方法,其实在生活中也经常用到.

例3 已知一个凸多面体的任意两条棱都不平行,任意一条棱都不与任意一个面平行(除非这条棱是两个面的公共棱). 若凸多面体上有两个点,分别过这两个点存在两个平行平面,使得凸多面体夹在这两个平面之间,则称这两个点为一对"对映点". 设 A 是由凸多面体的顶点构成的对映点对的数目, B 是由凸多面体棱的中点构成的对映点对的数目,试用凸多面体的顶点数、棱数和面数表示 $A-B$.

解 设凸多面体为 Γ,其顶点、棱、面分别为 $V_1, V_2, \cdots, V_n$; $E_1, E_2, \cdots, E_m$; $F_1, F_2, \cdots, F_l$. 又设 E_i 的中点为 $Q_i (i=1,2,\cdots,m)$. S 是一个单位球面上的所有单位向量的集合,将 Γ 的边界依照下列方法映射到 S 上.

对于面 F_i,设 $S^+(F_i), S^-(F_i)$ 是面 F_i 分别指向 Γ 的外侧和内侧的单位法向量. 因此,这两个点是 S 的对径点.

对于棱 E_j,设它是面 F_{i_1} 与 F_{i_2} 的交,考虑所有包含 E_j 的 Γ 的支撑面(该平面与 Γ 有公共点,且 Γ 都在该平面的同一侧),设 $S^+(E_j)$ 是这些支撑面指向 Γ 外侧的单位法向量的集合,则 $S^+(E_j)$ 是 S 的一个大圆上的一段弧,弧 $S^+(E_j)$ 垂直于 E_j,端点为 $S^+(F_{i_1})$ 和 $S^+(F_{i_2})$.

同理,定义指向 Γ 内侧的单位法向量集合 $S^-(E_j)$,且 $S^+(E_j)$ 与 $S^-(E_j)$ 关于球心(原点)对称.

如图 7.8,对于顶点 V_k,设其是棱 E_{j_1}, $E_{j_2}, \cdots, E_{j_h}$ 的公共端点,且是面 $F_{i_1}, F_{i_2}, \cdots,$

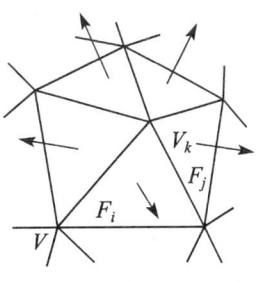

图 7.8

F_{i_h} 的公共点. 考虑所有过 V_k 的 Γ 的支撑面. 设 $S^+(V_k)$ 是这些支撑面指向 Γ 外侧的单位法向量的集合, 这是 S 上的一个区域, 是以 $S^+(F_{i_1}), S^+(F_{i_2}), \cdots, S^+(F_{i_h})$ 为顶点, $S^+(E_{j_1}), S^+(E_{j_2}), \cdots, S^+(E_{j_h})$ 为边的球面多边形(如图 7.9).

设 $S^-(V_k)$ 是指向 Γ 内侧的单位法向量的集合, 且 $S^+(V_k)$ 与 $S^-(V_k)$ 关于球心对称. $S^-(V_k)$ 在视觉上是凸的, 它是一些半球面的交.

下面将 Γ 上的条件表述为在 S 上的像的条件.

图 7.9

(1) 多面体 Γ 没有平行棱——对于任意的 $i, j (i \neq j)$, 包含弧 $S^+(E_i)$ 的大圆和包含 $S^-(E_j)$ 的大圆不同.

(2) 棱 E_i 不属于面 F_j, 且 E_i 不平行于 F_j——包含弧 $S^+(E_i), S^-(E_i)$ 的大圆不经过 $S^+(F_j), S^-(F_j)$.

(3) Γ 没有平行面——$S^+(F_i)$ 与 $S^-(F_i)$ 两两不同.

区域 $S^+(V_k)$, 弧 $S^+(E_j)$ 和点 $S^+(F_i)$ 给出了球面的一个分解. 区域 $S^-(V_k)$, 弧 $S^-(E_j)$ 和点 $S^-(F_i)$ 也给出了球面的一个分解, 且这两种分解关于球心对称.

引理 1 对于任意的 $i, j (1 \leq i, j \leq n)$, 区域 $S^-(V_i), S^+(V_j)$ 重叠的充分必要条件是点 V_i, V_j 是一对对映点.

引理 1 的证明: 由条件 (1), (2), (3) 知, 区域 $S^-(V_i)$ 和 $S^+(V_j)$ 的交不可能是一个顶点或一段弧. 因此, $S^-(V_i)$ 与 $S^+(V_j)$ 要么不交, 要么有重叠.

假设 $S^-(V_i)$ 和 $S^+(V_j)$ 有公共的内点 U, 设 p_1, p_2 是分别过 V_i, V_j 的 Γ 的支撑面, 且 p_1 与 p_2 平行, 单位法向量均为 $\vec{U}$.

由 $S^-(V_i), S^+(V_j)$ 的定义, 因为 $\vec{U}$ 是 p_1 指向内侧的单位法向量, 也是 p_2 指向外侧的单位法向量, 所以, 多面体 Γ 在这两个平面 p_1, p_2 之间. 于是, V_i 和 V_j 是一对对映点.

反之, 假设 V_i, V_j 是对映点对, 则存在两个平行支撑面 p_1, p_2, 且分别过点 V_i, V_j, 而 Γ 在 p_1, p_2 之间. 设 $\vec{U}$ 是 p_1 指向内侧的单位法向

量,则 $\vec{U}$ 是 p_2 指向外侧的单位法向量. 故 $\vec{U} \in S^-(V_i) \bigcap S^+(V_j)$,即 $S^-(V_i)$ 与 $S^+(V_j)$ 有公共的内点. 因此,发生重叠.

引理 2 对任意的 $i,j(1 \leqslant i,j \leqslant m)$,弧 $S^-(E_i)$,$S^+(E_j)$ 相交的充分必要条件是边 E_i, E_j 的中点 Q_i, Q_j 是一对对映点.

引理 2 的证明:由条件(1),(2),知弧 $S^-(E_i)$ 的端点不属于 $S^+(E_j)$;反之亦然. 因此,这两条弧要么不交,要么相交于内点.

假设弧 $S^-(E_i)$,$S^+(E_j)$ 相交于点 U,设 p_1, p_2 是分别过 E_i, E_j 的两个支撑面,且单位法向量为 $\vec{U}$.

由弧 $S^-(E_i)$,$S^+(E_j)$ 的定义,因为 $\vec{U}$ 是 p_1 指向内侧的单位法向量,也是 p_2 指向外侧的单位法向量,所以 Γ 在 p_1, p_2 之间.

又因为 p_1, p_2 分别过 Q_i, Q_j,所以 Q_i, Q_j 是一对对映点.

反之,假设 Q_i, Q_j 是一对对映点,p_1, p_2 是分别过 Q_i, Q_j 的两个支撑面,由于一条棱不能与支撑面相交,则 E_i, E_j 分别在平面 p_1, p_2 内. 设 $\vec{U}$ 是 p_1 指向内侧的单位法向量,也是 p_2 指向外侧的单位法向量,则
$$\vec{U} \in S^-(E_i) \bigcap S^+(E_j),$$
故弧 $S^-(E_i)$ 与 $S^+(E_j)$ 一定相交.

现在给出球面 S 的一个新的分解. 在 S 上画出所有的弧 $S^+(E_i)$,$S^-(E_j)$,两条弧的公共点称为"结点",则对应着 Γ 的面,在 $S^-(F_i)(i=1,2,\cdots,l)$ 处共有 l 个结点,在 $S^-(F_j)$ 处也共有 l 个结点. 由条件(3),这些结点都是不同的.

由于存在某些 $i,j(1 \leqslant i,j \leqslant m)$,使得弧 $S^-(E_i)$,$S^+(E_j)$ 相交,由引理 2,每对对映点 (Q_i, Q_j) 对应着两条弧相交,于是,所有交点的数目为 $2B$. 因此,所有结点的数目为 $2l+2B$.

又每个相交弧的结点将每条弧分成两部分,于是,弧的数目增加两个. 对应着 Γ 的棱,开始时有 $2m$ 条弧,从而,最后的曲线段数目为 $2m+4B$.

曲线段网将球面分成一些"新"的区域,每个新区域都是重叠的集合 $S^-(V_i)$ 和 $S^+(V_j)$ 的交. 由凸性性质,两个重叠区域的交仍然是凸的. 由引理 1,每一对发生重叠的区域对应着一对对映点,每一对对映

点对应着两个不同的重叠区域,且这两个重叠区域关于球心对称. 于是,新的区域数目为 $2A$.

由欧拉定理有
$$n+l=m+2, (2l+2B)+2A=(2m+4B)+2.$$
于是,$A-B=m-l+1=n-1$.

因此,$A-B$ 比 Γ 的顶点的数目少 1.

> **点评** 本题的一些中间结果本来就很有价值. 本题再次说明作为工具的语言的重要性,特别是在形成概念的时候.

例 4 空间中有 n 个点,每两点之间有个距离,记最大距离与最小距离之比为 T_n. 证明:$\min T_5 = \sqrt{\dfrac{12}{7}}$.

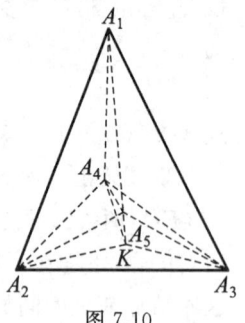

图 7.10

证明 首先,若五点中有四点共面,则凸包分析告诉我们,一定有三点构成一个非锐角三角形,从而有 $T_5 \geq \sqrt{2} > \sqrt{\dfrac{12}{7}}$. 下设五点中任意四点不共面. 分两种情况讨论.

(1) 当五个点的凸包是四面体时,如图 7.10 所示. 设该四面体顶点为 A_1, A_2, A_3, A_4,另外一点 A_5 在其内部. 延长 A_1A_5 与平面 $A_2A_3A_4$ 交于 K,则 K 在 $\triangle A_2A_3A_4$ 内部.

若 $\angle A_1A_5A_2 \geq 90°$,则
$$T_5 \geq \frac{A_1A_2}{\min(A_1A_5, A_2A_5)} \geq \sqrt{2} > \sqrt{\dfrac{12}{7}}.$$

若 $\angle A_1A_5A_2 < 90°$,则 $\angle A_2A_5K > 90°$,于是 $A_2K > A_2A_5$.
同理可得,$A_3K > A_3A_5$,$A_4K > A_4A_5$.

易知 $\angle A_4KA_2, \angle A_2KA_3, \angle A_3KA_4$ 中总有一个 $\geq 120°$(从而)$> 90°$,

于是由余弦定理,

$$T_5 \geq \frac{\max\{A_2A_3, A_3A_4, A_4A_2\}}{\min\{A_2A_5, A_3A_5, A_4A_5\}} > \frac{\max\{A_2A_3, A_3A_4, A_4A_2\}}{\min\{A_2K, A_3K, A_4K\}}$$

$$\geq \sqrt{3} > \sqrt{2} > \sqrt{\frac{12}{7}}.$$

(2) 当凸包不是四面体时,易知它的每个面都必须是三角形. 由欧拉公式:$V+F-E=2$,其中 $V=5$,而每个面均为三角形,所以 $3F=2E$,解得 $E=9$, $F=6$.

五个点有 $C_5^2=10$ 条连线,因此有一条作为对角线,另 9 条为棱. 不妨设 A_1A_2 为对角线,那么 A_1, A_2 必在平面 $A_3A_4A_5$ 的异侧,并且 A_1A_2 穿过 $\triangle A_3A_4A_5$ 内一点. 事实上,若 A_1, A_2 在平面 $A_3A_4A_5$ (即 π) 的同侧,如图 7.11 所示,则由于 A_1A_2 是一凸形

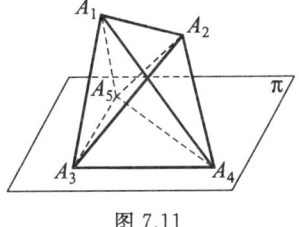

图 7.11

对角线,因此射线 A_1A_2 必在三面角 $\angle A_3A_4A_5 - A_1$ 内,但这样一来 A_2 落在四面体 $A_1A_3A_4A_5$ 内,不可能. 另外,A_1A_2 必过 $\triangle A_3A_4A_5$ 内部,这是因为,记 A_1A_2 与 $\triangle A_3A_4A_5$ 所在平面 π 的交点为 K,则 K 在整个五点组成的凸包内,于是过 K 的任意截面包含 K. 今过 K 作平面 π,在凸包上的截面恰好是 $\triangle A_3A_4A_5$,于是 A_1A_2 穿过 $\triangle A_3A_4A_5$.

过 A_1, A_2 及 A_1A_2 中点 A' 作 3 个平面 π_1, π_3, π_2 垂直于 A_1A_2,如图 7.12 所示. 易知 A_3 必在 π_1 和 π_3 之间. 否则若 A_3 处于 (π_1 之外的) A_3'' 位置,则 $\angle A_3A_1A_2 = \angle A_3''A_1A_2 \geq 90°$,于是

$T_5 \geq \sqrt{2} > \sqrt{\frac{12}{7}}$. 故 $\angle A_2A_1A_3 < 90°$. 不妨设 A_3 在 π_1 与 π_2 之间,作 A_3 在 π_2 上的投影 A_3',则 $A_1A_3' = A_2A_3'$. 又 $\angle A_1A_3A_3' = 180° - \angle A_2A_1A_3 > 90°$,于是 $A_1A_3' \geq \min\{A_1A_3, A_2A_3\}$.

同理可得,A_4', A_5' 在 π_2 上,有

$$A_2A_4' = A_1A_4' \geq \min\{A_1A_4, A_2A_4\},$$
$$A_2A_5' = A_1A_5' \geq \min\{A_1A_5, A_2A_5\}.$$

由于 A_1A_2 穿过 $\triangle A_3A_4A_5$,所以 A' 在

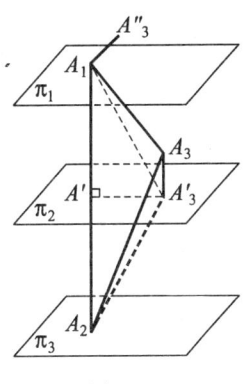

图 7.12

$\triangle A_3'A_4'A_5'$ 的内部. 若 $\dfrac{A_1A_2}{\min\{A_1A_3,A_2A_3\}}<\sqrt{\dfrac{12}{7}}$,由前知,有 $\dfrac{A_1A'}{A_1A_3'}<\sqrt{\dfrac{3}{7}}$,于是

$$\dfrac{A'A_3'}{A_1A_3'}=\sqrt{1-\dfrac{A'A_1'^2}{A_3'A_1'^2}}>\dfrac{2}{\sqrt{7}},$$

同理可得

$$\dfrac{A'A_4'}{A_1A_4'}>\dfrac{2}{\sqrt{7}},\ \dfrac{A'A_5'}{A_1A_5'}>\dfrac{2}{\sqrt{7}}.$$

因为 A' 在 $\triangle A_3'A_4'A_5'$ 内部,所以由余弦定理,

$$\dfrac{\max\{A_3'A_4',A_4'A_5',A_5'A_3'\}}{\min\{A'A_3',A'A_4',A'A_5'\}}\geqslant\sqrt{3},$$

由前得

$$\dfrac{\min\{A'A_3',A'A_4',A'A_5'\}}{\min\{A_1A_3',A_1A_4',A_1A_5'\}}>\dfrac{2}{\sqrt{7}},$$

于是

$$\dfrac{\max\{A_3'A_4',A_4'A_5',A_5'A_3'\}}{\min\{A_1A_3',A_1A_4',A_1A_5'\}}>\sqrt{3}\times\dfrac{2}{\sqrt{7}}=\sqrt{\dfrac{12}{7}}. \quad (1)$$

又由前面知 $\min\{A_1A_3',A_1A_4',A_1A_5'\}$

$$\geqslant\min\{A_1A_3,A_2A_3,A_1A_4,A_2A_4,A_1A_5,A_2A_5\}, \quad (2)$$

由于 A_3',A_4' 是 A_3,A_4 之投影,于是 $A_3A_4\geqslant A_3'A_4'$. 同理,$A_4A_5\geqslant A_4'A_5'$,$A_5A_3\geqslant A_5'A_3'$. 于是

$$\max\{A_3A_4,A_4A_5,A_5A_3\}\geqslant\max\{A_3'A_4',A_4'A_5',A_5'A_3'\}. \quad (3)$$

(1)×(2)×(3)即得

$$\dfrac{\max\{A_3A_4,A_4A_5,A_5A_3\}}{\min\{A_1A_3,A_2A_3,A_1A_4,A_2A_4,A_1A_5,A_2A_5\}}\geqslant\sqrt{\dfrac{12}{7}}.$$

当 A_3,A_4,A_5 围成正三角形,A' 为其中心,$A_1A_2=A_3A_4$ 且 A_1A_2 与 $\triangle A_3A_4A_5$ 所在平面垂直时,便有 $T(A_1,A_2,A_3,A_4,A_5)=\sqrt{\dfrac{12}{7}}$.

综上所述,$\min T_5=\sqrt{\dfrac{12}{7}}.$

求 $\min T_5$ 首先需要猜测,显然 $\min T_3=\min T_4=1$. 求部分 $\min T_n(n\geqslant 6)$,比平面复杂多了.

第七讲　立体图形

习题 7.c

1. 证明：如果四面体的 4 个侧面面积相等，则 4 个侧面彼此全等.

2. 从空间最多引多少条射线，使得其中每两条射线的夹角都是钝角？

3. 考察有 100 条棱的所有多面体.

(1) 若该多面体是凸的，试问：一张平面最多能与多面体的多少条棱相交(相交指经过内点)？

(2) 对于非凸的有 100 条棱的多面体，一张平面可与 96 条棱相交，但不可能与 100 条棱相交，试证明之.

4. (爱尔特希)设 $f_3(n)$ 表示三维空间中 n 个点确定的单位距离可能出现的最大次数. 证明：存在常数 $c_1, c_2 > 0$，有 $c_1 n^{\frac{4}{3}} \leqslant f_3(n) \leqslant c_2 n^{\frac{5}{3}}$.

5. 给定空间的 n 个点，其中任意 3 个点都是一个内角大于 $120°$ 的三角形之顶点. 求证：可以用字母 $A_1, A_2, \cdots, A_n$ 来表示这些点，使得每个 $\angle A_i A_j A_k > 120°(1 \leqslant i < j < k \leqslant n)$.

6. 过空间中一点 O 作 1979 条直线 $l_1, l_2, \cdots, l_{1979}$，其中任何两条都不互相垂直. 在直线 l_1 上选取异于 O 的任意点 A_1. 证明：可以在直线 l_i ($i = 2, 3, \cdots, 1979$) 上选取点 A_i，使下列关系成立：

$A_1 A_3 \perp l_2, A_2 A_4 \perp l_3, \cdots, A_{i-1} A_{i+1} \perp l_i, \cdots, A_{1977} A_{1979} \perp l_{1978}$, $A_{1978} A_1 \perp l_{1979}, A_{1979} A_2 \perp l_1$.

7. 证明：不存在这样的四面体，其中每一条棱都是它某个侧面上的钝角的边.

8. 证明：在四面体中至多有一个顶点具有如下性质：该顶点处的任何两个平面角之和都大于 $180°$.

9. 空间分布着 4 条两两异面的直线，其中任 3 条都不平行于同一平面. 问：有多少个平面，使其与 4 条直线的交点构成一平行四边形的顶点？

10. 在三面角上引出各平面角的角平分线. 证明：角平分线两两之

185

间的夹角或全为锐角,或全为直角,或全为钝角.

11. 在空间中,经过一点 O 作这样的 n 条直线,使得对于其中的任何两条直线,都能从中找出第三条直线与前两条直线垂直. 证明:

(1) 所有直线除了一条外都在一个平面内;

(2) n 为奇数.

12. 凸多面体的各侧面都是三角形. 求证:可以将它的每条棱分别涂上红色或蓝色,使得从多面体的任一顶点可以只沿着红色的棱运动到另一顶点,也可以只沿着蓝色的棱运动到那一顶点.

13. 给定一个有偶数条棱的多面体. 证明:可以在它的每条棱上标上箭头,使有偶数个箭头指向这个多面体的每个顶点.

14. 已知空间中的每点都被涂上 5 色之一,并且确有 5 个点涂有 5 种不同的颜色. 求证:存在一条直线,其上至少有 3 种不同的颜色;存在一个平面,其中至少有 4 种不同的颜色.

15. 一个凸多面体,它的棱被染成红、蓝两色. 对于顶点 A,记 S_A 为 A 处异色边构成的面角数. 证明:存在顶点 B,C,使 $S_B + S_C \leqslant 4$.

16. 设 C 是三维空间内的凸集,$C_1, C_2, \cdots, C_n$ 是 C 平移后得到的 n 个凸集,满足 $C_i \cap C \neq \varnothing, i=1,2,\cdots,n$,且对于任意 $i \neq j$,C_i 和 C_j 至多只能在边界上有公共点. 证明:$n \leqslant 27$,且 27 为最佳上界.

17. 凸多面体有 $2n(n \geqslant 3)$ 个面,它的每个面都是三角形. 试问:这样的多面体上最多可能有多少个 3 度(即从它出发共 3 条棱)的顶点?

18. 一个凸多面体被称为"足球体",要满足下列性质:(1) 每个面要么是正五边形,要么是正六边形;(2) 与五边形的面相邻(即有公共边)的面都是六边形. 求一个"足球体"所有可能的五边形面和六边形面的个数.

19. 设 $A_1, A_2, \cdots, A_n$ 是空间不在一直线上的 n 个点,X 是任意一点,记 $f(X) = A_1 X + A_2 X + \cdots + A_n X$. 又设 P, Q 为异于 $A_1, A_2, \cdots, A_n$ 而不相重合的两点,且 $f(P) = f(Q) = s$. 证明:空间存在一点 R,使 $f(R) < s$.

20. 已知多面体的每个顶点连出 4 条边. 证明:不通过多面体任何顶点的任一平面横切多面体的截面为有偶数个顶点的多边形.

21. 试问:能否在空间中放置 12 个长方体 $P_1, P_2, \cdots, P_{12}$,使得它

们的3条棱分别平行于3条坐标轴,并且 P_2 与除了 P_1,P_3 之外的各个长方体都相交(至少有一个公共点,长方体均包含其表面),P_3 与除了 P_2,P_4 之外的各个长方体都相交……P_{12} 与除了 P_{11},P_1 之外的各个长方体都相交,P_1 与除了 P_{12},P_2 之外的各个长方体都相交?

22. 设集合 E 为三维空间的点集,$L(E)$ 是 E 中任意两点所确定的直线上所有点的集合. 令 T 是正四面体的顶点所构成的集合,求集合 $L(L(T))$.

23. 四面体 $ABCD$ 的3个侧面 ABD,ACD,BCD 上,由 D 引出的中线与其对应的棱所成的角相等. 求证:每一个侧面的面积小于另外两个侧面面积之和.

第八讲 重要方法选讲

§8.1 赋值、映射与其他构造

构造,在所有数学分支乃至数学奥林匹克分支里,一般都是最有意思、也最有难度的问题. 人们欣赏它的无章可循,出奇制胜. 赋值、映射其实也都算是"构造",它们是代数上的构造;除此之外,便是构造具体的方案、模型等.

例1 设 S 为平面上的有限点集. 证明:存在一种赋值(将每一点赋予 -1 或 1),使得在每条平行(或垂直)于坐标轴的水平线、竖直线的直线上,所有点的和为 $-1,0$ 或 1.

证明 易知此题可以转化为方格表问题,即任选一些小方格,则可以将其适当地赋值(-1 或 1),结论不变.

用第二数学归纳法.

一个方格时结论显然成立. 设少于 k 个方格时结论都成立,今考察 k 个方格.

先任找一选中格,若此格所在行、列无其他选中格,或者所在行或列中至少有一个无其他选中格,则易知可先对其余 $k-1$ 个选中格赋值,然后再对此格赋值. 于是,可假定所有选中格所在行与列都有其他选中格.

我们选中一系列格子 $A_1 \to A_2 \to \cdots$，注意 A_1 是第一个任选格，每相邻三格 $A_{i-1} \to A_i \to A_{i+1}$ 中，若 A_{i-1} 与 A_i 同行（列），则 A_i 与 A_{i+1} 同列（行），这总能办到. 由于选中格有限，一定有个 $A_i = A_j$（$i<j$），而 $A_i, A_{i+1}, \cdots, A_{j-1}$ 两两不等，构成一条"闭圈". 于是可对 $A_i, A_{i+1}, \cdots, A_{j-1}$ 交替地赋值 1 与 -1（$A_i, A_{i+1}, \cdots, A_{j-1}$ 共偶数格，如图 8.1），则这个闭圈所

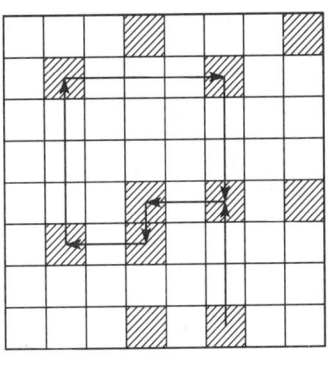

图 8.1

在格每行或列的赋值之和为 0. 由归纳假设，去除此闭圈后可赋值以满足要求，而添加此圈后结论不受影响（加 0 数值不变）. 证毕.

 此题解法简洁自然却不易想到. 考虑极端情形并作局部调整倒是容易想到，然而却做不下去，这很耐人寻味.

例 2 （1）能否将整个空间表示成无数条两两异面的直线的并集？

（2）能否将三维空间表示成无穷多个无公共点的圆的并集？

解 （1）可以. 比如先作一条直线 a，再过 a 上的两个点作两条同它垂直而互不平行的直线 b 和 c. 考察由相互平行且平行于 a 的平面所组成的集合，在每一个这样的平面上，过 b, c 同平面的交点连一条直线. 最后令空间绕轴 a 作一切可能的旋转，如此所得的直线全体即为所求.

（2）可以. 先证明一个引理：任意去掉两点的球面可表示为无穷多个无公共点的圆周的并集.

为此，设球面去掉了点 P, Q，以 P, Q 为切点的球的切面为 α, β. 若 $\alpha // \beta$，则每个与 α, β 平行且与线段 PQ 相交的平面都在球面上截得一

圆.不同的平面所截得的圆无公共点.

若 $\alpha \not\parallel \beta$,则设 $l=\alpha \cap \beta$.这样每个过 l 且与线段 PQ 相交的平面都在球面上截得一圆.不同的平面所截得的圆无公共点.至此引理得证.

下面以引理为基础解决本题.首先在一个半径为 2 的球内,过球心 O 及球面上一点 A 作半径为 1 的圆 ω,则每个以 O 为球心、半径小于 2 的球都与 ω 相交于两点.由引理可知去掉这两点的球面可表示为无公共点的圆周并集.这样整个半径为 2 的球 O,除了不含点 A 的球面外其余部分都能表示成无公共点的圆周并集.把这个模型沿着 OA 不断地平移,每次平移的长度为 4,则得到一整个球串.这时每一个垂直于直线 OA(球串的轴)的平面,与球串相交的部分为一个圆盘(不含边界)或一个点,则其余部分可表示为一系列同心圆的并集.这样整个空间就全部表示成无穷多个无公共点的圆周并集了.

> **点评** 要用无穷多个圆周直接去填满空间显然较为复杂.因此可以分两步走,先建立辅助命题,用圆周拼成一个图形,再用这个图形及圆周去填满整个空间.

例 3 球面上任意分布着 n 个点.求证:可以将球面划分为 n 块,每块上恰好有一个指定点,且每块全等.

证明 过每两个点作一个大圆,这些大圆的总数有限.因此,一定有一条直径,它的两端均不在上述大圆上.

以这条直径的两端为南北极,建立起经纬度,则每两个已知点的经纬度均不同.因此,有 $n-1$ 个纬线圈将球面分为 n 个地带,每一个地带中恰有一个已知点.

将第一个地带用经线等分为 n 份,使已知点在某一份的内部.将这 n 份记为 $A_{1,1}, A_{1,2}, \cdots, A_{1,n}$,而已知点在 $A_{1,1}$ 内部.

假定前 k 个被纬线圈分成的地带已经重分为 n 份 $A_{k,1}, A_{k,2}, \cdots,$

$A_{k,n}$. 前 k 份中各含一个已知点,并且每一份可由相邻那份绕地轴(南北极的连线)旋转 $\frac{2\pi}{n}$ 而得到. 我们考虑第 $k+1$ 个被纬线圈分成的地带 B_{k+1},其中含一个已知点. 这一地带被两个纬线圈夹住,上一个被等分为 n 份,分别属于 $A_{k,1}, A_{k,2}, \cdots, A_{k,n}$. 等分这纬线圈的 n 条经线将 B_{k+1} 等分为 n 份,设已知点在第 m 份中.

如图 8.2,将 B_{k+1} 用纬线分为 $2(m-(k+1))$ 层(在 $m<k+1$ 时,用 $m+n$ 代替 m;在 $m=k+1$ 时不必再分),使最下的一层含有已知点(这些纬线之间的距离不必相等). 每一层被 n 条经线等分为 n 份,其中,第 $2, 4, \cdots, 2(m-(k+1))$ 层被上述 n 条经线等分,而第 $1, 3, \cdots, 2(m-(k+1))-1$ 层被另 n 条经线等分,它们是由上面的经线旋转 $\frac{\pi}{n}$ 而得到的.

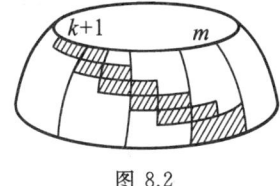

图 8.2

将图中打上阴影的部分与 $A_{k,k+1}$ 合并,记为 $A_{k+1,k+1}$. 而 $A_{k+1,k+1}$ 绕地轴旋转 $\frac{2\pi}{n} \cdot l$(l 为正整数),便得出其他 $n-1$ 个部分 $A_{k+1,j}$ ($1 \leqslant j \leqslant n, j \neq k+1$),其中 $A_{k+1,j} \supset A_{k,j}$,因此 $A_{k+1,1}, A_{k+1,2}, \cdots, A_{k+1,k+1}$ 各含一个已知点.

这样继续下去,最终得出 n 个区域 $A_{n,1}, A_{n,2}, \cdots, A_{n,n}$,每个区域含一个已知点,并且绕地轴旋转 $\frac{2\pi}{n}$ 时,每个区域变为与它相邻的区域,因此它们是全等的.

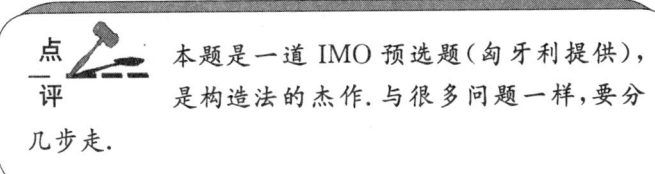

本题是一道 IMO 预选题(匈牙利提供),是构造法的杰作. 与很多问题一样,要分几步走.

例 4 平面上有 n 个定点,以每次必须至少覆盖一个点的方式在平面上移动一个圆盘,每一步就是把圆盘的中心移动到上一步圆盘移动后覆盖的点的质心. 证明: 移动若干次后, 圆盘将不再移动.

证明 定义一个单调不增函数, 在每一步中, A 是被圆盘覆盖的点的集合, B 是不被圆盘覆盖的点的集合, O 是圆盘的中心, r 是圆盘半径. 于是,
$$f(O) = \sum_{X \in A} OX^2 + |B|r^2,$$
式中 $|B|$ 指 B 的元素个数, 下同.

易知, 对于 A 中所有点 $X_1, X_2, \cdots, X_k$, 当 O 是 $X_1, X_2, \cdots, X_k$ 的重心时, $\sum_{X \in A} OX^2$ 最小.

当 A 变成 A', B 变成 B', O 变成 O' 时, 有
$$\sum_{X \in A} OX^2 \geqslant \sum_{X \in A} O'X^2 = \sum_{X \in A \cap A'} O'X^2 + \sum_{X \in A \cap B'} O'X^2$$
$$\geqslant \sum_{X \in A \cap A'} O'X^2 + |A \cap B'|r^2,$$
$$|B|r^2 = |B \cap A'|r^2 + |B \cap B'|r^2 \geqslant \sum_{X \in B \cap A'} O'X^2 + |B \cap B'|r^2.$$

把两个不等式相加得
$$\sum_{X \in A} OX^2 + |B|r^2 \geqslant \sum_{X \in A'} O'X^2 + |B'|r^2.$$

因为 O 可以作用的点是有限的, 同时 $f(O)$ 是单调不增的函数, 所以经过有限步后, $f(O)$ 将变成一个常数.

这也就是说, 经过有限步后 O 的位置就不变了.

点评 这一构造也不易想到. 请读者否定 f 变成常数后圆盘作循环运动的情形.

例 5 由 6 个单位正方形构成的如图 8.3 所示的图形, 以及由它旋转或翻转得到的图形统称为钩形. 试确定所有 $m \times n$ 矩形, 使其能被钩形所 (无重叠) 覆盖.

解 所有符合要求的数对 m, n 满足 $3|m, 4|n$; 或 $3|n, 4|m$; 或 $12|m, n$

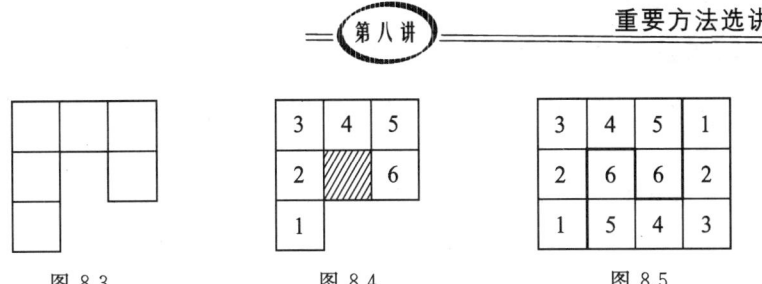

图 8.3　　　　　图 8.4　　　　　图 8.5

$\neq 1,2,5$；或 $12 \mid n, m \neq 1,2,5$.

对钩形的 6 个格子如图 8.4 编号,图中阴影部分的格子必属于另一钩形,且这个格子只能是另一钩形中 1 号或 6 号的格子.如果是 6 号,则两钩形一起形成 3×4 的矩形,如图 8.5.如果是 1 号,则有如图 8.6 及图 8.7 两种情况.

若为图 8.6,则其中阴影部分小方格无法覆盖.所以能覆盖时,钩形必两两配对,形成 3×4 矩形或图 8.7 的情况.

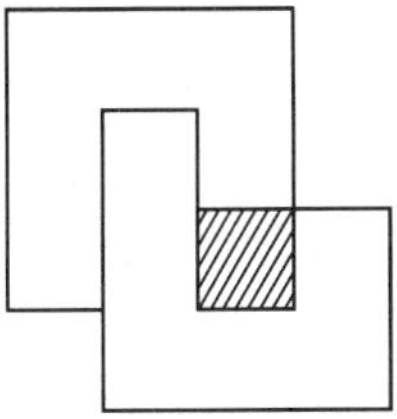

图 8.6 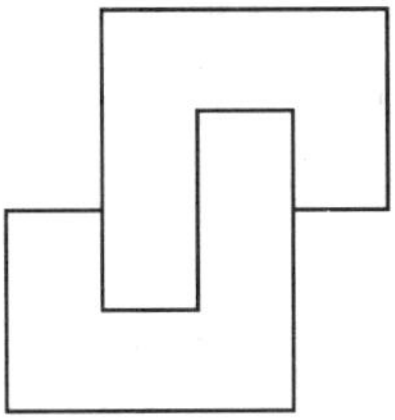　　　　　图 8.7

所以 $12 \mid mn$.

下面用赋值法证明 m, n 中至少有一个能被 4 整除.

用反证法：若 m, n 均不能被 4 整除,由于 $12 \mid mn$,故 m, n 均为偶数.将 $m \times n$ 矩形的行和列分别标上号码 $1, 2, \cdots, m$ 及 $1, 2, \cdots, n$.给 i 行 j 列的单位正方形 (i, j) 按如下方式赋值:值为 i, j 中能被 4 整除的数的个数(可能为 $0, 1, 2$).由于每一行和每一列的单位正方形数目均为偶数,故所有赋值之和为偶数,而每一个 3×4 矩形覆盖的赋值之和为 3 或 7.另一种如图 8.7 所示的 12 个小正方形的块覆盖的赋值之和为 5 或 7.由此可推出钩形对组成的 12 个小正方形的块的个数是偶数,从而 $24 \mid mn, 8 \mid mn$,与 $4 \nmid m, 4 \nmid n$ 矛盾.

易见若一个覆盖可能实现,m, n 均不能为 $1, 2, 5$.因 $12 \mid mn$,则 3 必整除 m, n 之一,上面又证得 4 整除 m, n 之一,如 $3, 4$ 整除不同的数 m, n,则为 $3 \mid m, 4 \mid n$；或 $3 \mid n, 4 \mid m$.如 $3, 4$ 整除同一个数,则 $12 \mid m$ 或 $12 \mid n$,且另一个数不等于 $1, 2, 5$.下面证明用 3×4 矩形即可实现覆盖.

① 若 $3 \mid m, 4 \mid n$ 或 $3 \mid n, 4 \mid m$,则 $m \times n$ 可分解成 3×4；

② 若 $12\mid m, n\notin\{1,2,5\}$ ($12\mid n, m\notin\{1,2,5\}$) 的情形证明方式一样).

不妨设 $3\nmid n, 4\nmid n$(否则归为情况①),又 $n\notin\{1,2,5\}$,故 $n\geq 7$. 当 $n\geq 10$ 时,由于 $n-4, n-8$ 中至少有一个能被 3 整除,易知结论成立.

例6 若一简单多面体的每个面都是三角形,把它的顶点按任意方式三染色. 证明:顶点恰好三色的三角形有偶数个.

证明 设三色分别为红、黄、蓝.

今给红、黄、蓝点分别赋值 $1, 0, -1$. 对任一三角形,三顶点按逆时针排列,赋值依次为 X, Y, Z,则定义其特征数为
$$(X-Y)^3 + (Y-Z)^3 + (Z-X)^3.$$

易知,此时只要 X, Y, Z 中有两数相等,则两色或一色顶点三角形的特征数为 0.

将顶点红、黄、蓝逆时针排列的三色三角形称为"逆三角形",其特征数为 $(1-0)^3 + (0+1)^3 + (-1-1)^3 = -6$;又将顶点红、黄、蓝顺时针排列的三色三角形称为"顺三角形",其特征数为 6.

由题设知,三角形的每一条边恰好属于两个三角形,如图 8.8,在计算左、右两个三角形的特征数时,分别出现 $(Z-X)^3$ 与 $(X-Z)^3$,两者刚好抵消!因此所有三角形的特征数之和为 0.

今设逆三角形有 m 个,顺三角形有 n 个,于是 $-6m + 6n = 0, m = n$. 即 $m+n$ 是偶数.

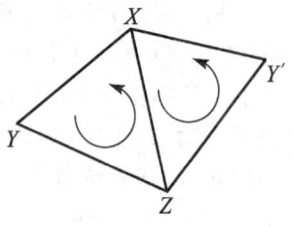

图 8.8

 这个特征数的构造颇具巧思. 注意三色三角形可以有 0 个,且特征数的构造决不唯一. 此问题本质上与后面提到的施佩纳定理是一样的.

习题 8.a

1. 证明:空间中存在具有下述性质的有限集:(1)这些点全体不共面;(2)对点集中任意两点 A,B,可找到点集中另两点 C,D,使得直线 AB 与直线 CD 平行但不重合.

2. 将一个 99 边形的边依次涂为红,蓝,红,蓝……红,蓝,黄,每条边涂一种颜色,然后允许进行如下操作:在保证任何相邻两边都不同色的条件下,每次改变一条边的颜色.问:能否经过若干次操作,使得 99 条边变为红,蓝,红,蓝……红,黄,蓝?

3. 能否用两两不同的正方形铺满平面?

4. 能否用边长均为有理数且互不全等的三角形铺满平面?

5. 有 n 个圆,每两个都有公共点.求证:可以用 7 颗图钉把它们全部钉住.

6. 在平面直角坐标系中是否存在无穷多个圆,满足任两圆至多有一个公共点,且 x 轴的每个有理点都在某个圆上?

7. 矩形 R 被划分为若干个小矩形 R_i,每个小矩形的边均与 R 的边平行(或垂直),并且每个 R_i 至少有一条边长为整数.证明:矩形 R 也至少有一条边长为整数.

8. 能否在空间中放 4 个铅球和一个点光源,使得从点光源出发的每一根光线都至少与一个铅球相交?

9. O 是凸 n 边形 $A_1A_2\cdots A_n$ 内部一点,将它与 n 边形的各个顶点相连,将多边形的每条边都标上 1 到 n 的一个号码,不同边的号码不同,对线段 $OA_1,OA_2,\cdots,OA_n$ 亦是如此.

(1) 试对 $n=9$ 给出一种标法,使每个三角形 $\triangle A_1OA_2$, $\triangle A_2OA_3$,$\cdots$,$\triangle A_nOA_1$ 的 3 条边上标的号码之和都相等;

(2) 证明:对于 $n=10$,不存在这样的标法.

10. 是否存在平面内一个有限点集,使得对于其中每个点,点集中恰有 3 个距离它最近的点?

11. 在平面上标记 n 个不在一直线上的某些点,并在每一点旁写上数字. 已知, 如果一条直线通过两个或更多所标记的点, 那么这些点旁所写数字之和为 0. 证明: 所有写好的数字都等于 0.

12. 在半径为 1 的球面上作一称为赤道的大圆周, 并使用通常理解的极点、经线、纬线等地理术语.

(1) 现给出一球面上的函数 f, 定义为该点到赤道平面距离之平方. 试证该函数具有如下性质: 如果 M_1, M_2, M_3 是球面上 3 条相互垂直的半径之端点, 那么 $f(M_1) + f(M_2) + f(M_3) = 1$;

在以下各小题中, 设 f 为球面上任一非负函数, 它在赤道上每一点处定义为零, 且具有上述性质.

(2) 设 M 和 N 是同一经线上北极和赤道之间的两个点, 证明: 如果 M 比 N 离赤道远一些, 那么 $f(M) > f(N)$;

(3) 设 M 和 N 是球面上任意两点, 证明: 如果 M 比 N 离赤道远一些, 那么 $f(M) > f(N)$;

(4) 证明: 如果 M 与 N 在一条纬线上, 则 $f(M) = f(N)$;

(5) 证明: 函数 f 与 (1) 描述的相同.

13. 将 5×7 棋盘用 L 形角片 (占 3 个小方格) 覆盖, 角片不许超出棋盘外, 但可彼此交叠. 问: 能不能找到一种覆盖方法, 使得每个小方格上所覆盖的角片个数都相同?

14. 证明: 存在某多边形, 它不能划分成这样一些多边形 (可能非凸), 这些多边形是由彼此互相平行移动而变来的.

15. 平面内任给 2000 个点. 证明: 可以用一些圆纸片盖住这 2000 个点, 这些圆纸片直径之和不超过 2000, 且任意两个圆心距离大于 1.

16. 棱长 $n (\geqslant 3)$ 的正方体由 n^3 个单位小正方体组成. 证明: 可在这 n^3 个小正方体中各写上不同的整数, 使得在平行于正方体棱的任何一列小正方体中的数之和等于 0.

17. 已知平面被有限条直线分成若干区域, 且其中任意 3 条直线不共点. 如果两个区域有一条公共线段、射线或直线, 则称它们是相邻的. 在每一个区域中标上一个实数, 并满足下列要求: (1) 每相邻两个区域中的数的乘积小于这两个数的和; (2) 每条直线同侧的所有区域内的数之和等于 0. 证明: 存在满足要求的标法的充要条件是: 所有的直线都是不平行的.

18. 如何将空间划分成一些全等的四面体,且每一面也相互全等?

19. 平面内有 4 条直线,任意 3 条不共线,任意 2 条不平行. 在它们截出的不发生重叠的 8 条线段中,其长度能否为:(1)1,2,3,4,5,6,7,8? (2)两两不等的正整数?

20. 在平面上给定一正六边形,将它的每一边分成 1000 等分,并用平行于六边形各边的线段将分点连起来. 在所得的小正三角形网中选择任意 3 个结点,使它们是任意大小和位置的正三角形的顶点,并把它们涂上颜色. 用这种方法继续对 3 个结点涂色,直到不能进行为止. 证明:如果一个结点没有涂色,那么它不能是原六边形的顶点.

21. 设 P 为一个平面. 证明:不存在函数 $f: P \to P$,使得对于任意凸四边形 $ABCD, f(A), f(B), f(C), f(D)$ 是一个凹四边形的顶点.

§8.2 投影法

投影之所以能成为如此有效的方法,是因为投影可以建立一种"序",而有序、简单总是处理"无序"、复杂问题的科学方法. 因此,投影也往往是命题者的思路(解奥数题无非就是解题者猜测命题者的思路,而研究未解决问题,则该是猜测"上帝"的思路吧).

例1 在 $n \times n$ 棋盘中选择 k 个格子,使这 k 个格子中不存在 4 个小方格的中心构成一个边平行于棋盘之边的矩形. 证明:$k \leqslant \dfrac{n+n\sqrt{4n-3}}{2}$.

证明 设第 i 行有 x_i 个选定格,则 $\sum x_i = k$. 第 i 行的 x_i 个选定格共可构成 $C_{x_i}^2$ 个选定格对. 由于不出现矩形,所以任何两个不同行中选定格对所在位置不完全相同. 注意到棋盘每行有 n 个格子,有 C_n^2 个不同的格对位置,所以,

$$C_n^2 \geqslant \sum C_{x_i}^2 = \dfrac{\sum x_i(x_i-1)}{2} = \dfrac{\sum x_i^2 - \sum x_i}{2} = \dfrac{\sum x_i^2}{2} - \dfrac{k}{2}$$

$$\geqslant \dfrac{(\sum x_i)^2}{2n} - \dfrac{k}{2} = \dfrac{k^2}{2n} - \dfrac{k}{2}.$$

解上述不等式,得 $k \leqslant \dfrac{n+n\sqrt{4n-3}}{2}$.

点评 此题利用投影计数的柯西不等式,是非常典型的方法. 读者若再做几道类似的题(见习题),必能有所体会.

例 2 在凸 1999 边形的每一个顶点上放一枚跳棋子,每一次都任将棋子分为两组,将其中一组棋子均位移同一个向量(即位移的方向、距离相同),而保持另一组棋子不动. 试问:最少经过几次移动,可使所有棋子都移到一条直线上?

解 假设经过 n 次移动后,所有棋子都移到直线 l 上,今以一条与 l 垂直的直线为 x 轴.

以下考虑点和位移向量时,都只考虑它们在 x 轴上的射影. 显然,经过 n 次移动后,所有的点都重合到 l 与 x 轴的交点处. 由 1999 边形的凸性可知,射影重合的顶点至多两个,因此 1999 个顶点在 x 轴上至少有 $\left[\dfrac{1999}{2}\right]+1=1000$ 个两两不同的射影. 设 n 个位移向量为 $\vec{v}_1$, $\vec{v}_2,\cdots,\vec{v}_n$,它们组合起来至多可产生 2^n 个两两不同的向量和. 欲使 1000 个两两不同的射影重合于一点,各自所需的位移向量(和)两两不同,从而 $1000\leqslant 2^n$,$n\geqslant 10$. 这说明最少要经过 10 次移动.

下面举例说明 $n=10$ 是可能的. 设 1999 边形中,横坐标为 $1,2,\cdots,999$ 的点分别有 2 个,最后一点横坐标是 1. 今第 $i(i=1,2,\cdots,10)$ 次移动使横坐标大于 2^{10-i} 的点向左平移 2^{10-i},则最后所有点都落到直线 $x=1$ 上.

例 3 有两组向量 $\vec{a}_1,\vec{a}_2,\cdots,\vec{a}_n$ 和 $\vec{b}_1,\vec{b}_2,\cdots,\vec{b}_m$,且第一组向量在任意直线上的射影长之和不大于第二组向量在同一直线上的射影长之和. 求证:第一组向量长度之和不大于第二组向量长度之和.

证明 建立坐标系 Oxy,设 l_φ 为过点 O 且同 x 轴夹角为 $\varphi(0\leqslant\varphi<\pi)$ 的直线,即若点 A 属于 l_φ,A 的纵坐标为正,那么 $\angle AOx=\varphi$;$l_0=l_\pi=x$ 轴.

如果向量 $\vec{a}$ 与 x 轴所成角(由 x 轴逆时针转到 $\vec{a}$ 转过的角)为 α,那么 $\vec{a}$ 在 l_φ 上的射影长等于 $|\vec{a}|\cdot|\cos(\varphi-\alpha)|$. 积分 $\int_0^\pi |\vec{a}|\cdot|\cos(\varphi-\alpha)|\mathrm{d}\varphi = 2|\vec{a}|$,同 $\vec{a}$ 无关.

设向量 $\vec{a}_1,\vec{a}_2,\cdots,\vec{a}_n,\vec{b}_1,\vec{b}_2,\cdots,\vec{b}_m$ 同 x 轴所成角分别为 α_1,

$\alpha_2, \cdots, \alpha_n, \beta_1, \beta_2, \cdots, \beta_m$. 由条件,$|\vec{a}_1| \cdot |\cos(\varphi - \alpha_1)| + |\vec{a}_2| \cdot |\cos(\varphi - \alpha_2)| + \cdots + |\vec{a}_n| \cdot |\cos(\varphi - \alpha_n)| \leqslant |\vec{b}_1| \cdot |\cos(\varphi - \beta_1)| + |\vec{b}_2| \cdot |\cos(\varphi - \beta_2)| + \cdots + |\vec{b}_m| \cdot |\cos(\varphi - \beta_m)|$ 对任意角 φ 成立,不等式两边按 φ 由 0 到 π 积分,便得 $|\vec{a}_1| + |\vec{a}_2| + \cdots + |\vec{a}_n| \leqslant |\vec{b}_1| + |\vec{b}_2| + \cdots + |\vec{b}_m|$.

> **点评** 此题的方法堪称经典. 由此还可证明:平面或空间有 $2n$ 个点,其中 n 个点染成红色,n 个点染成蓝色,则同色点的距离之和不大于异色点的距离之和.

例 4 在凸 n 边形 $A_1 A_2 \cdots A_n$ 内取一点 O,使 $\sum_{i=1}^{n} \overrightarrow{OA_i} = \vec{0}$. 证明:多边形周长 $P \geqslant \begin{cases} \dfrac{4}{n}d, & n \text{ 是偶数}, \\ \dfrac{4n}{n^2-1}d, & n \text{ 是奇数}, \end{cases}$ 此处 $d = \sum_{i=1}^{n} OA_i$.

证明 由例 3 知,只需对向量在任一直线上的射影证明不等式. 设向量 $\overrightarrow{OA_1}, \overrightarrow{OA_2}, \cdots, \overrightarrow{OA_n}$ 在直线 l 上的射影分别等于(同时考虑符号)$a_1, a_2, \cdots, a_n$. 把数 $a_1, a_2, \cdots, a_n$ 分为两组:$x_1 \geqslant x_2 \geqslant \cdots \geqslant x_k \geqslant 0$,$y_1' \leqslant y_2' \leqslant \cdots \leqslant y_{n-k}' \leqslant 0$. 设 $y_i = -y_i'$,那么 $x_1 + x_2 + \cdots + x_k = y_1 + y_2 + \cdots + y_{n-k} = a$.

多边形周界的射影对应于数 $2(x_1 + y_1)$. 向量 $\overrightarrow{OA_i}$ 的射影长的和对应于数 $x_1 + x_2 + \cdots + x_k + y_1 + y_2 + \cdots + y_{n-k} = 2a$. 因 $x_1 \geqslant \dfrac{a}{k}$,$y_1 \geqslant \dfrac{a}{n-k}$,

故 $\dfrac{2(x_1 + y_1)}{x_1 + x_2 + \cdots + x_k + y_1 + y_2 + \cdots + y_{n-k}} \geqslant \dfrac{2\left(\dfrac{a}{k} + \dfrac{a}{n-k}\right)}{2a} = \dfrac{n}{k(n-k)}$.

如果 n 是偶数,那么 $\dfrac{n}{k(n-k)} \geqslant \dfrac{n}{\dfrac{n}{2} \cdot \dfrac{n}{2}} = \dfrac{4}{n}$;如果 n 是奇数,那么 $\dfrac{n}{k(n-k)} \geqslant \dfrac{n}{\dfrac{n-1}{2} \cdot \dfrac{n+1}{2}} = \dfrac{4n}{n^2-1}$,因此结论成立.

> **点评** 这两个估值不能再改进. 为此只需考虑一多边形, 其顶点可分为两组, 当 n 为偶数时, 各有 $\frac{n}{2}$ 个顶点; 当 n 为奇数时, 各有 $\frac{n-1}{2}$ 个和 $\frac{n+1}{2}$ 个顶点, 且一组中两两顶点间距离较小, 另一组较大.

例 5 设 M 为平面上的有限点集, 如果 O 是 M 中除一点以外的点集的对称中心, 那么 O 叫做集合 M 的"准对称中心". 问: 集合 M 可以有几个"准对称中心"?

解 有限点集可以正好有 $0,1,2$ 或 3 个"准对称中心", 相应的例子如图 8.9 所示. 其次证明, 有限集不可能有超过 3 个的准对称中心.

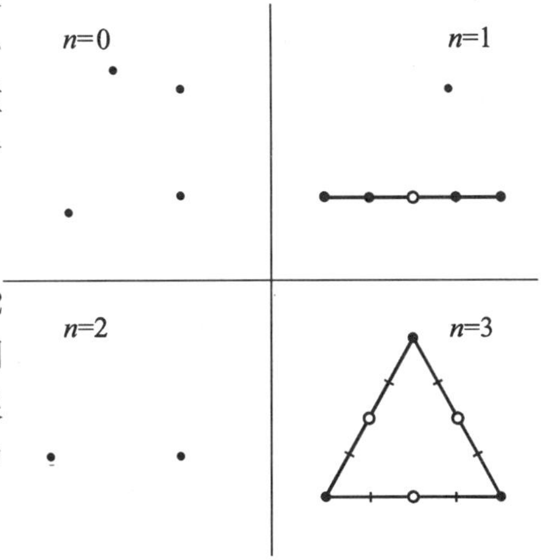

准对称中心只能有有限个, 因为准对称中心必为集合的点之间连线的中点. 因此, 我们可以选取一条直线, 使得准对称中心在其上的射影不重合. 只需证明诸点共线的情况.

图 8.9

设在直线上有 n 个点, 其坐标满足 $x_1<x_2<\cdots<x_{n-1}<x_n$. 如果去掉 x_1, 那么余下点集的对称中心只能是点 $\frac{x_2+x_n}{2}$; 如果去掉点 x_n, 那么对称中心只能是 $\frac{x_1+x_{n-1}}{2}$; 如果去掉另外的任一点, 那么对称中心只能是 $\frac{x_1+x_n}{2}$. 因此, 准对称中心的个数不会超过 3.

组合几何

习题 8.b

1. 平面上有 n 个图形,任意两个有公共内点.求证:可以找到一条直线穿过所有这些图形.

2. 正方形纸片边长为 a,上面有一些墨水点.每个墨水点的面积不大于 1,与正方形的任一边平行的每一条直线至多与 1 个墨水点相交.证明:墨水点的面积之和不大于 a.

3. 棱长为 1 的正四面体在任何平面上的垂直投影中,面积最大者有多大?

4. 已知一多边形在 x 轴、一三象限角平分线、y 轴及二四象限角平分线上的投影长度分别是 $4, 3\sqrt{2}, 5, 4\sqrt{2}$.设多边形的面积为 S,证明:$10 \leqslant S \leqslant 17.5$.

5. 在码头地区,一条小河中有若干岛屿,它们的总周长等于 8 米.小精灵断定,可以乘坐小船离开码头渡到对岸去,且航行不到 3 米.在码头地区的河岸互相平行,而河流宽度为 1 米.问:小精灵的判断是否正确?

6. 设有一些平行的线段,对于其中任意三段,都能找到一条直线与它们相交.求证:存在一条直线与所有这些线段都相交.

7. 若 $\triangle ABC$ 是另一个 $\triangle A_1B_1C_1$ 在某个平面上的投影(不一定是垂直投影),则称这两个三角形是"孪生的".证明:两个三角形是"孪生的"充分必要条件是:要么这两个三角形中至少有一条对应边相等,要么这两个三角形中有一条对应线段相等,这条对应线段的一个端点为三角形的一个顶点,另一个端点为这个顶点对边上的点,且分对边的比例相同.

8. 在边长为 1 的正方形内有 n^2 个点.证明:一定存在联结所有这些点的一条折线,其长度不超过 $2n$.

9. 设 $A_1, A_2, \cdots, A_n$ 是平面上任意取定的 n 个点.现给以任意方向的直线 l,这 n 个点在这直线上的投影若无重合,则是 1 至 n 的排列(A_i 在该直线上的投影记为 i),称其为"有效排列".当 l 转过 $360°$ 时,求有效排列之最大可取值(颠倒的排列算同一种,比如 126354 和 453621).

10. 在半径为 n(正整数)的圆内有 $4n$ 条长度为 1 的线段. 证明: 如给定某条直线, 则必有另一条直线, 要么与它平行, 要么与它垂直, 并且至少和圆内两条线段相交.

11. 一个矩形被平行于边的直线分割成边长为 1 的小正方形. 现像国际象棋棋盘一样将其染成黑白相间, 矩形的对角线也被分割成黑白相间的线段. 如果矩形的大小是(1)100×99, (2)101×99, 求白色线段长度之和与黑色线段长度之和的比.

12. 无穷大的棋盘上有一个 100 边形(不一定凸, 但不自相交), 顶点都是方格线交点, 边都在方格线上. 若每条边的长度都是奇数(每一小方格边长为 1), 求证: 该多边形的面积是奇数.

13. 平面上给定 $2(m+n)$ 个点, 其中任意四点不共线. 将其中任意 $2m$ 个点染红色, 另外 $2n$ 个点染蓝色. 证明: 必可作一直线, 不含任一染色点, 且将两种色点同时均分(即直线的一侧恰有 m 个红点和 n 个蓝点).

14. 给定 $n(\geqslant 3)$ 个两两不同的向量 $\vec{a}_1, \vec{a}_2, \cdots, \vec{a}_n$, 和为 $\vec{0}$. 试证: 存在一个凸 n 边形, 它的边向量与向量组 $\vec{a}_1, \vec{a}_2, \cdots, \vec{a}_n$ 相同.

15. 对 $m\times n$ 棋盘进行任意三染色. 若必有 4 个同色小方格的中心构成一个边平行于棋盘之边的矩形, 证明: $mn\geqslant 76$.

16. 对 11×11 棋盘进行任意三染色. 证明: 必有 4 个同色小方格的中心构成一个边平行于棋盘之边的矩形. 对 10×10 的棋盘, 这个结论是否正确?

17. 设 $n=k^2+k-1$, k 是正整数, 对 $n\times n$ 棋盘任意 k 染色. 证明: 必存在 4 个同色小方格的中心, 构成一个边平行于棋盘之边的矩形.

18. 将长度为 1 的线段上的若干段涂色, 且任意两个涂色点之间的距离不等于 0.1. 证明: 涂色线段长度之和不超过 $\dfrac{1}{2}$.

19. 边长为 1 的正方形内有一条长度为 1000 的(自身不相交)折线. 证明: 有一条与正方形的边平行的直线, 它与折线至少有 500 个交点.

20. 设 $l_1, l_2, \cdots, l_n$ 是平面上的直线, 其中至少有两条是相交的. 证明: 存在唯一点组 $X_1, X_2, \cdots, X_n$, 它们分别在直线 $l_1, l_2, \cdots, l_n$ 上, 且具有如下性质: 由点 X_i 对直线 l_i 所引的垂线通过点 X_{i+1} ($X_{n+1}=X_1$).

21. 已知正整数 $n(\geqslant 2)$, 求 n 个两两不交的集合 A_i ($1\leqslant i\leqslant n$), 满足

下列性质：(1)对于平面上的每个圆 C 及所有的 $i(1\leqslant i\leqslant n)$，$A_i \cap \text{Int}(C) \neq \varnothing$，$\text{Int}(C)$ 表示 C 的内部；(2)对于平面上的每条直线 l 及所有的 $i(1\leqslant i\leqslant n)$，$A_i$ 在 l 上的投影构成直线 l.

22. 面积大于 $\dfrac{1}{2}$ 的凸多边形安放在边长为 1 的正方形内. 证明：在该凸多边形内可安放长度为 $\dfrac{1}{2}$ 的线段，它平行于正方形的某边.

23. 对每个整数 n，在坐标平面上定义条状区域 $S_n = \{(x,y) \mid n \leqslant x \leqslant n+1\}$，每个 S_n 要么染上红色，要么染上蓝色. 设 a, b 是两个不同的正整数. 证明：存在一个边长为 a, b 的矩形，它的顶点同色.

24. 四面体 $KLMN$ 的所有顶点都在四面体 $ABCD$ 的内部、边界或顶点上. 证明：四面体 $KLMN$ 的所有棱长之和小于四面体 $ABCD$ 所有棱长之和的 $\dfrac{4}{3}$ 倍.

25. 空间中有一个物体，在两个不平行的平面上的投影都是圆. 求证：这两个圆大小相等.

§8.3 连续性与"围棋"技巧

本节内容具有一定特色,这是因为它涉及比较重要的思想方法,却又易为一般奥数教材忽视,所以在开场白中多留些篇幅,以便读者能更好地理解.

我们知道,数学中很多结论之"强",初学者难以体会(尤其是对那些"显然"的结论,比如有限个数中必定有最大和最小的),只有在不断深入地学习(在此过程中要做不少比较典型的习题)之后,我们才会惊叹数学大师的眼光.勾股定理就是一个例子,它的弱形式是"直角边小于斜边",这么个平淡无奇的结果,其本质就是柯西不等式;再如二项式展开,它可以推出伯努利不等式,再进一步推出平均不等式乃至柯西不等式……

连续性也一样.连续数学和离散数学的根本区别并非本书讨论范围,如果没有学过拓扑学,我们不能简单地从字面上去理解,因为也有离散数学中的"连续性原理".一个不用证明的"显然"结论是:二染色一列数,第一个数红色,最后一个数蓝色,则一定存在相邻两数,它们异色.这个结论的使用有时也很巧妙.为了说明它是怎样用到连续性命题中去,只要承认下面的结论就行了:二染色一条直线,已知一端点红而另一端点蓝,则一定存在一蓝点与一红点,其距离小于任意给定的正数."连续性原理"处理的是这样一类命题,它们可以通过有限逼近无限、离散逼近连续来解决.

但是,下面的结论就不那么显然了.

首先,介绍"三角形剖分"的概念,即把一个大区域划分成一些三角形之并,使这些三角形要么有公共边,要么有公共顶点,要么根本不碰在一起.不可以存在这样的情况:一个三角形的顶点成了另一个三角形某条边的内分点(这样的话另一个三角形其实就成四边形了).今将一大三角形的3个顶点分别染成红、蓝、绿3种颜色,并将其进行三角形剖分,每

一个小三角形的顶点(均不落在大三角形边上)也染成上述三色之一. 求证:不管怎样染色,总存在一个小三角形,它的 3 个顶点颜色各不相同. 这就是有名的施佩纳(Sperner)定理.

把这个命题连续化(三角形无限缩小),就与著名的布劳威尔不动点定理有关. 这个定理的最简单情形如下.

若 $f:[0,1]\to[0,1]$ 为连续映射,则存在一点 $x\in[0,1]$,满足 $f(x)=x$.

下面的游客问题也是很有名的.

(游客定理)两个游客位于一座山脉的两侧且具有同一海拔高度的 A,B 两处,A,B 之间的山路是一段(连续的)折线,它的每个顶点均高于 A,B. 求证:两个游客可以在任何时刻都保持同一海拔高度的要求下(相向而行)走过 A,B 之间的山路.

还有一个很重要的处理工具,姑且称其为"围棋"技巧,即将相邻同色点连起来,就得到一个图,然后考虑每一同色连通图的"边界". 对于连续命题,可先将其连续化,然后考虑"连通子图"的边界. 所谓"象棋王定理",以及 3 染色球面的问题,就可以用类似方法解决.

此外值得一提的还有博苏克-乌拉姆(Borsuk-Ulam)定理:若 $f:S^1\to\mathbf{R}$ 为连续映射,则存在圆周 S^1 上的一对对径点(即某条直径的两个端点)x,x',使得 $f(x)=f(x')$. 而若 $g:S^2\to\mathbf{R}^2$ 为连续映射,则存在球面 S^2 上的一对对径点 z,z',使得 $g(z)=g(z')$. 注意:可以把对径点改成过某一定点的所有直线与圆周(或球面)的两个交点,结论也成立. 有意思的是,如果认为温度和气压是连续变化的,那么就可以认为,任何时刻在地球(近似地看成标准球体)表面总存在一对对径点,在这两点处不仅气温一样,气压也一样;如果只考虑气温,则结论就强得多,即地球的每个大圆上均有一对对径点处气温相同. 博苏克-乌拉姆定理是非常深刻的结果,它表明连续性绝对不是一个"简单"的概念(关于这个定理有英文专著).

读者可以试图解决如下问题(能看出它们与连续性原理、"围棋"技巧或博苏克-乌拉姆定理的关系吗):

(1) 人和机器博弈,每次可能赢或输一元. 假定有两个人分别与机器博弈,每分钟一次,过了一段时间后发现每人都正好赢了 $2n$ 元. 证明:存在一个时间段,在这段时间中每人恰好赢了 n 元.

(2) 两个海盗得到了一串珍珠项链,它有任意排列的 $2k$ 粒黑珍珠和 $2k$ 粒白珍珠,他们想把项链剪开成尽可能少的段,使得每人恰能分到 k 粒白珍珠和 k 粒黑珍珠,证明:最多需要剪两刀就足够了.

(3) (象棋王定理)一个 $n\times n$ 的国际象棋棋盘,每一个格子任意染成黑白两色之一. 求证:国际象棋的王可以沿着黑方格从最上一行走到最下一行,或沿着白方格从最左一列走到最右一列.

例1 在 $m\times n$ (m,n 是任意正整数)的棋盘中,一开始每个格子里都呆着一只甲虫. 过了一会儿,某些甲虫觉得没劲,想出来活动活动,它们不断从一个小方格飞落到另一个小方格(允许若干甲虫挤在同一个小方格内). 但甲虫们都很有感情,总希望自己原来的邻居(即有公共边或公共顶点的小方格中的甲虫)以后仍做邻居. 求证:等甲虫们重新休息后,一定有一只甲虫,它仍在自己的老巢(即初始的小方格)里或待在老邻居的小方格中.

证明 我们对于 $m\times n$ 个格子的矩形运用归纳法进行证明. 对于 1×1, 2×2 的正方形及 1×2 的矩形,结论显然成立. 设 $m\times n$ 矩形的边长大于 2,即 $2<m\leqslant n$. 我们要证明,从它(用剪去边行的方法)可以得到较小的矩形 Ⅱ,所有甲虫从 Ⅱ 飞出又飞回到 Ⅱ 中,因此只要证明在 Ⅱ 中有"几乎不动"的甲虫即可.

现在利用国际象棋中"王"从 A 格走到 B 格的最少步数来定义 A, B 两格之间的距离 ρ:对于 $r=1,2,\cdots$,与 C 格之距不超过 r 的格子 M (在格纸上)之集合填满了以 C 格为中心的正方形,它有 $(2r+1)\times(2r+1)$ 个格子. 由已知条件,甲虫从格子 K 落到格子 $f(K)$ 之中. 对于相互距离为 1 的两个格子 A,B,有 $\rho(f(A),f(B))\leqslant 1$. 对于任意两个格子 A,B,则有

$$\rho(f(A),f(B))\leqslant\rho(A,B). \tag{1}$$

在 $m\times n$ ($m\leqslant n$)矩形中把到矩形某一格子的距离为 $n-1$ 的格子

称为"边格". 如果 $m<n$,那样的格子填满了两个边行(矩形的短边);而在 $n\times n$ 正方形中,它们填满了 4 个边行(边). 注意到,相对边行的两个格子之间的距离 ρ 等于 $n-1$,而其他任意两个格子之间的距离要小些.

如果没有一只甲虫落到某一边行中,那么去掉这个边行,我们就得到所要的矩形 Π,其大小为 $m\times(n-1)$,甲虫能从任意格子 K 重飞到 Π 的格子 $f(K)$ 中.

在相反情形时,可以从已知矩形去掉所有边行来得到 Π. 事实上,可标出若干个(2 个、3 个或 4 个)格子 K_i,使在每一边行中包含 $f(K_i)$ 中的一个格子. 因为对于 Π 的任意格子 M 和每一个格子 K_i,有 $\rho(M,K_i)\leqslant n-2$,那么由式(1)得 $\rho(f(M),f(K_i))\leqslant n-2$. 而由此及关于"对边"的注解,得到 $f(M)$ 含于 Π 中.

接下去显然可对 $m+n$ 或 $n=\max(m,n)$ 用归纳法. 此外,由它可得出,总存在能变为自身的 2×2 正方形.

 这就是著名的布劳威尔不动点定理的一种离散形式.

例 2 有一个 $n\times n(n\geqslant 2)$ 方格表,将 $1,2,\cdots,n^2$ 按照任意方式填入(每个方格填一个数). 求证:存在两个相邻(即有公共边)的方格,其中的数至少相差 n.

证明 假定任何相邻格中的数至多相差 $n-1$. 令 $1\leqslant k\leqslant n^2-n$,

$A_k=\{$标号$\leqslant k$ 的方格$\}$,

$B_k=\{$标号$\geqslant k+n$ 的方格$\}$,

C_k 为 $A_k\cup B_k$ 的补集.

对于每个 k,由于

$$|C_k|=n^2-k-(n^2-k-n+1)=n-1,$$

所以有一行不含 C_k 中的元素,也有一列不含 C_k 中的元素.

由假设,A_k 与 B_k 的元素绝不相邻. 因此,上述的那行及那列中的

元素要么全属于 B_k，要么全属于 A_k.

由于 A_1 仅含写上 1 的那个方格，所以 B_1 包含一行一列. 由于 B_{n^2-n} 仅含写上 n^2 的那个方格，所以 A_{n^2-n} 包含一行一列.

因此，存在一个 $j \in \{1,2,\cdots,n^2-n-1\}$，使得 $B_1,B_2,\cdots,B_j$ 中每一个都包含了一行一列，但 B_{j+1} 却没有这样的性质，也就是 A_{j+1} 包含了一行一列.

于是 B_j 与 A_{j+1} 必有公共元. 但根据定义，A_{j+1} 中的方格标号均 $\leqslant j+1$，B_j 中的方格标号均 $\geqslant j+n$，而 $n \geqslant 2$，所以 $B_j \cap A_{j+1} = \varnothing$. 矛盾！

这表明至少有两个相邻的方格，方格中的数之差 $\geqslant n$.

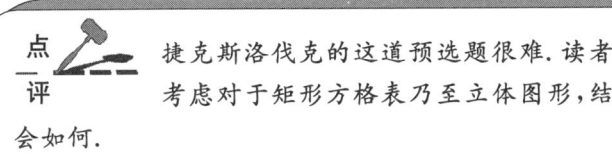

点评　捷克斯洛伐克的这道预选题很难. 读者可考虑对于矩形方格表乃至立体图形，结论会如何.

例 3　将一个边长为 a 的正 $4k$ 边形划分成若干平行四边形. 证明：在这些平行四边形中，至少有 k 个矩形，并求这些矩形面积之和（用 k 和 a 表示）.

解　设该正 $4k$ 边形被分割成若干平行四边形，x_1 和 x_2 为这个正 $4k$ 边形的一对对边. 考虑所有有一对边平行于 x_1 的平行四边形组成的集合，其中必有从 x_1 出发的，且经过一系列相邻的平行四边形，可最终到达 x_2. （注意：这样的平行四边形系列未必唯一.）图 8.10 给出了正八边形的一个例子.

因为正多边形有 $4k$ 条边，所以存在与 x_1 和 x_2 垂直的一对对边 y_1 和 y_2. 同理必有一系列从 y_1 出发，

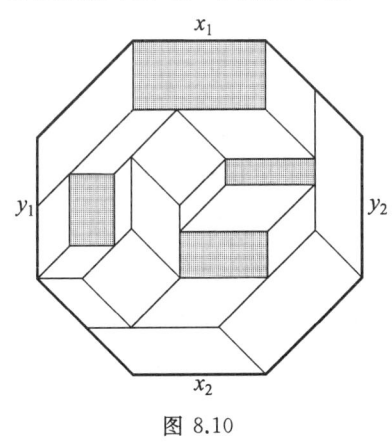

图 8.10

最终到达 y_2 的相邻的平行四边形,它们的每一个均有一对边平行于 y_1.(这样的平行四边形系列也未必唯一.)显然这两组平行四边形必定相交,而相交处的平行四边形一对边平行于 x_1,另一对边平行于 y_1,所以是矩形.(因为两种平行四边形系列都不唯一,所以在图 8.10 中存在 4 个关于 x_1,x_2,y_1,y_2 的这样的矩形,它们都被涂成阴影.)在正 $4k$ 边形中,共有 k 组互相垂直的对边,因此对任一分割,至少存在 k 个矩形.注意在图 8.10 中考虑另外两对对边,可以找到其他 3 个矩形.

已知正 $4k$ 边形的边长为 a.在图 8.10 中 x_1,x_2 之间任意作一条与它们平行的直线,容易看出与这条直线相交的有一对边平行于 x_1 的平行四边形的宽度总和必等于 a.同理,在 y_1,y_2 之间任意作一条与它们平行的直线,则与这条直线相交的有一对边平行于 y_1 的平行四边形的宽度总和也必等于 a.因此,x_1,x_2,y_1,y_2 确定的所有矩形的面积等于 a^2,从而所有矩形的总面积等于 ka^2.

例 4 把直径为 d 的球面三染色.求证:对任意正数 ε,一定存在同色的两点,它们之间的(直线)距离 $>d-\varepsilon$(或者说,一定有一同色点集,其直径为 d).

证明 用反证法.

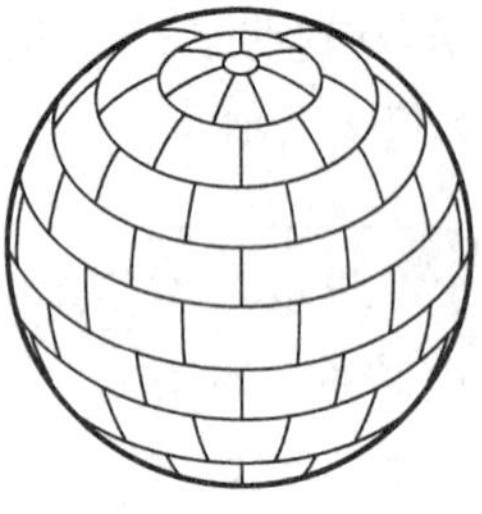

设球面 S 被分成直径小于 d 的三部分 S_1,S_2,S_3.设 S_1 的直径为 d_1,它关于球心的中心对称像为 S_1'.

第一步:证明 S 有一带状区域,它关于球心中心对称,不与 S_1 及 S_1' 相交.

像对地球划分经纬线一样地把球面 S 划分成如图 8.11 所示的小片(注意图上经线的取法),划分的要求是把经纬线取得使各小片的直径 $<\dfrac{1}{3}(d-d_1)$.

设 G_1 是与 S_1 有公共点的小片组成的图形(图 8.12 上粗实线围成的图形),则 G_1 的

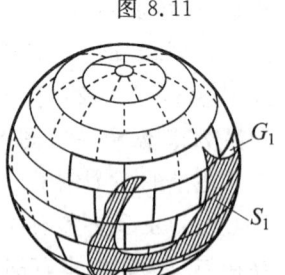

图 8.11

图 8.12

直径与 S_1 的直径至多相差边上两小片的直径,故 G_1 的直径 $<d_1+\frac{2}{3}(d-d_1)<d$.

G_1 的边界由有限条闭曲线构成,它们自身不相交,彼此也不相交(这个结论放最后一步证明).设这些闭曲线为 $l_1,l_2,\cdots,l_n$.

设 G_1' 是 G_1 关于球心的中心对称像.易知 G_1 与 G_1' 没有公共点(若有,则此点及其中心对称像都属于 G_1,从而 G_1 的直径将为 d). l_1, $l_2,\cdots,l_n$ 及其中心对称像 $l_1',l_2',\cdots,l_n'$ 都自身不相交,彼此不相交.

这 $2n$ 条闭曲线把球面分成 $2n+1$ 个区域.这些区域中,有一部分成对地中心对称,因而至少有一个区域是自身中心对称的,记为 H.

由于 H 的边界是上述 $2n$ 条曲线中的两条,而这两条曲线不相交,故 H 的任何一部分都不会是一条线,并且,它与 G_1,G_1' 至多只会有公共的边界.又由于 H 是这 $2n+1$ 个区域中的一个,它本身不会再分成不相交的两片,因此,任取 H 的一个内点 A, A 与它的中心对称像 A' 可以用 H 内的一条曲线 l 联结, l 的中心对称像 l' 也在 H 内, l 与 l' 合起来是一条闭曲线,与 G_1,G_1' 都不相交.所以,沿 l 与 l' 可作一条带形 T 与 G_1,G_1' 不相交(见图 8.13).

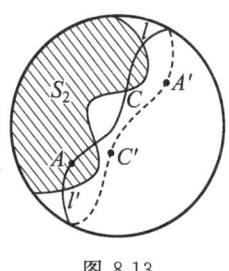

图 8.13   图 8.14

第二步:证明 l 或 l' 上存在一点不属于 S_1,S_2,S_3,从而命题得证.

由假设, T 内的点不是属于 S_2 就是属于 S_3,但 T 的直径是 d,所以 T 与 S_2,S_3 都相交.这样 S_2 的边界点如果在 T 内,也一定是 S_3 的边界点.设 C 是这样的一个点,于是 $C\notin S_1,C\in S_2\cap S_3$.由于 S_2,S_3 的直径 $<d$, C 点的中心对称像 $C'\notin S_1\cap S_2\cap S_3$,见图 8.13,图 8.14.

第三步:证明 G_1 的边界由有限条自身不相交、彼此不相交的闭曲线组成.

首先,根据我们对 G_1 的取法,边界不会自身相交(如果边界出现如图 8.15 实线所示的情况,两小片 K_1,K_2 之一也应属于 G_1).

其次,G_1 的边界是由一段段经线与纬线组成的,它要么是一个圆(当然是闭曲线),要么出现拐角.我们只要考虑有拐角的情形.

每个拐角点是三小片球面的公共点,其中只会有一片或两片含于 G_1,因此,在每个拐角点,能够沿确定的方向行走(如图 8.16).

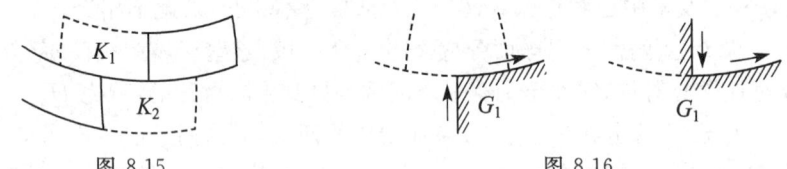

图 8.15   图 8.16

这样,从 G_1 边界上的一点出发行走时,不会走出圈来,也不会走到有叉路的地方,而总是沿确定的方向一直向前走.由于 G_1 的边界是有限长,又是不会中断的,故最终将回到出发位置,即边界曲线是闭曲线.

如果不止一条边界曲线,易知它们不会有公共点.最后,因为 G_1 由有限片小球面组成,故边界曲线只会是有限条.命题得证.

例 5 在一条直线上依次摆放着 n 个点 $A_1,A_2,\cdots,A_n$,使线段 $A_1A_2,A_2A_3,\cdots,A_{n-1}A_n$ 的长度都不超过 1.用红色标出 $A_2,A_3,\cdots,A_{n-1}$ 之中的 $k-1$ 个点,要求使线段 A_1A_n 被红点所分成的 k 个部分中的任何两部分的长度之差不超过 1.证明:在下列情况下总能够做到这一点:

(1) $k=3$;

(2) 正整数 $k<n-1$.

证明 (1) 我们考察红点对 (A_l,A_r) 的一切可能的摆法 T.A_l,A_r 把线段 A_0A_n 分成 3 个部分:A_0A_l,A_lA_r,A_rA_n,用 M 表示其中最长的那一部分,m 表示最短的那一部分.从所有可能的摆法 T 中选取使 M 为最小的那些摆法,再从这些摆法中选取使 m 为最大的一个摆法.我们要证明,对于这样的摆法 $T=(A_l,A_r)$,将满足条件 $M-m\leqslant 1$.

用反证法.假设对于它有 $M-m>1$. 如果它的 M 和 m 两部分相邻,那么把它们之间的红边界移动一条线段后我们就得到了摆法 T',它的最小部分大于 m,并且(或者可能)最大的部分小于 M,这与 T 的取法矛盾. 如果 $m=A_0A_l, M=A_rA_n$,那么,或者摆法 (A_{l+1}, A_r) 的最小部分大于 m,或者 $A_{l+1}A_r \leqslant m < M-1$,则有摆法 (A_{l+1}, A_{r+1}) 的最大部分小于 M. 二者都与 $T=(A_l, A_r)$ 的取法矛盾.

(2) 考察这样的摆法,它的 k 个部分 $\Delta_1, \Delta_2, \cdots, \Delta_k$ 中最长部分等于 M,而最短部分等于 $m < M-1$. 设 $\Delta_i = m$ 在 $\Delta_j = M$ 的左边. 把 Δ_i 的右端点向右移过 1 条或若干条线段,使 Δ_i 不小于 $M-1$(但不大于 M). 如果现在 $\Delta_{i+1} < M-1$,那么对它进行同样的移动,然后再转向 Δ_{i+2},等等,直到所有 $\Delta_i, \Delta_{i+1}, \cdots, \Delta_{j-1}$ 的长度都大于或等于 $M-1$,或者不能再把 Δ_j 减少 1 条线段为止. 如果在所得到的摆法中仍然有 $M-m>1$,再进行同样的步骤若干次. 在这里我们所得到的摆法不可能重复,因为新摆法总是在下列意义下要好些:或者它的最长部分 M 的长度确实要小些;或者 M 相同,但等于 M 的部分要少些;或者等于 M 的部分数量相同,但 m 较大或者(当 m 相同时)等于 m 的部分较少. 因为所有摆法有限,经过若干步之后我们得到了最好的摆法,对于它必有 $M-m \leqslant 1$.

习题 8.c

1. 证明：平面有界凸形边界上至多有两点，除此两点外任一点，都有以此点为顶点的内接正三角形.

2. 求证：平面有界凸形边界上必有内接正方形（可能正好一个），但对 $n \geqslant 5$，内接正 n 边形却不一定有.

3. 考虑由单位正方形组成的无限格阵，每个单位正方形内写一个整数．假设每个方格内的整数等于其上方和左方与其相邻的两个方格内的整数之和，且存在一行 R_0，其中所有方格内的数都是正的．记 R_0 下面的一行为 R_1，R_1 下面的一行为 R_2……证明：对于每个正整数 N，R_N 上不能有超过 N 个方格内的整数都是 0.

4. 有 8 个边长为 1 的正方体，其中 24 个面是蓝色，另外 24 个面是红色．证明：可构成一个 $2 \times 2 \times 2$ 的正方体，其表面上红色和蓝色的 1×1 小正方形的个数相等．

5. 将 1 至 $2n$ 的正整数按任意顺序放在一个正 $2n$ 边形的顶点上，允许交换任何两个相差 1 的数的位置．在经过若干次这种操作后，每个数都移到了顺时针方向的相邻顶点上．证明：必有某个时刻，有两个处于主对角线（即两定点的连线是正 $2n$ 边形外接圆直径）上的数在交换位置．

6. 已知一个凸多边形有偶数条边．证明：可以给每条边定义一个方向，使得对于每个顶点，指向该顶点的边数为偶数．

7. 设平面上有 n 个蓝点和 n 个红点，其中任 3 点不共线，并且周界多边形（即凸包）的顶点同色．求证：可以作一条直线，将 $2n$ 个点分在两侧，使得直线两侧的点数都不为 0，并且每侧的红点数相等．

第九讲 运动问题与质心

在组合几何中如引入运动,无疑会更加有趣与精彩(显然也可能更加困难),这里的运动学当然不是小学的"行程问题",而是要复杂得多(平面比直线远为复杂).一般来说,应用物理的想法解数学题,或是貌似物理问题实则为数学问题,主要有两类:一类是运动(匀速运动为主),一类是质心或"质量中心".当然我们不必再搞什么加速度,这样就"过了"(没有太多意思).还有一个跟物理学有关的便是电网络,但这一般属于图论范畴,这里基本不涉及.

运用物理思想解决数学问题,是一种反向思维(一般总认为数学比物理"基本"),很值得推敲.这类问题不是很容易制造出来,堪称奇葩.

例1 由正三角形及 3 条中位线构成的道路上,有两名警察与一个小偷(均看成动点在线上连续移动,不能"跳"). 一名警察的最大速度为小偷的 $\frac{1}{3}$,另一名警察的速度任意小,三人都时时互相看见,并能随意控制自己的速度. 求证:小偷无论怎样跑,最终必被抓住.

证明 设两名警察是 P, K,小偷是 T,且 K 的最大速度为 T 的 $\frac{1}{3}$,P 的速度可任意小.

如图 9.1,取 AF 中点 M,连 MD, MC,分

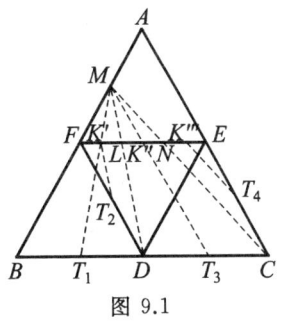

图 9.1

别交 EF 于 L,N,易知 $FL=LN=NE$.

设 K' 是 FL 上任一点,作 $K'T_2 /\!/ MD$,T_2 在 FD 上,延长 MK' 交 BD 于 T_1. 设 K'' 是 LN 上任一点,延长 MK'' 交 CD 于 T_3. 设 K''' 是 NE 上任一点,作 $K'''T_4 /\!/ CN$,T_4 在 CE 上. 易知,K',K'',K''' 在各自线段上移动时,T_1,T_2,T_3,T_4 的移动速度分别为它们的 3 倍.

现让警察 K 从 F 点朝 E 方向跑,警察 P 在 E 点不动,易知总有一条"虚线"遇到小偷,于是警察 K 就控制住了小偷 T. 具体地说就是:

(1) 若 T 在 BF 上,K 在 F 处不动;

(2) 若 T 在 T_1 或 T_2 处,K 在 K' 处;

(3) 若 T 在 DE 上动,K 在 L 处不动;

(4) 若 T 在 T_3 处,K 在 K'' 处;

(5) 若 T 在 T_4 处,K 在 K''' 处.

而 P 则沿着 ED 大摇大摆地走向 D,接下去小偷必被"挤死"在一个小三角形内,只有束手就擒了.

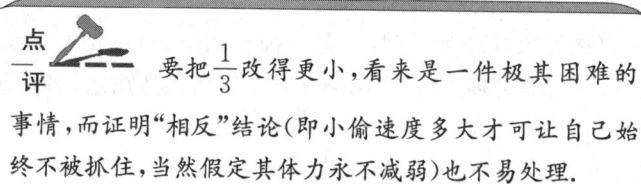

要把 $\dfrac{1}{3}$ 改得更小,看来是一件极其困难的事情,而证明"相反"结论(即小偷速度多大才可让自己始终不被抓住,当然假定其体力永不减弱)也不易处理.

例 2 平面上有 4 条直线,其中任意两条都不平行,任意 3 条都不相交于一点. 在每一条直线上都有一个匀速行走的行人,已知第一位行人同第二、三、四位行人都曾相遇,第二位行人同第三、四位行人都曾相遇. 求证:第三位行人同第四位行人曾经相遇.

证明 证明一个更为广泛的结论:如果有 n 个行人,分别沿着 n 条两两不平行的道路匀速行走,并且已知,第一位行人与其余行人都曾相遇,第二位行人与其余行人也都曾相遇,则有:

(a) 每一位行人与其余行人都曾相遇;

(b) 在每一时刻,所有的行人都分布在一条直线上.

为了证明这个结论,应当为这些道路所在的平面添加一根与平面垂直的直线——一根表示时间的纵轴,并考察全体行人的运动图像("时空线"). 所有这些图像都是直线,并且第一、二两条"时空线"同其余的"时空线"都相交. 而第一、二两条"时空线"在空间中决定了一个平面. 既然任意第 i 条"时空线"都既与第一条、又与第二条"时空线"相交,故知它们都位于这个平面之内,从而所有的"时空线"全都位于同一平面之中. 假若有某两位行人不曾相遇,则对应的两条"时空线"不相交,但因它们共面,故知它们一定平行,从而它们在道路所在平面中的投影也应当是平行的,与已知条件矛盾. 这表明每两位行人都曾相遇,从而(a)获证.

我们再来考察时刻 $t=0$. 这个时刻一方面由所有行人的起步时刻所确定,另一方面也是由原来的平面同"时空线"平面的交线所确定. 因而,在开始时,所有的行人都处于这两个平面所交成的直线上. 又由于他们每一个人的运动都是匀速的,所以在每一时刻,所有行人全都位于同开始的直线相平行的直线上.

例3 在形状为球形的一行星上住着一位居民,他可以在行星表面以不超过 u 的速度运动. 一艘速度为 v 的宇宙飞船正飞近这个行星. 证明:如果 $\dfrac{v}{u}>6$,那么不管居民躲藏到何处,宇航员总能从飞船上看到他(假定只要无障碍物就能看见,无论隔多远).

证明 取行星的半径为 1. 在行星上任取两个点(极点),它们的连线通过球心,且过这两点作一条"基本的"子午线,再把它分成长为 ε 的等弧,并过分点作纬线(如图 9.2).

假设宇航员的搜索计划如下:飞船在所作纬线上空且与球心相距 $R>1$ 时开始绕行星飞行,同时从北极地带开始,每当飞到基本子午线时,就沿着它改飞到下一条纬线. 现在设 $R=\sqrt{2}$. 那么从飞船上可以看到半径为 $\dfrac{\pi}{4}$ 的球冠(一切距离都是沿球面测量的).

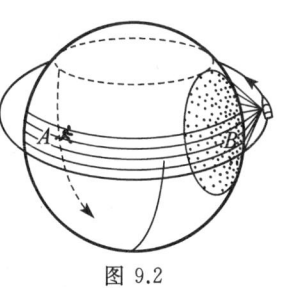

图 9.2

因为 ε 可以选择得任意小，只需要验证，在速度比大于 6 且飞船沿着一条纬线飞行时，行星上的居民来不及从南往北越过飞船的"发现圈". "发现圈"的圆心沿着纬线移动，它的移动速度至少是居民速度的 $\dfrac{6}{\sqrt{2}}$ 倍. 如果居民在点 A 穿越纬线，而飞船在点 B，那么纬线的弧 $\overparen{AB}$ 之一的弧度不大于 π；当飞船飞过它时，居民的所在位置与点 A 的距离不超过 $\dfrac{\pi\sqrt{2}}{6} < \dfrac{\pi}{4}$. 所以当人在 A 点时飞船的宇航员应该能(已经或将要)看见他.

例 4 证明：若一多边形有若干条对称轴，则这些对称轴共点.

证明 在多边形顶点处分别放上单位质量，当关于质点组的对称轴作对称变换时，这个质点组的各点变为自己的对称点，而质量中心不动. 因此，所有的对称轴都过放上单位质量的顶点的质量中心.

点评 关于质量中心，定义如下.

设在平面上给出具有质量的一组质点，也就是在平面上排列着数对 (X_i, m_i)，X_i 是平面上的点，m_i 是正数. 对于质点组来说，满足

$$m_1 \overrightarrow{OX_1} + m_2 \overrightarrow{OX_2} + \cdots + m_n \overrightarrow{OX_n} = \vec{0}$$

的点 O 称为带有质量 $m_1, m_2, \cdots, m_n$ 的质点组 $X_1, X_2, \cdots, X_n$ 的质量中心.

任意质点组的质量中心是存在的，并且只有一个.

注意数 m_i 的正数性质实际上并没有被利用，只利用了它们之和不为零. 研究质点组时，把一部分质点的质量当成正的，而另一部分质点的质量当成负的往往是方便的（但是，全部质量之和仍不为零）.

质量中心的几乎全部应用都基于它的一个性质，这一性质即是质点组的归组定理：如果一部分质点用一个点代替，这个点位于质量中心位置，而它的质量是这部

第九讲　运动问题与质心

分质点质量之和，那么，质量中心就代替了那部分质点．

质量中心有如下基本性质．

(1) 若 X 是平面上任意点的位置，O 点是带有质量 $m_1, m_2, \cdots, m_n$ 的质点组 $X_1, X_2, \cdots, X_n$ 的质量中心，则

$$\overrightarrow{XO} = \frac{1}{m_1 + m_2 + \cdots + m_n}(m_1\overrightarrow{XX_1} + m_2\overrightarrow{XX_2} + \cdots + m_n\overrightarrow{XX_n}).$$

(2) 具有质量 $a_1, a_2, \cdots, a_n, b_1, b_2, \cdots, b_m$ 的质点组 $X_1, X_2, \cdots, X_n, Y_1, Y_2, \cdots, Y_m$ 的质量中心就是以下两个质点的质量中心：第一个质点 X 具有质量 $a_1 + a_2 + \cdots + a_n$，且是 $X_1, X_2, \cdots, X_n$ 的质量中心；第二个质点 Y 具有质量 $b_1 + b_2 + \cdots + b_m$，且是 $Y_1, Y_2, \cdots, Y_m$ 的质量中心．

(3) 带有质量 a, b 的质点 A, B 之质量中心位于线段 AB 上，质量中心在分 AB 之比为 $b:a$ 的位置上．

例 5　网格纸上有 n 个如图 9.3 的"角形"和 k 个 1×4 的矩形组成中心对称图形．证明：n 为偶数．

图 9.3

证明　在组成"角形"与矩形的方格中心放上单位质量．把原来的每张小方格纸再分成 4 个小方格，得到新的方格纸．易证，现在"角形"的质量中心在新方格中心，而矩形的质量中心位于新方格的顶点．

显然，图形的质量中心与其对称中心重合，而由原来方格组成的图形的对称中心只能位于新方格的顶点（见图 9.4）．因为"角形"的质量与

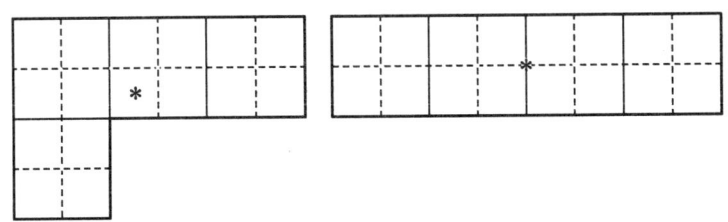

图 9.4

219

方格纸相等,以图形质量中心为起点,以所有"角形"与方格质量中心为终点的全部向量之和等于零.若"角形"数目为奇数,那么,向量和中有无法消去的坐标,向量和不为零.矛盾!

因此,"角形"的数目必为偶数.

例 6 在半径为 R 的圆内有 n 个点.证明:它们每两点之间距离的平方和不超过 $n^2 R^2$.

证明 设 $X_1, X_2, \cdots, X_n$ 是已知点,O 是圆心,M 是分别带有单位质量的点 $X_1, X_2, \cdots, X_n$ 的质量中心.用 I_x 表示已知质点 $X_1, X_2, \cdots, X_n$ 相对 X 点的惯性矩,那么 $I_{x1} + I_{x2} + \cdots + I_{xn}$ 等于已知点中每两点之间距离平方和的倍数.

由于 $I_{xi} = I_M + nX_iM^2$,$I_O = I_M + nOM^2$,有 $I_{xi} = I_O + n(X_iM^2 - OM^2)$.因此,

$$I_{x1} + I_{x2} + \cdots + I_{xn} = nI_O + n(X_1M^2 + X_2M^2 + \cdots + X_nM^2) - n^2OM^2$$
$$= n(I_O - nOM^2) + nI_M = 2nI_M.$$

显然,$2nI_M \leqslant 2nI_O = 2n(X_1O^2 + X_2O^2 + \cdots + X_nO^2) \leqslant 2n^2R^2$,且当 $M = O$ 时,第一个不等式成为等式;若 $X_1, X_2, \cdots, X_n$ 位于圆周上,第二个不等式又成为等式.

> **点评** 量 $I_M = m_1 MX_1^2 + m_2 MX_2^2 + \cdots + m_n MX_n^2$ 称为带有质量 $m_1, m_2, \cdots, m_n$ 的质点组 $X_1, X_2, \cdots, X_n$ 关于 M 点的惯性矩.这个概念在几何中的应用是基于关系式 $I_M = I_O + mOM^2$,O 点是质量中心,$m = m_1 + m_2 + \cdots + m_n$.
>
> 有基本结论:设 O 是质量分别为 $m_1, m_2, \cdots, m_n$ 的质点组 $A_1, A_2, \cdots, A_n$ 的质量中心,X 是任意一点,则
> $$m_1 XA_1^2 + m_2 XA_2^2 + \cdots + m_n XA_n^2 = m_1 OA_1^2 + m_2 OA_2^2 + \cdots + m_n OA_n^2 + (m_1 + m_2 + \cdots + m_n)OX^2.$$

第九讲 运动问题与质心

习题 9

1. 在半径为 R 的圆形场地上长着 3 棵直径相同的松树,它们树干的中心刚好是一个正三角形的顶点,3 个顶点离场地中心的距离都是 $\frac{R}{2}$. 两个人以相同的速度按同样的方向沿着场地的周界走,行走中始终保持在场地直径的两个端点上,结果发现他们任何时候都(因松树遮挡而)相互看不见. 现让 3 个人分别从场地的内接正三角形的 3 个顶点出发,同时以相同速度按同样的方向沿着场地的周界行走. 试问:他们能否互相看见?

2. 在两条平行的街道中有一排相同的正方形房子,房子的边长为 a,两条街道之间的距离为 $3a$,每两座相邻房子之间的距离都是 $2a$. 有一队警察正沿着一条街道巡逻,他们的间距是 $9a$,行进速度为 v. 正当第一个警察走到一所房子的中心所对位置 A 时,在另一条街道上与其相对的位置 B 处恰好出现了一个歹徒. 试问:为了不使任何警察发现他,歹徒应当以多大的常速沿着所在的街道朝哪一端行进?

3. 有一座迷宫由 n 个圆周组成,它们都与直线 l 相切于点 M,且都位于直线的同一侧,它们的周长组成等比数列,公比为 $\frac{1}{2}$. 有两个行人在不同时刻开始游迷宫,他们的速度相同,但行进方向不同. 行人都依次走遍所有的圆周,即沿着最大的圆周走完后,再沿着较小的圆走. 证明:这两个行人必定相遇.

4. 已知两只毛毛虫分别在两条相交于坐标原点 O 的直线上以固定的速度爬行,且不改变爬行方向. 若这两只毛毛虫在爬行过程中,在 x 轴上的射影总不重合. 证明:它们在 y 轴上的射影,要么曾经重合,要么即将重合.

5. 沿着透明立方体的棱有 2 只蜘蛛和 1 只苍蝇在爬行,苍蝇的最大速度与蜘蛛的一样. 在开始时,蜘蛛们都在立方体的一个顶点上,苍蝇则位于相对的顶点处. 试问:蜘蛛能抓住苍蝇吗(整个过程中它们互相之间都可看见)?

6. 在正方形的广场中心站着一个警察,而在一个顶点处站着一个歹徒.警察可以在整个广场上奔跑,而歹徒仅能沿着广场的 4 条边奔跑,警察的最大速度是歹徒最大速度的 $\frac{1}{3}$.求证:警察可以保证在某一时刻能在广场的一条边上与歹徒相遇.

7. 在正方形的中心坐着一只兔子,在 4 个顶点上各有一头狼.如果狼只能沿着正方形的边跑动,且狼的最大速度是兔子最大速度的 1.4 倍.问:兔子能否从正方形中逃出?

8. 一头狼被猎人赶进了一块边长为 100 米的等边三角形林边凹地,现知猎人只要在离它不超过 30 米的距离处即可将其杀死.证明:只要狼不跑出凹地,无论它跑多快,猎人总能将其杀死.

9. 在 1 米×1 米的正方形天花板上有一只蜘蛛和一只苍蝇.在 1 秒钟内,蜘蛛可以跳到联结它与天花板 4 个顶点的 4 条线段中任一条的中点,苍蝇则在原处未动.证明:在 8 秒钟后蜘蛛与苍蝇的距离小于 1 厘米.

10. 公园里有 6 条窄林阴道,长度相同,其中有 4 条为一个正方形的边,另外两条是其对边中点的连线.一个调皮的小男孩沿着这些小道从爸爸、妈妈身边跑开.如果他的速度是爸爸、妈妈的两倍,而所有三人在整个过程中都可以互相看见.试问:爸爸、妈妈能否抓住小男孩?

11. 某城市的公路是一些全等的正三角形的边,三角形的每个顶点都是 6 条公路的交汇处.现从同一条公路上的 A,B 两处同时开出两辆汽车,它们以同样的速度朝同一方向开去,在每一个路口,每辆汽车都可以继续直行,也可以向左或右转弯 120°.试问:这两辆汽车是否可能相遇?

12. 在形状为正方形的草地中央有一头狼,而在正方形顶点上有 4 条狗.狼可以在整块草地上跑来跑去,而狗只能沿正方形的边界跑.已知:狼能咬死一条狗,两条狗可以咬死一头狼.每条狗的最大速度是狼的最大速度的 1.5 倍.求证:这些狗可以不让狼逃出正方形.

13. 三个步行者各沿一条笔直的大路匀速前进,在最初时刻,他们不在一条直线上.证明:他们在一条直线上的机会不多于两次.

第九讲　运动问题与质心

14. 平面上分布着 n 个质量相同的质点. 在平面上任取一点 A_0, 现来考察那些与 A_0 距离小于 1 的质点, 设这部分质点的重心是 A_1, 再来考察那些与 A_1 距离小于 1 的质点, 设这部分质点的重心是 A_2, 如此等等, 可以得到一个点列 $A_0, A_1, A_2, \cdots$. 证明: 这个点列中自某一点开始全都重合 (如果对某一点 A_k, 在以它为圆心的半径为 1 的圆内没有任何质点, 就认为 $A_k = A_{k+1} = \cdots$).

15. 蜗牛非匀速地向前爬行 (不后退), 若干个人依次在 6 分钟的时间内观察它的爬行. 每个人都在前一个人尚未结束时即已开始观察, 而且都正好观察 1 分钟时间. 如果每个人在自己的观察时间内都发现蜗牛刚好爬行了 1 米. 求证: 蜗牛在 6 分钟内所爬行的距离不超过 10 米.

第十讲 综合题与杂题选讲

例1 这是一个和阿里巴巴有关的小故事.一次,阿里巴巴和管家莫吉娜一行,为了逃避强盗的追击,跑到了一个关隘前.只见大门紧闭,眼看着强盗快要追上来了.这时,他们发现了一面奇怪的鼓,上面有6个一模一样的孔(正好组成正六边形的6个顶点),旁边写着文字:聪明人哪!在每个孔里有一个开关,开关有"上"、"下"两种状态,只有当6个开关状态完全一致(即均为"上"或"下"),门才能打开.不过,你的眼睛可是看不见开关的状态的噢,你必须每次将4个手指头伸进任意选择的4个孔里,才能感觉出开关的状态,并且你可以随意改变或者不改变这4个开关的状态——这叫一次操作.但是,聪明人! 每当你把手指抽回来之后,鼓就会飞快地旋转起来,等鼓停下来以后你根本无法确认刚才触动了哪些开关.现在,不允许在鼓上做任何记号,而且最多只允许你操作5次.如果多于5次尚不能打开,聪明人,你就等着明天再来吧.请问阿里巴巴一行必能脱险吗?

解 阿里巴巴必能脱险,方案如下.

如图10.1,设这6个点(开关)依次为A,B,C,D,E,F,则选择4个点共有3种形状:类似$ABCD$的梯形,类似$ABCE$的筝形,类似$ABDE$的矩形. 第一次和第二次分别选择梯形和筝形,使状态都为"上".易知,等鼓一停下来,有两种可能:(1)全为"上"(问题解决);(2)五"上"一"下"(尽管我们不知道是哪个开关朝"下"),不妨设A为"下",再选择筝形,易知若碰到A问题就解决了,否则一定是选择了$BCDF$或$BDEF$.是前者的话,就使C变为"下",若是后者,则使E变为"下".这样,就有2个为"下"(A,C"下"或A,E

第十讲　综合题与杂题选讲

"下"），4个为"上"，不妨设 A,C 为"下"。等鼓停下来后，再选择矩形，若同时碰到 A,C，则全部改为"上"，否则肯定是碰到了 A,C 中的一个，即选择了 $ABDE$ 或 $BCEF$。无论哪种情况，我们都能让以"下"开关为端点（即 A 或 C）的长边的另一端（即 E）变为"下"。这样，就变成了 A,C,E 朝下，B,D,F 朝上。接下去选择筝形，问题就解决了。

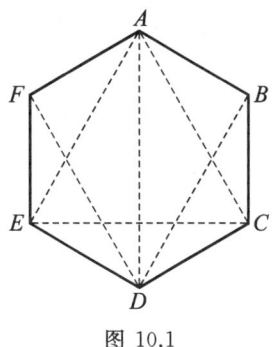

图 10.1

点评 如果每次允许伸进 3 个手指头，其他规则不变，那么（理论上）就可能永远也不能将所有开关扳成同一状态。

证明其实很容易。只要注意到三点有 4 种形状（见图 10.1）：类似 ABC 的钝角三角形，类似 ABD 的第一类直角三角形，类似 AFD 的第二类直角三角形，类似 ACE 的正三角形。因为 A,C,D,E 这四点已包括了所有 4 类三角形，手指头伸进去可能永远碰不到 B,F，而 B,F 开关的状态若是一开始就不相同，那当然就完了。

当鼓上仅有 4 个孔（组成正方形顶点），允许伸两个手指的情形，是莫斯科数学竞赛试题。有兴趣的读者不妨一试。

例2 设 S 是平面上的有限点集，任意三点不共线。对于顶点属于 S 的每一个凸多边形 P，设 P 的顶点数目为 $a(P)$，属于 S 且在 P 外部的点的数目为 $b(P)$。证明：对于任意实数 x，$\sum_{P} x^{a(P)}(1-x)^{b(P)} = 1$，其中 P 取遍 S 中的所有凸多边形（包括一条线段、一个点和空集，分别认为是凸 2 边形、凸 1 边形和凸 0 边形）。

证明 设 S 中有 n 个点，对于顶点在 S 中的每一个凸多边形 P，设

$c(P)$ 为在 P 内且属于 S 的点的数目. 于是,
$$a(P)+b(P)+c(P)=n.$$

设 $1-x=y$,则
$$\sum_P x^{a(P)}(1-x)^{b(P)} = \sum_P x^{a(P)} y^{b(P)} = \sum_P x^{a(P)} y^{b(P)}(x+y)^{c(P)}$$
$$= \sum_P \sum_{i=0}^{c(P)} C_{c(P)}^{i} x^{a(P)+i} y^{b(P)+c(P)-i},$$

这是关于 x,y 的 n 次齐次多项式.

对于固定的 $r(0 \leq r \leq n)$, $x^r y^{n-r}$ 的系数为:选一个凸多边形 P,再在 P 的内部选取一些属于 S 的点,使得 P 的顶点数目与在 P 内部选的顶点数目的和等于 r 的所有选取方法数. 这对应着在 S 中选 r 个点的选取方法数. 这个对应是双射,这是因为 S 中的每个子集 T 有唯一的方法分成两个不交的集合,其中一个是 T 的凸包,另一个是 T 的凸包内部的点.

因此, $x^r y^{n-r}$ 的系数为 C_n^r. 于是,
$$\sum_P x^{a(P)} y^{b(P)} = \sum_{r=0}^{n} C_n^r x^r y^{n-r} = (x+y)^n = 1.$$

例3 一个小镇有 $n \times n$ 栋房子,用 (i,j) 为这些房子编号 $(1 \leq i, j \leq n)$,表示第 i 行、第 j 列的房子. 在 0 时刻,编号为 $(1,c)$ 的房子 $\left(c \leq \dfrac{n}{2}\right)$ 突然着火,随后的每个时间段 $[t, t+1]$,消防员保护一栋还未着火的房子,而 t 时刻着火的房子将火蔓延到所有未被保护的邻居(同行或同列中的紧靠者),一旦一栋房子被保护,它可一直保持该状态. 当火不能再蔓延时过程结束. 问:至多有多少栋房子可以被保护?

解 先说明存在策略可使 n^2+c^2-nc-c 栋房子被保护.

下列保护顺序可达到目的:
$$(2,c),(2,c+1);(3,c-1),(3,c+2);$$
$$(4,c-2),(4,c+3);\cdots;(c+1,1),(c+1,2c);$$
$$(c+1,2c+1),(c+1,2c+2),\cdots,(c+1,n).$$

在这个策略中,第 c 列和第 $c+1$ 列各有 $n-1$ 栋房子被保护,第

$c-1$ 列和第 $c+2$ 列各有 $n-2$ 栋房子被保护……第 1 列和第 $2c$ 列各有 $n-c$ 栋房子被保护,第 $2c+1$ 列至第 n 列共 $n-2c$ 列,各有 $n-c$ 栋房子被保护.求和得

$$2((n-1)+(n-2)+\cdots+(n-c))+(n-2c)(n-c)$$
$$=n^2+c^2-nc-c.$$

下面证明:在任何策略下,都不可能有多于 n^2+c^2-nc-c 栋房子被保护.

如果 $|i-1|+|j-c|=t$,就认为编号为 (i,j) 的房子在第 t 层(指房屋位置分布层次)上.

设 $d(t)$ 为在 t 时刻之前所保护的第 t 层上的房子数,$p(t)$ 是在 t 时刻之前所保护的第 t 层以外的房子数.显然,

$$p(t+1)+d(t+1) \leqslant p(t)+1.$$

设 $s(t)$ 为在 t 时刻还没有着火的第 t 层上的房子数.下面用数学归纳法证明: $s(t) \leqslant t-p(t) \leqslant t,$
其中,$1 \leqslant t \leqslant n-1$.

显然,当 $t=1$ 时,结论成立.

假设当 $t=k$ 时,结论成立,考虑 $t=k+1$ 时.

在第 $k+1$ 层上的任何 $k-p(k)+1$ 栋房子的邻居在第 k 层上至少含有 $k-p(k)+1$ 个顶点.因为 $s(k) \leqslant k-p(k)$,那么在第 k 层上的上述邻居至少有一间在燃烧.所以,在第 $k+1$ 层上至多有 $k-p(k)$ 栋房子没有邻居的房子在燃烧.于是,

$$s(k+1) \leqslant k-p(k)+d(k+1)=(k+1)-(p(k)+1-d(k+1))$$
$$\leqslant (k+1)-p(k+1).$$

因此,对 $1 \leqslant t \leqslant n-1, s(t) \leqslant t-p(t) \leqslant t$ 成立.

这意味着,对小于或等于 $n-1$ 的层,在任何策略下可能被保护的房子的最大数目是 $1+2+\cdots+n$. 在大于或等于 n 的层,每栋房子都已被保护的假设给出可能被保护房子数的上限.而前面给出的策略正是这样做的,所以它一定是最佳的.

例 4 设 $n \geqslant 5$,求最大的正整数 k(用 n 表示),使得存在一个凸 n 边形 $A_1 A_2 \cdots A_n$,其中恰存在 k 个四边形 $A_i A_{i+1} A_{i+2} A_{i+3}$,它们都有内

切圆,这里 $A_{n+i}=A_i$.

解 满足条件的最大正整数 $k=\left[\dfrac{n}{2}\right]$.

先证:$k\leqslant\left[\dfrac{n}{2}\right]$.

事实上,我们可以证明,四边形 $A_iA_{i+1}A_{i+2}A_{i+3}$ 与四边形 $A_{i+1}A_{i+2}A_{i+3}A_{i+4}$ 不同时具有内切圆.

如图 10.2 所示,如果图中四边形 $A_iA_{i+1}A_{i+2}A_{i+3}$ 与四边形 $A_{i+1}A_{i+2}A_{i+3}A_{i+4}$ 都具有内切圆,则

$A_iA_{i+1}+A_{i+2}A_{i+3}=A_{i+1}A_{i+2}+A_{i+3}A_i$,

$A_{i+1}A_{i+2}+A_{i+3}A_{i+4}=A_{i+2}A_{i+3}+A_{i+1}A_{i+4}$,

两式相加,应有

$A_iA_{i+1}+A_{i+3}A_{i+4}=A_{i+1}A_{i+4}+A_iA_{i+3}$.

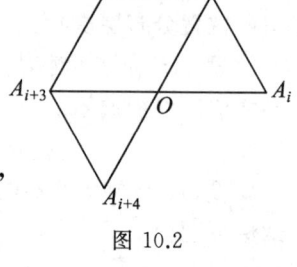

图 10.2

但是,$A_{i+1}A_{i+4}+A_iA_{i+3}=A_iO+A_{i+1}O+A_{i+3}O+A_{i+4}O>A_iA_{i+1}+A_{i+3}A_{i+4}$.矛盾.

由上述结论可知,有内切圆的四边形 $A_iA_{i+1}A_{i+2}A_{i+3}$ 可由边 $A_{i+1}A_{i+2}$ 唯一确定,并且任意相邻两边(如 $A_iA_{i+1},A_{i+1}A_{i+2}$)不能都是题中某个有内切圆的四边形的唯一确定边.这表明 $k\leqslant\left[\dfrac{n}{2}\right]$.

再证:当 $n\geqslant 5$ 时,可取满足条件的最大正整数 k 为 $\left[\dfrac{n}{2}\right]$.

若 n 为偶数,设 $n=2m$,构造一个凸 $2m$ 边形 $A_1A_2\cdots A_{2m}$,使得此 $2m$ 边形的每个内角均等于 $\dfrac{m-1}{m}\pi$,且 $A_1A_2=A_3A_4=\cdots=A_{2m-1}A_{2m}=a$,$A_2A_3=A_4A_5=\cdots=A_{2m-2}A_{2m-1}=A_{2m}A_1=b$,这里 $b=\dfrac{a}{1+\cos\theta}$,$\theta=\dfrac{m-1}{m}\pi$,则此凸 n 边形中有 m 个四边形 $A_iA_{i+1}A_{i+2}A_{i+3}(i=2,4,\cdots,2m)$ 有内切圆.

若 n 为奇数,设 $n=2m-1$,考虑上述的凸 $2m$ 边形,可在四边形

$A_{2m}A_1A_2A_3$ 中取一点 P,使得四边形 $PA_3A_4A_5$ 和 $PA_{2m-2}A_{2m-1}A_{2m}$ 为有内切圆的四边形. 这时,凸 $2m-1$ 边形 $PA_3A_4\cdots A_{2m}$ 中有 $m-1$ 个满足条件的四边形.

综上所述,题中所求的最大值 k 为 $\left[\dfrac{n}{2}\right]$.

例 5 已知平面上有 n 个点,任意 3 点不共线. 若其中的 k 个点构成一个凸多边形,且这个凸多边形中没有其他已知点,则称这 k 个点是"好的". 对于固定的 k,所有好的 k 点集的数目记为 c_k. 证明:$\sum\limits_{i=3}^{n}(-1)^i c_i$ 不依赖于点的结构,只依赖于 n.

证明 设 S 为这 n 个点的集合. 用两种方法计算 $\sum\limits_{\substack{v_1,v_2,\cdots,v_k\in S \\ k\geqslant 3}}(-1)^k$.

一方面,上式显然不依赖于点的结构,记其为 $f(n)$.

另一方面,对具有同一个凸包的子集求和.

设一个固定凸包的顶点为 $v_1,v_2,\cdots,v_t$,且其内部有 k 个点,则和为
$$(-1)^t\sum_{i=0}^{k}(-1)^i C_k^i,$$

其中,$k\geqslant 1$ 时,$\sum\limits_{i=0}^{k}(-1)^i C_k^i=(1-1)^k=0$;

$k=0$ 时,和为 $(-1)^t$,即凸包内没有已知点的项为 $(-1)^t$,凸包内有已知点的和为 0.

因此,$\sum\limits_{\substack{v_1,v_2,\cdots,v_k\in S \\ k\geqslant 3}}(-1)^k=\sum\limits_{i=3}^{n}(-1)^i c_i$,即 $\sum\limits_{i=3}^{n}(-1)^i c_i=f(n)$.

习题 10

1. 两等腰三角形每边长均为整数,周长相等,面积也相等,但不全等. 求最小周长.

2. 已知 A 是 200 个不同正整数的集合,并且 A 中任意 3 个不同的数都是一个非钝角三角形的三边长. 试求所有这类三角形周长和(全等的算一次)的最小值.

3. 能否在直线上分列一组长度为 1 的闭区间,使它们之间没有公共点,且使任何无穷的等差数列(公差不为零)都可有某些项落进这些区间?

4. 一群战士站成一矩阵,且在每一行中战士按从高到矮排列. 证明:如果在每一列中,战士也重新按从高到矮排列,那么在每一行中,战士仍然保持按从高到矮排列.

5. 一城市设计成分为若干方块的矩形形状,n 条街道互相平行,另外 m 条街道与它们相交成直角. 警察在城市的街道上(不是十字路口)值勤. 每个警察报告从他身旁开过去的汽车的号码、运行方向及通过时间. 为了能根据警察提供的数据同时再现沿着闭合线路(即不重复通过同一地段的线路)行驶的任何汽车的路线,至少需要多少警察值勤?

6. 一矩形 $ABCD$ 的长和宽均为整数. 一条光线从 B 出发,在上下底间来回反射,最终停在 C 或 D 处. 若光路总长度是整数 k,求证:$k \leqslant \frac{1}{2}(BC^2+1)$.

7. 一列货车 x 时 y 分从莫斯科开出,y 时 z 分到达萨拉托夫市,用时 z 小时 x 分(x,y,z 都是非负整数). 求 x 的所有可能值(此题使用 24 小时制).

8. 在某一时刻,查理看到他的手表时针、分针的端点(均非表盘中心)及表盘上标有时间刻度的圆周上的某一点恰好构成一个正三角形,下一次出现这种现象时经过了时间 t. 假设分针的长度与时针的长度之比为 $k(>1)$,且分针的长度等于标有时间刻度的圆的半径,求时间 t

的最大值.

9. 平面上两直线相交成 α 度角(角度制), 在一条直线上有一只蚂蚱, 每隔一秒它由一条直线跳到另一条直线(交点算公共点). 已知它每次跳的距离都是 1, 而且任何时候它都不跳回一秒钟之前的所在地点. 经过若干时间后, 它跳回了一开始的出发点. 证明: α 是有理数.

10. 古堡被三角形的围墙围了起来, 围墙的每一边都被三等分, 在每个分点和顶点上都筑有钟楼, 这样, 沿着围墙就共有 9 座钟楼: $A, E, F, B, K, L, C, M, N$. 随着时光的流逝, 除了 E, K, M 外, 其余的钟楼都倒塌了. 试问: 如何由现存的钟楼来判断钟楼 A, B, C 原来的位置? 这里假定 A, B, C 位于顶点处.

11. 在一张正方形的纸上画着 n 个矩形, 它们的边都平行于纸边, 且任何两个矩形都没有公共内点. 证明: 若挖去所有的矩形, 则纸的剩余部分的小块数量不多于 $n+1$.

12. 在平面上给定 1000 个正方形, 它们的边都平行于坐标轴, 设 M 是这些正方形的中心之集合. 证明: 可以把其中一部分正方形做上记号, 使集合 M 的每个点落在不少于 1 个且不多于 4 个做上记号的正方形中.

13. 在无穷大的方格纸上(每个小方格的边长为 1), 规定只允许沿着小方格的边线剪开. 证明: 对任意大于 12 的整数 m, 可以做到剪出一个面积大于 m 的矩形后, 不能再从这个矩形中剪出一个面积恰好为 m 的矩形.

14. 在一个国际象棋棋盘(小方块的边都视为黑色)上, 试作一个半径最大的圆, 使它整个都位于黑色部分之中.

15. 在 100×100 方格表的某些方格里画有十字, 已知每一行每一列中都至少有一个十字. 证明: 能够指定 10 行和 10 列, 当我们抹去这些行和这些列中的十字之后, 在未被抹过的每一行(每一列)中仍至少有一个十字.

16. 在一个无穷大的国际象棋棋盘(黑白相间)上, 每一小格边长为 1. 现在其中引一条不自身相交的闭折线, 折线始终沿着方格的边走. 已知在折线的内部圈入了 k 个黑色方格, 试求这条折线所围成的最大面积.

17. 一张平面被两族平行直线划分为单位正方形,考察由所分成的单位正方形形成的 $n\times n$ 正方形,将其中至少有一条边位于 $n\times n$ 正方形边界上的所有单位正方形的并集称为这 $n\times n$ 正方形的边框. 给定一个 100×100 的正方形. 求证:恰有一种方法,利用 50 个正方形的不重叠的边框就能覆盖它.

18. 在 $m\times n$ 棋盘的每个单位正方形中放入 0 和 1,若 0 和 1 的个数相等,则称为"适宜的". 若对于实数 a,存在正整数 m,n 和一个"适宜的"放法,使得对于 $m\times n$ 棋盘的每一行和每一列,1 在这行或列所占的百分比不小于 $a\%$,或不大于 $(100-a)\%$,则称 a 为"美好的". 求最大的"美好的"数 a.

19. 在方格纸上有一个矩形,它的边与方格线交成 $45°$ 角,它的顶点都不在方格线上. 试问:矩形的各条边能否都刚好穿过奇数条方格线?

20. 在一个 2004×2004 的棋盘上放置有 2004 个后,任何两个后不互相攻击(即不在同行、列和斜线上). 证明:存在两个后,她们的外接矩形(即两后位于该矩形的对角线两端)的周长等于 4008.

21. 在 $n\times n(n>2)$ 的棋盘上有若干只"怪车",规定它可以吃掉横行、竖列和斜率为 -1 方向的棋子. 现在要"控制"整个棋盘(即这些怪车放好后,在任意空格里放一棋子,都会被某只怪车吃掉,怪车之间互不相吃),则最少需要多少只怪车?

22. 有一个半径为 10cm 的圆形糕点,烤制时在其中放入一颗半径为 3mm 的珍珠. 今想找到它,为此允许用刀沿直线将糕点切成(可相等也可不相等的)两块. 如果刀子没有切到珍珠,可以再切开其中的一块;如果珍珠还未被发现,则还可以再切开已得到的三块之一;如此继续下去. 证明:无论怎么切,在切了 32 次后,都有可能未发现珍珠. 但切 33 次的话,可以做到不论珍珠在什么位置,都能把它找出.

23. 有一只聪明的蟑螂决定去寻找真理,它的视野不超过 1cm. 真理位于一个同其距离为 D cm 的点上. 蟑螂可以迈步,每步之长不大于 1cm. 每步之后,都会有人告诉它,究竟是离真理近了还是远了. 蟑螂能够记住一切,包括自己所迈步子的方向. 证明:它只需迈不多于 $\frac{3}{2}D+7$

步,即可找到真理.

24. 沿着透明立方体的棱有 3 只蜘蛛和 1 只苍蝇在爬行,苍蝇的最大速度是蜘蛛的 3 倍. 在开始时,蜘蛛们都在立方体的一个顶点上,苍蝇则位于相对的顶点处. 试问:蜘蛛能抓住苍蝇吗(整个过程中它们互相之间都可看见)?

25. 现有两个国家,一个是寻常国家,另一个是它的镜子国. 对于寻常国中的每一个城市,镜子国中都有一个城市与之对应,反之亦然. 现知,若寻常国中的某两个城市之间有铁路相连,则在镜子国中相应的两个城市之间没有铁路相连. 而对寻常国中的任意两个无铁路相连的城市,在镜子国中相应的两个城市之间却一定有铁路相连. 设在寻常国中,如果少于两次中转,就不能由 A 城到达 B 城. 证明:在镜子国中,可以由任何一个城市到达另一城市,且都不需要超过两次中转.

26. 将一枚棋子放在一个 $n \times n (n \geqslant 2)$ 的棋盘上,这枚棋子轮流作"直线"运动(移动到有公共边的小方格内)和"对角"运动(移动到仅有公共顶点的小方格内). 求出所有的正整数 n,使得存在一系列运动形式,满足以"对角"形式开始第一步运动的棋子能走过棋盘上的每一个小方格,且每一个小方格只走过一次.

27. 将 $10 \times 10 \times 10$ 的正方体划分为 1000 个单位正方体,并将数 $1, 2, \cdots, 1000$ 分别写入各个单位正方体中(每个单位正方体中写 1 个数). 两条蚯蚓由一个角上的单位正方体出发,朝着相对角上的单位正方体爬去,它们可以从一个单位正方体爬入另一个与之有公共面的相邻单位正方体. 规定:第 1 条蚯蚓只能爬入所写的数与所在单位正方体中的数相差 8 的相邻单位正方体,而第 2 条蚯蚓只能爬入所写的数相差 9 的相邻单位正方体. 试问:是否存在这样的写法,使得两条蚯蚓都能到达相对角上的单位正方体?

28. 一只青蛙在平面直角坐标系上从点 $(1,1)$ 开始按照如下规则跳跃:(1) 该青蛙能从任一点 (a,b) 跳到 $(2a,b)$ 或 $(a,2b)$;(2) 如果 $a>b$,该青蛙能从 (a,b) 跳到 $(a-b,b)$;如果 $a<b$,则能从 (a,b) 跳到 $(a,b-a)$. 对哪些 (x,y),这只青蛙能跳到此点?

29. 设 m, n 是互素的正整数,且满足 $6 \leqslant 2m < n$. 在一个圆上给定 n 个不同的点,从这 n 个点中的某一点(例如点 P)开始,按逆时针方向找

到第 m 个点 Q,用线段联结 P,Q;然后从 Q 出发,按逆时针方向找到第 m 个点 R,再用线段联结 Q,R;如此继续下去,直到不能生成新的线段为止.用 i 表示圆内的这些线段交点的个数(不考虑在圆上的交点).

(1) 给出 i 的最大值的表达式(用 m,n 表示,其中 n 个点的位置是变化的);

(2) 证明:不论 n 个点的位置如何变化,不等式 $i \geqslant n$ 成立,并证明当 $m=3$ 且 n 是偶数时,可以选定 n 个点的位置,使得 $i=n$.

30. 一只蚂蚁在正方体表面沿直线爬行.若它到达棱处,可沿正方体平面展开图爬到此条棱所在的另一个侧面;若到达顶点,则沿原路返回.证明:

(1) 蚂蚁从任一点出发,总有无数种方式以周期性路径爬行;

(2) 若蚂蚁从某一侧面开始爬行,则周期路径的周期仅依赖于蚂蚁爬行的方向(与出发点的位置无关).

31. 有一张 $N \times N$ 的方格纸板,其中奇数 $N \geqslant 3$.一只毛毛虫停留在该方格纸板中心所在的单位正方形内,其余的单位正方形内都写有一个正整数,且所有的正整数互不相同.毛毛虫想找一条路走出这张纸板,但它只能从一个单位正方形爬到与其相邻(即有公共边)的另一个单位正方形.如果毛毛虫到达一个单位正方形时,不得不吃掉这个单位正方形内的数,记数 n 的重量为 $\dfrac{1}{n}$,并设毛毛虫最多能吃总重量为 2 的数.对于奇数 $N \geqslant 3$,是否存在一种将不同的整数放入这个纸板的方法,使得毛毛虫找不到一条走出这张纸板的路?

32. 某王国的国土呈边长为 2 公里的正方形,国王决定召唤全国的臣民于晚上七时到王宫参加舞会.为此,他在正午时分派出一个飞报者,此人能够将任何指示传达给任何臣民,这些臣民又可以将任何指示传达给任何其他臣民.每个臣民在听到指示以前都待在自己家中,并能以每小时 3 公里的速度沿直线跑向任何方向.证明:国王能够设法成功地将意图通知下去,使得每一个臣民都能在舞会开始时到达王宫.

33. 某城市呈边长为 10 公里的正方形,现将它分成 n^2 个大小一样的正方形小区,将这些小区自 1 至 n^2 编号,使得每两个连号的小区都具有公共边.证明:一个人骑自行车不超过 100 公里,就可以找到他要寻找的小区.

34. (巴拉尼(Bárány)等)设 C 是半径为 $r(C)$ 的圆,C 与 k 个互不交叠的圆 $C_1,C_2,\cdots,C_k(k\geqslant 6)$ 外切. 证明:$\dfrac{1}{k}\sum\limits_{i=1}^{k}\dfrac{1}{r(C_i)}\geqslant\dfrac{1}{r(C)}$,当且仅当 $k=6$,且 $r(C)=r(C_1)=\cdots=r(C_6)$ 时等式成立.

35. (托特(L. Fejes Tóth))设 $C_1,C_2,\cdots,C_k(k\geqslant 3)$ 为平面中互不重叠的环绕圆 C 的圆,即每个 C_i 与 C_{i-1},C_{i+1} 及 C 外切($C_{k+1}=C_1$). 证明:$\dfrac{1}{k}\sum\limits_{i=1}^{k}r(C_i)\geqslant\dfrac{\sin\dfrac{\pi}{k}}{1-\sin\dfrac{\pi}{k}}r(C)$,当且仅当 $r(C_1)=r(C_2)=\cdots=r(C_k)$ 时等号成立.

附：关于西尔维斯特问题

1893年，英国数学家西尔维斯特(J. J. Sylvester，1814—1897)在《教育时报》(*Educational Times*)杂志上提出了如下问题.

证明：不可能在平面上放有限个点，使得每一条过其中任意两点的直线都经过第三点，除非这些点全在同一条直线上. (Prove that it is not possible to arrange any finite number of real points so that a right line through every two of them shall pass through a third, unless they all lie in the same right line.)

稍后刊登的解答是不正确的. 40年后的1933年，爱尔特希(P. Erdös)和卡拉马塔(J. Karamata)重新提出这个问题，并把它表述为：

若平面上有一个不全共线的有限点集，则存在一条直线恰好通过其中的两点. (If a finite set of points in the plane are not all on one line, then there is a line through exactly two of the points.)

匈牙利数学家加莱(T. Gallai)成功地解决了这个问题，但是他的证明较繁. 下面给出凯利(L. M. Kelly)的一个经典优雅的证明.

证明 用反证法. 若这 n 个点不全共线，过这 n 个点中的任意两点所确定的每条直线，都必然有不在此直线上的点. 对这每一条直线，求出 n 个点中不在此直线上的点到直线的距离，这些距离的个数是有限的，所以其中一定有一个最小的，设为 d. 如图 F.1，不妨设点

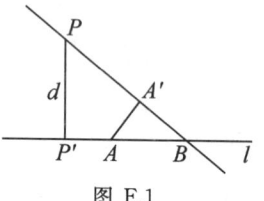

图 F.1

P 至直线 l 的距离为 d，作 $PP' \perp l$ 于 P'. 由于 l 上有已知 3 点，不妨设 A，B 两点在 P' 同侧，于是点 A 至直线 PB 的距离 $AA' < PP' = d$，矛盾. 从而西尔维斯特的猜测是成立的. 我们称它为**定理1**.

除了这个众所周知的著名证明，还有一些更强的结论.

定理2 （西尔维斯特，加莱）设平面上有 n 条直线，无平行，且 n 条直线不共点，属于恰好两条直线的点称为"寻常交点"，则有下列结

附：关于西尔维斯特问题

论：(1)这种寻常交点至少有一个；(2)所有交点至少有 n 个；(3)(凯利，莫泽)寻常交点至少有 $\frac{3}{7}n$ 个.

证明大致如下：

(1) 假设不存在寻常交点，则选取一条直线 l 和交点与 l 最近的点($\notin l$)，由此存在离 l 更近的点，矛盾.

(2) 用数学归纳法.

(3) 可假设每条直线至少与其他直线有 3 个不同交点，定义两个交点"相邻"为：它们在同一直线 l 上，且 l 上其他所有交点都在（或都不在）它们之间. 若 l 恰好含点 P 的两个近邻，则令寻常交点 P 与 l（未必包含 P）相对应. 注意，任一寻常交点至多与 6 条直线相对应. 反之，若与直线 l 相对应的寻常交点少于 3 个，则 l 恰含 2 个寻常交点. 若恰含 2 个寻常交点的直线少于 $\frac{3}{7}n$ 条，则对使 P 与 l 相对应的 (P,l) 对的个数进行重复计数.

下面的推广主要是几何上的. 第一个推广是下面的定理.

定理 3 平面上有 n 条直线，任意两条不平行，任意两条的交点处至少有第三条直线经过，则所有直线都共点.

奇怪的是，最小距离可以处理上述推广，却似乎难以处理下面这个稍强的结论（但实际上还是可行的）.

定理 4 平面上有 n 条直线，不全平行，任意两条若有交点，则交点处至少有第三条直线经过，那么所有直线都共点.

证明 用反证法. 若并非所有直线共点，则一定有两直线交点到另一不过此点的直线的距离，设这些距离中最小的为 d，并不妨设 l_1 与 l_2 的交点 P 到 l_3 的距离即为 d. 过 P 有 3 条直线，若均与 l_3 相交，类似地可产生更小正距离，于是其中必有一条（记为 l_4）与 l_3 平行. 由于直线有有限条，故 l_4 上的交点也有

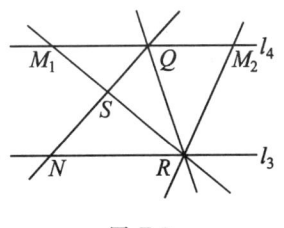

图 F.2

有限个. 如图 F.2，设 Q 是最右边的一个交点，过 Q 有两条直线分别交 l_3 于 N,R. 过 R 还有一条直线，若与 QN 交于 S，则 S 至 l_4 距离 $< d$；

若直线不"穿过"△QNR,则交点 M_2 在 Q 右侧,同样导致矛盾.

第二个推广是圆,用反演可以建立下述命题.

定理 5 平面上有 $n(\geqslant 4)$ 个点,任意三点不共线,过任意三点的圆至少还过第四点,则这些点均在一个圆上.

证明 设 n 个点为 $A_1,A_2,\cdots,A_n$.

如图 F.3,考虑反演,其中 A_n 映到无穷远处,其余点 A_i 均映到 $A'_i(i=1,2,\cdots,n-1)$,于是

A_n,A_i,A_j,A_k 共圆 $\Leftrightarrow A'_i,A'_j,A'_k$ 三点共线.

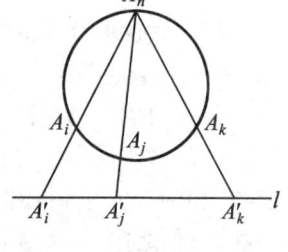

图 F.3

由条件知,$A'_1,A'_2,\cdots,A'_{n-1}$ 中,任两点连线必过第三点,于是 $A'_1,A'_2,\cdots,A'_{n-1}$ 共线,故 $A_1,A_2,\cdots,A_n$ 共圆.

有意思的是,如果结合运用以下的"寻常直线"这个等价命题,可以方便地得出一个稍强的结论.

定义只过两个指定点的直线为"寻常直线".等价命题为:平面上有 n 个点,不全在一条直线上,则必定有只过其中两点的寻常直线.

定理 6 平面上有 n 个点,不全共线,过任意不共线三点的圆至少还过第四点,则这些点均在一个圆上.

接下来比较有意思的,就是空间问题了,能建立下面定理 7 的结论吗?

定理 7 空间有 $n(\geqslant 4)$ 个点,过任意不共线三点的平面至少还过第四点,则这些点均在一个平面上.

自然会想到用所谓"最小距离",点到平面的最小(正)距离.但这样做会导致失败,因为这个量并没有被"无穷递降".究其原因,是直线上三点是"有序"的,而平面上四点却是无序的!

不过,我们还是有办法处理.

证明 设空间 n 个点为 $A_1,A_2,\cdots,A_n$.今作一平面 α,使这些点均在其一侧,且至 α 距离均不相等,不妨设 A_n 离 α 最远.

考虑射线 A_nA_i 与 α 的交点 $A'_i(i=1,2,\cdots,n-1)$,由条件易知 $A'_jA'_k$ 连线上必有第三点,于是所有 $A'_i(i=1,2,\cdots,n-1)$ 共线,因此 $A_1,A_2,\cdots,A_n$ 共面.

我们利用反演最后建立以下定理.

定理 8 空间有若干点,任意四点不共面.若经过任意四点的球还经过第五点,则这些点均在一个球面上.

现在,大家终于都明白了,整个证明过程表示如下:

$$直线 \begin{smallmatrix} \nearrow 圆 \\ \searrow 平面 \end{smallmatrix} \rightarrow 球面$$

最后,还有个有意思的问题,摘自单墫教授的《组合几何》,供大家思考:

将平面上 $n(\geqslant 3)$ 个点染成红色或蓝色,这些点不全共线.证明:必有一条同色直线,即它上面的有色点都是一种颜色,并且至少通过两个有色点.

这一结论也与西尔维斯特问题有关,读者还可考虑三色时情况会如何.

参考答案及提示

习题 1

1. 用反证法,并考虑极端情形,用线段或折线产生不等式.

2. 设方格表大小为 $m\times n$,对 $m+n$ 应用数学归纳法.

3. 设 O 为 M 中一点,将以 O 为顶点、另 3 个点也属于 M 且边平行于坐标轴的矩形称为"好的". 先证明,至多有 81 个"好的"矩形. 于是满足条件的矩形个数 $\leqslant 81\times 100\div 4=2025$.

4. $2^{an+bm-ab-m-n+a+b-1}$. 提示:$m\times n$ 方格表的(自上至下)前 $a-1$ 行和(自左至右)前 $b-1$ 列的染色是自由的,其余小方格的染色都依据这些方格而确定;特别要照顾到 a 或 b 等于 1 的情形.

5. (1) 当 m 和 n 同为正偶数时,$f(m,n)=0$;当 m 和 n 同为正奇数时,$f(m,n)=\dfrac{1}{2}$.

(2) 利用三角形面积.

(3) 设法证明 $f(2k+1,2k)=\dfrac{2k-1}{6}$.

6. 用数学归纳法,答案为 $\dfrac{1}{s}C_{n-1}^{s-1}C_n^{s-1}$.

7. $n(2n+1)$. 由抽屉原则,达到此数的方法为将格 $(2k,2k)$ $(1\leqslant k\leqslant n)$(即第 $2k$ 行和第 $2k$ 列的交界格)所在行之左、所在列之上选中作小对角线.

8. 如图 A.1,设位于网格中相邻结点 A,B 处的数是 $a,b(a<b)$,如从 A 运动到 B,则画一个指向 AB 左侧的小箭头. 于是,逆时针递增的三角形内有 2 个箭头,而顺时针递增的三角形

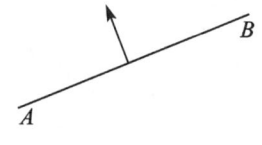

图 A.1

内只有 1 个箭头. 设逆时针递增的三角形有 n 个,则箭头总数 $N=2n+24-n=n+24$. 再证 $N \geqslant 31$ 即可.

9. 最接近 $\dfrac{n^2}{12}$ 的整数.

10. 有 $\dfrac{n(n+1)(2n+1)}{6}$ 个.

11. $1+C_n^4+C_n^2-n=\dfrac{1}{24}(n-1)(n-2)(n^2-3n+12)$.

12. 不妨设 $l_1, l_2, \cdots, l_n$ 为 n 条共点且按斜率递增的直线. 当 $n=2m+1$ 时,答案为 $\dfrac{m(m+1)\pi}{2}$;当 $n=2m$ 时,答案为 $\dfrac{m^2\pi}{2}$.

13. 记 $f(n)$ 为圆周上 $2n$ 个点的连法数,则有 $f(n)=\sum\limits_{i=0}^{n-1}f(i)f(n-1-i)$,此处认为 $f(0)=1$,于是有 $f(2)=2, f(3)=5, f(4)=14,\cdots$,$f(10)=16796$. 一般地,有 $f(n)=\dfrac{1}{2n+1}C_{2n+1}^n$.

14. 任三点中总有两点之间的弧度 $\leqslant 120°$,将这两点连弦,证明这种弦不少于 100 条(考虑图论).

15. 显然,此交集是个凸集. 从最小的圆出发,证明每增加一个圆,至多增加两条"边",且可实现,故答案为 $2n-2$.

16. 利用数学归纳法,答案是 $n-2$.

17. $\dfrac{(n-1)(n-2)}{2}$.

18. 至少需要的小立方体个数为 $\begin{cases}\dfrac{n^2}{2}, & n \text{ 为偶数}, \\ \dfrac{n^2+1}{2}, & n \text{ 为奇数}.\end{cases}$

19. 共 29 个,需分类讨论.

20. 设所求方法数为 $f(n)$. 先证明 $f(1)=1, f(2)=7, f(n)=6f(n-1)-7f(n-2)$,可得 $f(n)=\left(\dfrac{1}{2}+\sqrt{2}\right)(3+\sqrt{2})^{n-1}+\left(\dfrac{1}{2}-\sqrt{2}\right)(3-\sqrt{2})^{n-1}$.

241

21. 设 a_n 表示从 O 到 O 的长为 n 的路径条数,b_n 表示从 A 到 O 的长度为 n 的路径条数,则有 $a_n=6b_{n-1}$,$b_n=a_{n-1}+2b_{n-1}$,于是 $a_{n+2}=2a_{n+1}+6a_n$,$a_0=1$,$a_1=0$,可得 $a_n=\dfrac{3\sqrt{7}}{7}((1+\sqrt{7})^{n-1}-(1-\sqrt{7})^{n-1})$.

22. 记该值为 T_n,则 $T_n=T_{n-1}+2T_{n-2}(n\geqslant 5)$,$T_3=6$,$T_4=18$,可得 $T_n=2^n+2(-1)^n$.

23. 假设矩形边长为 3 的边为竖直方向,每一列要么上面是一块多米诺骨牌、下面是一块单位正方形;要么上面是一块单位正方形,下面是一块骨牌;要么是 3 块单位正方形. 对于 $3\times n$ 的矩形,设最右面的一列依次是上述 3 种情形时,分别有 a_n,b_n 和 c_n 种不同拼法. 易知 $a_1=b_1=c_1=1$,$a_{n+1}=c_n$,$b_{n+1}=c_n$,$c_{n+1}=a_n+b_n+c_n$. 令 $d_n=a_n+b_n+c_n$,可得到递推式 $d_{n+1}=d_n+2d_{n-1}$,$d_1=3$,$d_2=5$,于是 $d_n=\dfrac{1}{3}(2^{n+2}-(-1)^n)$.

24. (1) 见图 A.2(A).

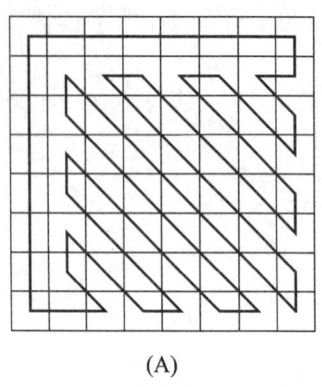 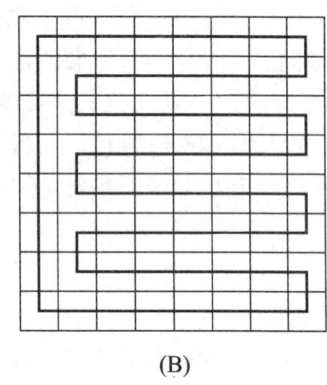

(A)　　　　　　　　　(B)

图 A.2

(2) 易知边界上的格子恰好有 28 个,按王依次到达的次序分别编号. 如果从 i 到 $i+1$ 格王未走过水平或垂直方向,则这条斜线(或斜折线)必将整个棋盘分成不相交的两部分,于是这两部分之间的路线就会与这条斜(折)线发生自相交,因此 28 步是至少的.

(3) 64 显然是最小值,见图 A.2(B). 由(2)知,最大值为

$28+36\sqrt{2}$,见图 A.2(A).

25. $2^{1006}-6$.

26. $\max S(n,m,*)=(3n-2)(m-1)$. 用数学归纳法.

27. (1) $n=2k$ 或 $3k$(k 为正整数). 当 $n=6k\pm1$ 时,反例不难举出.

(2) $n=3k$ 或 $5k$. 反例为:数列① 101101101… 和数列② 100011000110001…(两数列分别以 3 位和 5 位为周期)的前 k 项和分别为 A_k,B_k,则 $A_1,A_2,A_4,A_7,A_8,A_{11},A_{13},A_{14}$ 分别为 1,1,3,5,5,7,9,9;$B_1,B_2,B_4,B_7,B_8,B_{11},B_{13},B_{14}$ 分别为 1,1,1,3,3,5,5,5. 现填数入 $n\times n$ 表,规则为:若①的第 k 项为 1,就在方格表的第 k 列填入②的前 n 项;若①的第 k 项为 0,就在方格表的第 k 列全填入 0. 易知方格表中数总和为 A_nB_n.

28. 易知,不同方向的挡板有 $2\times7\times8=112$ 块. 穿过好的迷宫要经过 63 个方格,故只能最多有 $112-63=49$ 块挡板. 现将迷宫两两配对,使每一块挡板仅出现在一座迷宫中,则易知每一对中至少有一个是坏的迷宫. 又如图 A.3 所示的迷宫和它对应的迷宫都是坏的,故坏迷宫多.

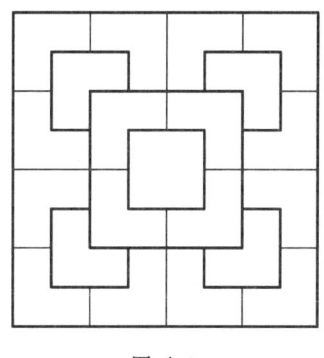

图 A.3

29. 设 4 只脚的坐标分别为 $(1,0,0)$, $(0,1,0),(-1,0,0),(0,-1,0)$,问题转化为求非负整数 (k_1,k_2,k_3,k_4) 满足 $k_1+k_3=k_2+k_4$ 的解数($0\leqslant k_i\leqslant n, i=1,2,3,4$),答案为 $\frac{1}{3}(n+1)\cdot(2n^2+4n+3)$.

30. 设 A 为任一顶点,则必存在一段圆弧 $\overparen{L_AR_A}$,$\angle L_AAR_A<180°$,使得所有以 A 为顶点的好三角形的非 A 顶点均在 $\overparen{L_AR_A}$ 上(包括 L_A,R_A 两点),且按顺时针方向排列,于是 AL_A,AR_A 分别属于唯一的好三角形,分别称为"逆时针分配给 A"和"顺时针分配给 A". 这两个好三角形也可能是一个好三角形 $\triangle L_AAR_A$,这时 A 被分配两次. 因为每一顶点最多被分配两次,故被分配次数 $\leqslant 2n$. 又对任意一个好的 $\triangle ABC$(顶

243

点顺时针排列),设法证明它被分配给它的顶点至少 3 次,于是设好三角形数目为 t,有 $3t \leqslant 2n$.

31. 先证明这些直线两两平行时结论成立. 对其他情况,设有 k 条边的涂色区域的数目为 $m_k(k=1,2,\cdots,n)$. 一条直线被其他直线至多分成 n 段,n 条直线相互相交至多分成 n^2 段,每一段至多是一个涂色区域的边,故 $2m_2+3m_3+\cdots+nm_n \leqslant n^2$. 由于一条直线上只有两段的射线部分才可能是有两条边的涂色区域的边,$m_2 \leqslant n$,于是 $m_2+m_3+\cdots+m_n \leqslant \dfrac{m_2}{3}+\dfrac{1}{3}(2m_2+3m_3+\cdots+nm_n) \leqslant \dfrac{n+n^2}{3}$.

32. 3750. 考虑图论中的图兰(Turán)定理.

33. 运用数学归纳法,先证明 $f(n) \geqslant 2f(n-1)+2$,由此得到下界;再证明 $f(m,n) \leqslant 3^{\frac{m+n}{2}}-2$(对 $m+n$ 进行归纳). 此处定义 $f(m,n)$ 为:将一个矩形 D 分割成瓷砖(将分割出的每一矩形称为一块"瓷砖")的数目最大值,使得任意水平直线最多与 m 块瓷砖的内部有交点,任意竖直直线最多与 n 块瓷砖的内部有交点,故 $f(n,n)=f(n)$.

34. 显然 $r=C_p^{p_2}-p$.

35. 利用本节例 8 的结果.

36. 首先证明一个更一般的结论.

假设每个单位正方形的上下两边是考虑的对象,一些单位正方形是透明的,其他是不透明的. 一个透明的单位正方形只染一条边,它从上和从下看都是一样的. 不透明的单位正方形必须染两条边(同色或不同色).

设 A 是满足从上面看至少有一条从方格表左端到右端的黑色通路的染色方法的集合,B 是满足从下面看至少有一条从方格表左端到右端的黑色通路的染色方法的集合,C 是满足从上、下看至少有两条从左端到右端的黑色通路且这两条通路在任何透明的正方形处不相交的染色方法的集合,D 表示所有染色方法的集合. 下面证明:
$$|A| \cdot |B| \geqslant |C| \cdot |D|. \qquad (1)$$
原命题即为所有正方形都是透明的,且有
$$|A|=|B|=N,\ |C|=M,\ |D|=2^{mn}.$$
对透明正方形的数目 k,用数学归纳法证明式(1).

当 $k=0$ 时,$|A|=|B|=2^{mn}N$,$|C|=N^2$,$|D|=(2^{mn})^2$,

等式成立.

假设式(1)对 k 成立,下面考虑 $k+1$ 的情形.

设 A,B,C,D 是如上定义的集合. 选择一个透明的正方形 a,若设 A',B',C',D' 分别为 a 变为不透明时相应的集合,由归纳假设有
$$|A'| \cdot |B'| \geqslant |C'| \cdot |D'|. \qquad (2)$$

当 a 变为透明时,有 $|D'|=2|D|$.

对于 A 中的任何一种染法,对应着 A' 中的两种染法,即从下面看 a 染为黑色和白色,且是一一对应的,所以,$|A'|=2|A|$.

同理,$|B'|=2|B|$.

由式(2),只须证明 $|C'| \geqslant 2|C|$.

在 C 中任取一种染法,它包含两条黑色通路(从上和从下看),且在透明的正方形处不相交. 由于 a 是透明的,a 最多在其中的一条通路上,不妨设在上面的通路上. 当 a 变为不透明时,保持上面的边的颜色,而下面的边有两种可能的染色方法,则这两种染法在 C' 中. 于是,有 $|C'| \geqslant 2|C|$.

从而,式(2)成立. 综上,原命题成立.

习题 2.a

1. 可利用抽屉原则证明. 这是一个基本结论,也算是"尽善尽美"的,因为对再小的棋盘,结论就不成立了.

2. 将 8×8 棋盘分成 16 个 2×2 子棋盘,每个子棋盘各涂上不同颜色,共用去 16 种颜色. 再设法证明 17 种颜色不符合要求.

3. 用反证法. 后先从上到下一行一行地走遍红格,假设从第 i 行到第 $i+1$ 行不能再走;后又从左到右一列一列走遍蓝格,假设从第 j 列到第 $j+1$ 列不能再走. 不妨假定 (i,j) 这一格为红色,于是 $(i+1,j+1)$ 必须为蓝色. 易知无论 $(i+1,j)$ 是红是蓝,总能推出矛盾.

4. 考虑一条水平网格线上的涂色情况. 如该线上任意 3 个相邻结点只有两种颜色,则此线即为所求. 如此线上有 3 个相邻结点颜色不同,设法分析证明过此 3 点的垂直网格线满足要求.

5. 分情况讨论:第一行中任意两相邻结点异色,第一行中存在两相邻结点同色,结果为 $2^{n+1}-2$.

245

6. 601200. 先进行估算, 再给出例子(每行连续五格一周期, 对 5×5 的子棋盘进行染色, 然后平移复制).

7. 将所有结点按照国际象棋棋盘的次序涂成黑色和白色. 在边界上有 396 个结点(顶点不计), 且黑的和白的个数相等. 设它们都是折线的端点, 则具有两个白色端点和两个黑色端点的折线条数相等. 因此, 在棋盘内部折线上的黑结点和白结点的总数也相等(在有白端点的折线上多一个黑结点, 在有黑端点的折线上多一个白结点). 然而, 在棋盘内部共有 99^2(奇数)个结点, 所以至少有一个结点不在折线上.

8. 将 23×23 的正方形染色, 第 $1, 4, 7, \cdots, 22$ 行涂白色, 其余行涂黑色. 可知任何 2×2 或 3×3 的小正方形都包含偶数个黑格, 不能铺砌整个大正方形, 因此 1×1 的小正方形至少要 1 个. 而中央的 1×1 小正方形选定后, 其余部分由 $2 \times 2, 3 \times 3$ 的正方形铺砌是不难构造的.

9. 条件是 m, n 同奇偶. 应用数学归纳法.

10. 先否定 $n = 1, 2$ 的情形, 再举例说明 $n = 3$ 时是成立的.

11. 设 R 是包含所有黑格的最小矩形区域, 用第二数学归纳法来证明(考虑去掉最左一列和最下一行的"子矩形").

12. 证明每个 1×3 矩形中恰有 1 个红格, 答案为 33.

13. 用 A, B, C, D 表示 4 种颜色, 易知每行有 6×25^2 个"异色对", 各行共有 600×25^2 个"异色对". 于是存在两列, 其中至少有 $\left[\dfrac{600 \times 25^2 - 1}{C_{100}^2}\right] + 1 = 76$ 对"异色格"(注意每对在同一行). 现只考虑此两列中的格, 再用抽屉原则证明这 76 对"异色格"中必有两行四格的颜色两两不同.

14. 不能. 由于 $n \geq 7$, 因此必可找到一个 4×4 的子方格表(如图 A.4), 使"-1"落在阴影方格中. 再证明每次操作后阴影中的 8 个数之积仍为 -1.

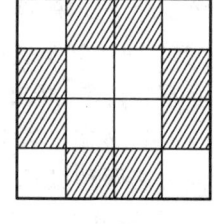

图 A.4

15. 先剪下 $2^n \times 2^n$ 大正方形 K_0, 使其包含所有黑格, 且白格数至少为黑格数之 4 倍. 再将其分成 4 个 $2^{n-1} \times 2^{n-1}$ 的正方形 K_1, 如果某个 K_1 不满足两个条件, 就继续下去, 得到 $K_2, K_3, \cdots$, 最后是 2×2 的正方形. 将无黑格的正方形去掉即可满足要求.

16. (1) 添加一些白格变成黑格,得一个 $m \times m$ 的大黑正方形,它包含原来的 n 个黑格,易知经过 $2m-1$ 次涂色后,所有黑格都消失了.

(2) 用数学归纳法证明. 考虑 n 个黑格所在所有行列中的最下行与最左列.

17. 王共走了 64 步. 将 8×8 棋盘黑白相间染色,证明非对角线上的行走步数必为偶数.

18. 在包含黑格的所有行中找出黑格数最多的前 k 行,则这 k 行中包含的黑格总数必定不少于 $2k$. 再考虑列.

19. 当 m 与 n 含素因子 2 的方次不同时,红色线段长度之和为 $\frac{\sqrt{m^2+n^2}}{2}$;当 m 与 n 含素因子 2 的方次相同时,红色线段长度之和为 $\frac{\sqrt{m^2+n^2}}{2mn}((m,n)^2+mn)$,其中 (m,n) 为 m,n 的最大公因数.

20. 将方格表的小方格黑白交替染色,使对角线上的方格全黑. 证明折线至少与 13 个黑格、12 个白格不交.

21. 考察两个左下方格重合的矩形 A,B,分别为 $(k+1) \times n$,$k \times (n+1)$. 现将 $A \backslash B (1 \times n$ 矩形$)$染黑,$B \backslash A (k \times 1$ 矩形$)$染白,取一系列 $C = (A \backslash B) \cup (B \backslash A)$. 若对于某个 C,其中白格多于黑格,则结论成立. 现将白色部分中的方格自上至下依次编号. 考察任意一个被标出的方格 S,取 k 个 C,使 S 刚好是第 1 个 C 的 1 号白格,第 2 个 C 的 2 号白格……则这 k 个 C 中的黑色部分互不重叠,且形成一 $k \times n$ 矩形.

22. 不能. 如果 $m \times n$ 方格表的某一行白格多,则称其为白行,相反则称为黑行. 对于列也是如此定义. 设 p,q 分别是白行和黑行数,r,s 分别是白列和黑列数,于是 $p+q=m,r+s=n$. 不妨设 $p \leqslant q$. 设在每一行(或列)中不到 $\frac{1}{4}$ 的格子是其他颜色,那么 $ps+qr$ 不大于在所有行和列中"其他"颜色的格子总数,即小于 $\frac{1}{4}mn + \frac{1}{4}mn = \frac{1}{2}mn$,因此 $r \leqslant s$. 而白格的总数小于 $pr + \frac{qn}{4} + \frac{sm}{4} \leqslant \frac{mn}{2}$,矛盾.

读者可以考虑如下问题:黑白染色一个 $m \times n$ 方格表,至少有 $\frac{7}{10}m$

行,每一行中至少有 $\frac{7}{10}n$ 个黑格;至少有 $\frac{7}{10}n$ 列,每一列中至少有 $\frac{7}{10}m$ 个白格.

习题 2.b

1. 充分利用数学归纳法.充要条件是 $m,n \geq 2, 3 | mn$,且以下条件之一成立:(1) $6 | mn$;(2) $m, n \geq 5$. 只要分别说明 $3k \times 2t$ 棋盘、$6k \times n (n \geq 2)$ 棋盘、$(6k+3) \times n (n \geq 4, k \geq 1)$ 棋盘可铺砌.其中证明 9×5 棋盘可铺砌比较关键.

2. 充要条件是:(1) $p | x, q | y$ 或 (2) $p | x, q | x$,且存在自然数 a, b,使 $y = ap + bq$. 此处 $\{x, y\} = \{m, n\}$.

3. $m, n \geq 3, m, n \neq 5$,且 $3 | (mn-1)$.

4. 分 n 能被 3 整除和不能被 3 整除等情形讨论.用数学归纳法.

5. 利用数学归纳法,可得

$$f(m,n) = \begin{cases} \left[\dfrac{mn}{3}\right] - 1, & m, n \text{ 之一为 } 3, \text{另一为奇数,} \\ \left[\dfrac{mn}{3}\right], & \text{其他情形.} \end{cases}$$

6. $m, n \geq 2$,且 $8 | mn$. 可用数学归纳法.

7. 将边为 $2n$ 和 $2m$ 的矩形分割成边为 2 的正方形,并且将第二层骨牌在每个这样的正方形上各自铺设,正方形或者由两个水平的骨牌铺满,或者由两个竖直的骨牌铺满.显然这两种覆盖之一就适合要求.读者可考虑本题如何推广.

8. 可对任意图形证明该论断.取任意一张卡片 A_0,它覆盖的方格之一被另一张卡片 A_1 覆盖,A_1 覆盖的方格之一被卡片 A_2 覆盖等,于是得到卡片链 $A_1, A_2, \cdots$,恰好又在 A_0 处接合起来,否则无论哪个方格都将被盖住 3 次(即使这卡片链仅由 A_0 和 A_1 组成亦不例外). 容易证明,由偶数张卡片组成的卡片链是接合的.因此,对于接合成链的卡片,所求的划分就是分成具有偶数号数的卡片和有奇数号数的卡片.去掉所有这些卡片,且对其余卡片进行上述同样步骤即可.

9. 设 $n = 2m+1$,考虑奇数行,每行有 $m+1$ 个黑格,共有 $(m+1)^2$ 个

黑格. 由于每两个这样的黑格不能被同一块如图 A.5 所示的骨牌覆盖,故这样的骨牌至少需要 $(m+1)^2$ 块. 可用数学归纳法证明,$(m+1)^2$ 块这样的骨牌可以覆盖全部黑格.

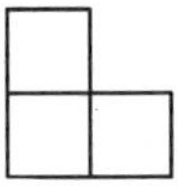

图 A.5

10. 将方格表按图 A.6 方式染色,$1×1$ 的小块只可能是标有 0 的小块.

0	1	1	0	1	1	0
1	2	2	1	2	2	1
1	2	2	1	2	2	1
0	1	1	0	1	1	0
1	2	2	1	2	2	1
1	2	2	1	2	2	1
0	1	1	0	1	1	0

图 A.6

A	B	C	A	B
B	C	A	B	C
C	A	B	C	A
A	B	C	A	B
B	C	A	B	C

图 A.7

11. 将棋盘按图 A.7 方式染成 A,B,C 三种颜色. 易见 A,C 各有 8 格,而 B 有 9 格. 由于每个 $1×3$ 小块必定覆盖 A,B,C 三色格各一格,因此 $1×1$ 的小块必定染成 B 色. 将整个棋盘旋转 $90°$,再按完全相同的方法染色,于是 $1×1$ 的小块仍在染成 B 色的方格上,但两次染色均染成 B 色的小方格只有中间的那个,因此 $1×1$ 的小块必定位于整个棋盘的中心位置.

12. (1) 在 $5×5$ 棋盘中最少可放 4 个. 至于例子及 3 个为何不够,均从考虑将整个棋盘划分为 $2×2,2×3(2 个),3×3$ 的子棋盘出发.

(2) 在 $6×6$ 棋盘中,考虑 9 个 $2×2$ 子棋盘即可.

13. $M=2009$.

14. 将每一个方格 (i,j) 填上数字 $a_{ij}\in\{1,2,3\}, a_{ij}\equiv i+j-1\pmod{3}$. 现按下面原则染色:如骨牌不含数字 $k\in\{1,2,3\}$,则将其染成颜色 k.

15. 所有满足要求的三元正整数组为 $n\leqslant m$,且至少满足下列两个条件之一:(1)$k|(m-n)$;(2)$k|(m+n)$,且 $r+n\leqslant m$(r 为 m 模 k 的余数).

习题 2.c

1. 这是"二色定理",可利用数学归纳法证明. 如果把问题推广到

249

凸区域,则没有所谓的"三色定理",不难举出例子说明四色是必须的.

2. 考虑无穷多个同心圆和无穷多条彼此平行的直线,使用抽屉原则.

3. 如图 A.8 所示,其中 △ABC,△BCF,△DEG,△ADE 均是边长为 1 的正三角形,$FG=1$.

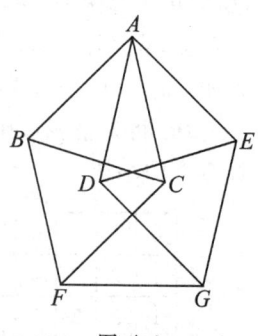

图 A.8

4. 先找两个异色点,然后一步步逼近.

5. 寻找几条垂直及平行的直线,按直线上色数进行讨论.

6. 反例如下:将平面划分成一系列平行的无限伸展的带形,带宽均为 $\frac{\sqrt{3}}{2}$,相间的带形内部不同色,同一带形的相邻边界也不同色.

> **点评** 许多数学家相信,除了正三角形,关于其他类型的三角形,此结论都是肯定的,但还未彻底解决.目前对直角三角形和一些其他形状的三角形,已得到了肯定的结果.这显然是一个很重要也很吸引人的猜测,它的解决能让人对点集分类的本质有更深刻的认识.不过,可以证明下列结论:平面任意二染色,必有边长为 1 或 $\sqrt{3}$ 的同色顶点正三角形.这个早期中国数学奥林匹克(CMO)试题,如今看来已不是很困难.

7. 先证明存在一条线段,端点及其中点均同色,然后构造一个与 △ABC 相似的三角形及其中位线三角形(这问题推广到四边形要难得多).

8. 运用抽屉原则.

9. 作两同心圆,圆心为 O,相似比为 k. 在大圆上找 5 个同色点 A,B,C,D,E,联结 OA,OB,OC,OD,OE 与小圆交于 5 点,5 点中必有 3 点同色.

10. 作 T 的外接圆,在这个圆上可以绕圆心旋转出无数个与 T(正向)全等的三角形. 由抽屉原则,这些三角形中有无数个的对应边上的染色情况(即颜色种类)相同. 再研究其中两个(转了很小角度的)全等三角形,它们的边相交,然后研究这些交点.

11. 设正面已经染好颜色,证明在反面的 6 种染色方案中,所有正反颜色相同区域的面积之和为纸片面积的 2 倍,于是由抽屉原则易得结论.

12. 考虑边长为 k 的正七边形,其中至少有 4 个顶点同色.

13. 考虑内接于半径为 2008 的圆的正 13 边形的顶点,运用抽屉原则.

14. k^2-k+1 个. 可将所有小三角形染色,尖朝上的染黑色,尖朝下的染白色,然后再考虑.

15. 对所有对角线用数学归纳法证明下列命题:在引最后一条对角线前有一个外侧涂色的多边形.

16. 易知 $6|n$. 假设 $n=12k+6$,k 是非负整数. 将每个边长为 1 的正三角形黑白相间地进行染色,其中边界上的三角形为黑色,易知黑色三角形的个数是 $1+2+\cdots+n=(12k+7)(6k+3)$,为奇数. 因为每块花砖恰好覆盖 2 个或 4 个黑色三角形,故黑色三角形个数是偶数,矛盾. 所以 $12|n$. 当 $12|n$ 时,例子如图 A.9(注意 2×3 的平行四边形可以分成两个基本图形).

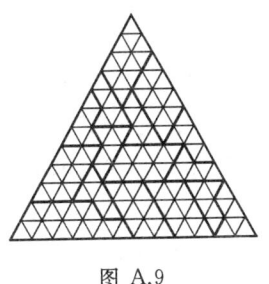

图 A.9

17. 如某种颜色只出现一次(不妨设是红点),则其余的点蓝绿交替,此时剖分是显然的. 若每种颜色至少出现两次,则可证必有连续三点 A_1,A_2,A_3 恰为三色. 考虑去除 A_2 及边 A_2A_1,A_2A_3,讨论剩下的多边形. 如果它只有两色或三色中一色只出现一次,则按照前述标准处理;否则继续去除一些顶点,直到剩下的多边形含某种颜色的顶点至多一个为止.

18. $n=17$. 分情况讨论.

19. 运用投影及平方平均不等式估计,例子如图 A.10 所示.

251

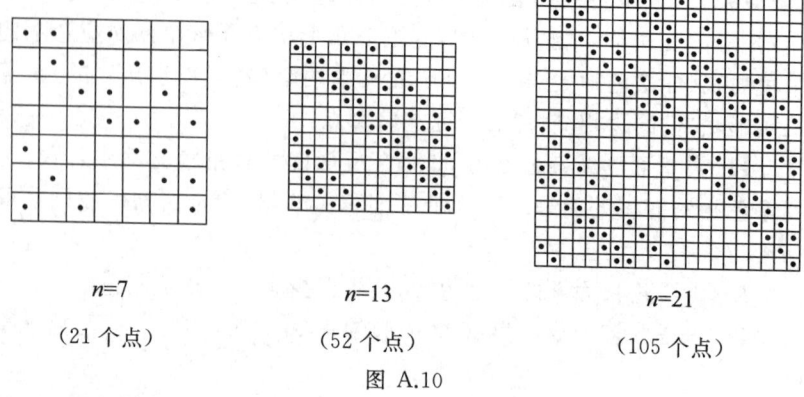

$n=7$ 　　　　$n=13$ 　　　　$n=21$

（21个点）　　（52个点）　　（105个点）

图 A.10

20. 易知正 $6n+1$ 边形的每条边或对角线，都恰好是 3 个不同的等腰三角形的边. 将两个端点为两蓝、一蓝一红及两红的线段条数分别记为 a,b,c，设法证明顶点同色的等腰三角形个数 $= a + c - \dfrac{b}{2} = \dfrac{1}{2}(36n^2 + 3k^2 - 18nk + 6n - 3k)$.

21. n 为不小于 5 且不等于 7,8,9,13,14 和 19 的所有正整数.

22. $n=6$，可以枚举. 试推广此题.

23. 显然必有相邻两顶点同色，考虑与这两点最远的点，以及与这两点最近的两点. 读者还可以考虑 n 为偶数的情形.

24. 先证明彼此不全等的等腰三角形共有 7 种，由抽屉原则得至少 3 对全等的三角形，再通过构图分析，证明至少有 4 对.

25. 考虑所有圆心的凸包. 设 O 是凸包一顶点，易知与 $\odot O$ 相切的圆最多有 3 个（从局部思维或极端考虑入手）. 可将此圆去掉，等其他圆染好颜色后，$\odot O$ 的颜色还有选择. 如此不断进行下去，最后只剩下 4 个圆，结论肯定成立. 注意 "4" 不可改为 "3"，请读者找反例.

26. $n=5$.

27. 考虑一系列圆内接正五边形.

28. (1) 考虑圆内接正五边形；(2) 不一定存在；(3) 类似 (1) 的做法；(4) 不一定存在；(5) 利用抽屉原则易证更强结果：对每个点任意涂 $n(\geqslant 2)$ 种颜色之一，也一定有同色顶点的梯形存在.

29. 只要对该圆周上内接正 13 边形的顶点进行三染色,即知结论成立.

30. (1) 不存在这样的染法. 考虑边长为 $\sqrt{3}$ 的正三角形 OBC, 可知 O 与 B,C 颜色不同, 考虑 $\odot O$ 的内接正三角形 PQR, 可证 P,Q,R 的颜色与 O 的均相同, 矛盾.

(2) 存在这样的染法.

31. (1) 容易排除 n 为奇数的情形. 当 n 为偶数时成立, 例子不难举出.

(2) 考虑从 P_i 到 P_j 的路径, 分情况讨论.

32. 先用反证法证明(可利用某种"构形"):三维空间任意二染色,必有边长为任意指定正数的同色顶点正三角形. 然后再利用本节例 1 的结论.

33. 假设结论不成立, 则每个非空集合 M_1,M_2,M_3 内点与点之间的距离中都总有一个正值取不到, 设这 3 个距离分别为 a_1,a_2,a_3. 不妨设 $a_1 \leqslant a_2 \leqslant a_3$. 取 $A \in M_3$, 作四面体 $ABCD$, 使得 $AB=AC=AD=a_3$, $BC=BD=a_2$, $CD=a_1$, 将四面体绕 A 旋转, 使 B 转到某点 $B' \in M_2$.

34. $k=5,6,7,8,9,10$. 分情况讨论.

习题 3

1. 这是一个很显然、也很重要的结论, 证明略.

2. 先证明这样的六边形肯定存在(可适当运用连续性), 最后证明 $\dfrac{2}{3}$ 是最佳常数.

3. 第一个不等式可适当运用海莱定理, 后面几个不等式基本上比较显然.

4. 充分利用中垂线的性质.

5. 考虑二次函数 $f(x)=\pi x^2-Lx+S$, 先证明 $f(r),f(R) \leqslant 0$.

6. 考虑经过正方形顶点的支撑线, 及趋向于三角形的"极端"情形.

7. 作包含这个点集的、宽为 D 的正六边形.

8. 考虑凸包的每个内角的补角.

9. 依逆时针方向为内部多边形的每边标上箭头, 再令它的每条边对应原多边形被箭头所指之顶点,不同的边对应不同的顶点.

10. 先证明对于平面上 $n(\geqslant 4)$ 个点,若任意四点都是一凸四边形之顶点,则这 n 个点构成一凸 n 边形之顶点.

11. 利用凸形性质.

12. 易知凸四边形对边中点连线长度不大于另两边长度和的一半,又易知一凸五边形对角线长度和小于周长的两倍.于是若设第一个五边形周长为 $C_1=1$,各边中点五边形周长为 C_2,依次定义 $C_3,C_4,\cdots$,可得 $2C_3\leqslant C_2+\dfrac{1}{2}C_1$,一般地有 $C_k\leqslant \dfrac{1}{2}C_{k-1}+\dfrac{1}{4}C_{k-2}(k\geqslant 3)$.设 $S_n=C_1+C_2+\cdots+C_n$,对上式求和$\left(从 C_3\leqslant \dfrac{1}{2}C_2+\dfrac{1}{4}C_1 开始\right)$,得 $S_k-C_1-C_2\leqslant \dfrac{1}{2}(S_{k-1}-C_1)+\dfrac{1}{4}S_{k-2}$,整理得 $S_k\leqslant \dfrac{1}{2}S_{k-1}+\dfrac{1}{4}S_{k-2}+\dfrac{1}{2}C_1+C_2 <\dfrac{3}{4}S_k+\dfrac{1}{2}C_1+C_2$,即 $S_k<2C_1+4C_2<6$.(思考:6 可否加强?)

13. 证明凸多边形的直径就是其边或对角线长度之最大值,然后利用投影的积分法(也就是类似于柯西定理的证明,若要避免积分,可离散化后用极限进行逼近).

14. 这个结论虽然显然,有时也是命题的出发点之一.证明略.

15. 先证明,若凸多边形是 $\triangle ABC$,O 在其内部,且满足条件,则有 $OA=OB=OC$.今对于凸 n 边形任两顶点 A,B,为证 $OA=OB$,考虑 $\angle AOB$ 的对顶角.若此角域内还有凸多边形的一个顶点 C,则 O 在 $\triangle ABC$ 内,由前知结论成立;否则射线 AO,BO 必"穿过"凸多边形的某条边(不妨设是 DE),则 O 同时在 $\triangle ADE$ 和 $\triangle BDE$ 内部,于是 $OA=OD=OE=OB$.

16. 如果结论不成立,那么每条包含某折线一条边的直线与其他折线的边相交于内点,并且这些交点的个数为偶数.

17. 若 k 个点共线,结论易证.否则,记这 k 个内点的凸包为 $A_1A_2\cdots A_n(3\leqslant n\leqslant 50)$,易知可取凸 100 边形内一点 O,使得延长 $OA_1,OA_2,\cdots,OA_n$ 之后,分别与凸 100 边形的边交于 $B_1,B_2,\cdots,B_n$,于是 k 个内点均在多边形 $B_1B_2\cdots B_n$ 内部.再设法证明存在凸 100 边形的 $2k$ 个顶点,使这 $2k$ 边形将多边形 $B_1B_2\cdots B_n$ 包含在内.

18. 不妨设 A 中点数 $\geqslant 5$. 若 A 恰好包含 5 点,考虑 A 的凸包,分情况易讨论. 如果 A 中点数大于 5,此时仍考虑其凸包,设 A_1A_2 为凸包的一条边,对任意 $A_i \in A(i \geqslant 3)$,记 $\angle A_1A_2A_i = \alpha_i$,不妨设 $\alpha_3 < \alpha_4 < \cdots < \alpha_n < 180°$,则取点 A_1, A_2, A_3, A_4, A_5,其凸包不含 A 的其他点.

19. 最大值为 $\left[\dfrac{3n}{2}\right]$. 设法证明一定存在 $2|C_1 \cap C_2 \cap C_3|$ 个不同的顶点. 达到最大值的例子如下:C_1, C_2 为同一圆的内接正 n 边形,C_1, C_2 的顶点为一正 $2n$ 边形的顶点,于是 $C_1 \cap C_2$ 亦有 $2n$ 个点为一正 $2n$ 边形之顶点,不妨设为 $P_1, P_2, \cdots, P_{2n}$,由此不难构造 C_3.

20. 证明这 $2n$ 个点的凸包的每个顶点都在一条平衡线上.

21. 只要在由 3 栋楼构成的三角形内建筑第 4 栋楼,即可得到所要求的配置. 5 栋楼时不可能,只要证明任何三点不在一条直线上的 5 个点中,一定有 4 点构成一凸四边形的顶点.

22. 用反证法. 若 A, B 的凸包之交不空,设其交集中的一点为 X. 先证明存在 $\triangle A_1A_2A_3$ 和 $\triangle B_1B_2B_3$,$A_1, A_2, A_3 \in A$,$B_1, B_2, B_3 \in B$(6 点无重合),且 X 在这两个三角形中. 若一个三角形在另一个内部,则题设要求不能达到;否则不妨设 A_1A_2, B_1B_2 交于 Y,再设法推出矛盾.

23. T 是由 n 边形的边所确定的 n 个半平面的交.

24. $n \geqslant 5$ 不可能,否则存在一凸多边形,它有两对不相邻边分别为另两个相邻(即有公共边)的凸多边形之边. $n = 4$ 的例子不难举出.

习题 4.a

1. 先证明一个基本结论(较难):边长为 a, b 的两个正方形可嵌入的最小正方形边长是 $a + b$,然后再进行构造. 前者不难构造,后者较难.

2. 最小面积是 2. 先证明小于 2 是不可能的,为此只需少数小正方形即可.

3. 利用类似于第 2 题的方法.

4. 研究这个平面点集凸包的(3 个方向的)支撑线.

5. 前者显然. 后者先证明:一正三角形覆盖一个锐角为 $60°$、边长为 a 的菱形,则正三角形的边长至少为 $2a$.

6. 充要条件是 $AB \leqslant \cos \angle BAD + \sqrt{3} \sin \angle BAD$.

7. 考虑中位线和平行四边形,此结论不难证明.

8. 设有 $\triangle ABC$,其中 $AC<AB$,则可以按图 A.11 所示覆盖,其中 $AC<AB_1<AB$.

9. 考虑极端情形.

10. 运用数学归纳法.

11. 设 A,B 为 Φ 中相距最远的两点,则 Φ_1 和 Φ_2 位于 AB 中垂线之两侧.

12. 设矩形按长边的长度从大到小排列. 先将各自的长边从大到小贴着正方形的一边排,直到超出去后,再开始"贴"第二层. 这样一层层排下去,证明条件可满足.

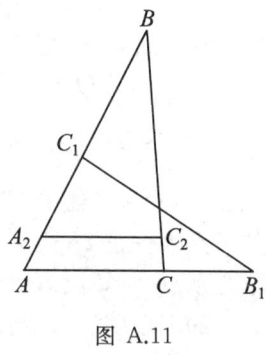

图 A.11

13. (1) 至少要 5 个保安员才能保证展厅安全. 保安员站位的方案有多种,如图 A.12 是其中一种.

(2) 对 $m\times n(m\geqslant 4,n\geqslant 3,m\in \mathbf{N},n\in \mathbf{N})$ 个展区,至少要 $m+n-2$ 个保安员才能保证展览的书画是安全的. 证明如下.

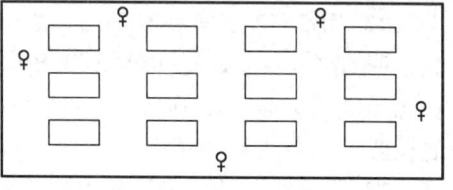

图 A.12

现把 $m\times n$ 个展区抽象成一个 $m\times n$"格阵",它有 $m+n+2$ 条边(对应待监视的走廊),且用字母标示如图 A.13 所示.

由于保安员监视范围是"T"型区域,所以称保安员的位置对应的"格阵"中的格点为"T"形点. 这样,我们把实际问题转化为一个数学模

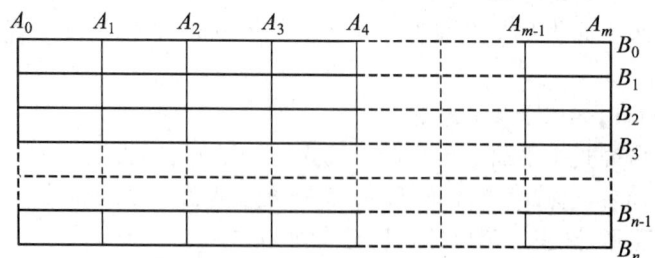

图 A.13

型：在 $m\times n$ "格阵"中至少取多少个"T"形点，能够用这些"T"形区域覆盖 $m\times n$ "格阵"的全部 $m+n+2$ 条边．

首先，"T"形点放在 $m\times n$ "格阵"的外边框的格点上才能发挥最大作用，覆盖两条边．否则，如果在中间某一格点处放一"T"形点 P，那么这一"T"形点只覆盖了过点 P 的一边及过点 P 的另一边的一部分，而另一部分还需要另外的"T"形点去覆盖，这样点 P 相当于只覆盖了一条边．

此外，在 $m\times n$ "格阵"的边界格点上，当有了一个"T"形点时，如果在此边界上再放入第二个，它所在的边界已不需要它覆盖，那么这个"T"形点相当于只覆盖了一条边．由于 $m\times n$ "格阵"只有 4 条边界，所以"T"形点多于 4 个时，其中 4 个覆盖了两条边，其余的只相当于覆盖了一条边，因为这"其余的"不是被放在中间的格点上，就是被放在已有一个"T"形点的边界上．$m\times n$ "格阵"共有 $m+n+2$ 条边，所以至少需"T"形点 $(m+n+2)-4$ 个，即 $m+n-2$ 个．

另外，可用 $m+n-2$ 个"T"形点控制 $m\times n$ "格阵"的 $m+n+2$ 条边．

在 $(B_0,A_1),(B_1,A_0),(B_n,A_{m-1}),(B_{n-1},A_m)$ 处放 4 个"T"形点，它们可控制 8 条边．

在 $(B_2,A_0),(B_3,A_0),\cdots,(B_{n-2},A_0)$ 这 $n-3$ 个位置上放 $n-3$ 个"T"形点，它们可覆盖不同于前面的 $n-3$ 条横向边．

在 $(B_n,A_2),(B_n,A_3),\cdots,(B_n,A_{m-2})$ 这 $m-3$ 个位置上放 $m-3$ 个"T"形点，它们可覆盖不同于前面的 $m-3$ 条纵向边．

总计覆盖了 $8+(n-3)+(m-3)$ 条不同的边，即 $n+m+2$ 条不同的边，也就是整个 $m\times n$ "格阵"．

14. 作一边长为 a 的正方形，与该正方形相距不超过 $\sqrt{2}a$ 的平面点集全体组成的区域面积为 $(1+4\sqrt{2}+2\pi)a^2$．然后从最大的正方形开始选，并运用数学归纳法．

15. 由海莱定理可直接推出．

16. 以每一点为圆心、1 为半径作单位圆．由于任取三点均能被单位圆覆盖，因此可作的圆中任意 3 个都有公共部分．易知覆盖这三点的圆的圆心就在这公共部分中.根据海莱定理,作出所有的公共部分,取公共点 O,则 O 到各点距离都不超过 1.因此答案是 1.

17. 考虑海莱定理即可.

18. 利用支撑函数的柯西定理,并使用(积分形式的)柯西不等式.

19. 设 A 为闭曲线上任意一点,B 为曲线上另外一点,使得由 A,B 将闭曲线分成的两部分各长 $\frac{1}{2}$.易证以线段 AB 的中点为圆心、$\frac{1}{4}$ 为半径的圆可以覆盖整个闭曲线.

20. 考虑中线即可,并可用反证法.

21. $m=2$.

22. 设 P 为已知三角形内任一点,过 P 分别作与已知直线平行、垂直的直线,考虑这两条直线与三角形三边交出的 4 个点,分情况讨论.

23. 用平移法证明:在 α 角内可作一任给半径 R 的圆,使此圆与 n 个角域均无公共点.

24. 充分条件显然.反之用反证法,假设顶点平移到任何一个公共顶点时不能覆盖全平面,但在某一个位置可以覆盖,考虑这个特殊位置时这 n 个角的顶点构成的凸包,在凸包中任找一点为圆心作一半径充分大的圆,那么这些角都像是以圆心为顶点似的,这样它们就无法覆盖圆周,更不提全平面了.读者可考虑,旋转不平移能否覆盖全平面.

25. 作一直线将整个平面分成两个半平面,使这条直线两侧各有两点,显然一侧的两灯可以照亮另一半平面.推广为:任意和为 $360°$ 的 n 个已知角,可以将它们的顶点分放到 n 个已知点,使它们覆盖整个平面.空间问题类似考虑.

26. 对任意 $n \geq 2$ 均可能(提示:作圆内接正 k 边形,此处 $k=\frac{n(n-1)}{2}$,并考虑弓形).

27. 以每个已知点为圆心、$\frac{1}{2}+\frac{1}{2n}$ 为半径作圆.如某两圆相交,则用覆盖它们的最小圆替代,这时圆的个数减少,直径之和未增大.不断重复这一过程,直到圆不相交为止.

28. $a \geq b$.提示:不改变 a 个圆的圆心,半径加倍即盖住整个多边

形 M.

29. 使所有带子的对称轴（中位线）共点.

30. 考察两种情形：(1) $\triangle ABC$ 的某两个内角不小于 $\triangle A'B'C'$ 的相应内角；(2) $\triangle ABC$ 的某两个内角不大于 $\triangle A'B'C'$ 的相应内角.

31. 在方格平面上可以这样来放上一些以结点为顶点的同样的五边形（"小房子"），使它们盖住所有的结点（如图 A.14）. 然后各用一枚硬币盖住一座"小房子"，且可使得硬币们互不叠压.

32. 建立一般结论并利用数学归纳法.

图 A.14

33. 考虑三角形的外心，并就三角形形状分情况讨论.

34. 取 $x_0 = 0$，并取 $0 < x_1 < x_2 < \cdots < x_{n-1} < x_n = 1$，满足 $(x_i - x_{i-1})(f(x_i) - f(x_{i-1})) = \dfrac{1}{n^2}$（这正是构造矩形的方法）. 接下去只需证明 $(1 - x_{n-1})(1 - f(x_{n-1})) \leqslant \dfrac{1}{n^2}$，可利用柯西不等式.

35. 利用正弦定理容易证明，如果一个三角形的所有边都小于另一三角形的对应边，则覆盖这个三角形的最小圆小于覆盖另一三角形的最小圆. 再证明：平面上有 n 个点，其中每 3 个点都能用一个半径为 r 的圆覆盖，则存在一个半径为 r 的圆覆盖所有这 n 个点.

36. 如果 K 不是一个平行四边形，则总能找到 K 的一个外切三角形 T，它的每条边都是 K 的某个边界点的唯一一条切线. 这是莱维（Levi）于 1955 年证明的结果.

37. $n = 6$. 分情况讨论，当点数不大于 6 时结论显然成立；当点数大于 6 时，则其中必有三点共线，设法证明其余的点共线.

38. 显然每个这样的集合 A_i 都对应一个 B_i（包含 A_i 的最短线段），于是 B_i 中任意 3 个都有公共点. 再证明存在 B_m 和 B_k（允许 $m = k$）的交集 C 在所有 B_i 中，最后利用抽屉原则证明，C 的左端点和右端点有一

259

个至少属于全体 A_i 的一半.

39. 在所有盖住原线段左端点的线段中,选取其右端点在最右边的线段,并用 I_1 表示这条线段……选取线段 I_k 之后,在所有盖住 I_k 右端点的线段中选出其右端点在最右边的线段 I_{k+1}……这样,所选的线段完全盖住原来的线段,再设法证明其长度之和不超过 2.

40. 依次去掉被一条或几条其余线段盖住的线段,直到没有这样的线段为止.沿给定线段建立坐标轴,并用 a_k 和 b_k($a_k < b_k$)表示剩余线段的端点坐标.在具有同一左端点的两个线段中,总是只选一个,故可设 $a_1 < a_2 < a_3 < \cdots < a_n$. 我们将证明, $b_k < a_{k+2}$, 即偶数号线段不相交,且奇数号线段也不相交.假设 $b_k \geq a_{k+2}$, 则可能有两种情况:

(a) $b_{k+1} \leq b_{k+2}$, 则具有号数 $k+1$ 的线段被号数为 k 和 $k+2$ 的线段盖住,导致矛盾;

(b) $b_{k+1} > b_{k+2}$, 则号数为 $k+2$ 的线段被号数为 $k+1$ 的线段盖住,也导致矛盾.

余下需注意,偶数号线段长度之和或奇数号线段长度之和必不小于 0.5.

41. (1) 易证,若 n 个点 A_i 对应的复数是 z_i,则这些点的凸包即为 $S = \left\{ z \,\middle|\, z = \sum_{i=1}^{n} \lambda_i z_i \right.$,其中 $\lambda_i (i=1,2,\cdots,n)$ 是任意和为 1 的非负实数 $\Big\}$, 运用此结论即可.

(2) $\dfrac{1}{2}(P_1 + P_2)$. 还可以证明,如 F, G, H 分别有 n_1, n_2, n 条边,则 $\max(n_1, n_2) \leq n \leq n_1 + n_2$.

习题 4.b

1. 设分成 n 个矩形,第 i 个矩形短边长为 a_i,长边长为 b_i ($i=1, 2, \cdots, n$),记 $b = \max(b_1, b_2, \cdots, b_n)$, $b \leq 1$,故 $a_1 + a_2 + \cdots + a_n \geq b(a_1 + a_2 + \cdots + a_n) \geq b_1 a_1 + b_2 a_2 + \cdots + b_n a_n = 1$.

2. 记 n 为七边形的个数,分别记 v 及 e 为这些七边形在 1993 边形内部的顶点及边的个数.显然,n 个七边形的总边数为 $7n$. 由于 1993 边

形共有 1993 条边,剖分的定义告诉我们七边形的每条内边为两个七边形的公共边,所以有

$$7n = 1993 + 2e. \tag{1}$$

再来考虑内角和. n 个七边形的内角和为 $5n\pi$,而 1993 边形的内角和为 1991π,所以 $5n\pi - 1991\pi$ 为内部的内角和. 由于内部顶点有 v 个,每个顶点提供了角度 2π,所以有 $5n\pi - 1991\pi = 2v\pi$,即有

$$5n = 1991 + 2v. \tag{2}$$

由式(1)及式(2),有 $n = \dfrac{1993 + 2e}{7} = \dfrac{1991 + 2v}{5}$,

即有 $5e = 7v + 1986$,所以 $e = 7\lambda + 400$,$v = 5\lambda + 2$.

显然 $v > 2$,所以 λ 为正整数. 由(1)可知 $n = 399 + 2\lambda$. 注意到 1993 边形的每条边恰好在一个七边形上,而其余内边恰好在两个七边形上. 从顶点角度考虑,设有 c 条七边形的内边,它的一个顶点为 1993 边形的一个顶点,而另一顶点为 1993 边形的内点,其余内边的两个顶点都是内点. 又由七边形为凸,因此每个内点至少为 3 条内边的顶点,所以 $c + 2(e - c) \geqslant 3v$,即 $2e \geqslant 3v + c$. 因此,

$$c \leqslant 2e - 3v = 794 - \lambda < 794.$$

如果题目的结论不正确,记 1993 边形的只有一条边为一个七边形的边的个数为 α,只有两条相邻边为同一个七边形的边的个数为 β,则有 $\alpha + \beta = c$,$\alpha + 2\beta = 1993$,所以 $\beta = 1993 - c$,$\alpha = 2c - 1993$.

因此,$1993 \geqslant c \geqslant \dfrac{1993}{2} = 996\dfrac{1}{2}$,这和 $c < 794$ 矛盾.

3. 设正六边形为 $ABCDEF$,将边平行于 AB 和 BC 的平行四边形称为"第一类平行四边形";将边平行于 CD 和 DE 的平行四边形称为"第二类平行四边形";将边平行于 EF 和 FA 的平行四边形称为"第三类平行四边形". 通过边长和面积的计算知,3 类平行四边形是一样多的.

4. $m + n - (m, n)$,其中 (m, n) 是 m 和 n 的最大公因数.

5. 用两种方式计算所有三角形的内角和. 6 个三角形的例子不难举.

6. (1) 如图 A.15,采用平行线分割,在 $n = 4$ 或 $n \geqslant 6$ 时可将锐角三角形分割为 n 个与之相似的锐角三角形.

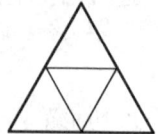 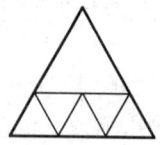 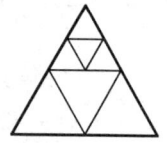 

图 A.15

(2) 设 $\triangle ABC$ 中,$\angle A \geqslant 90°$,可在 BC 上取点 D,使 $BD=AB$. 此时 $\triangle ABD$ 是顶角 $\angle B < 90°$ 的等腰三角形,故是锐角三角形,而 $\triangle ACD$ 为钝角三角形. 如能将 $\triangle ACD$ 分为 n 个锐角三角形,则能将 $\triangle ABC$ 分成 $n+1$ 个. 因此只要证明任一非锐角三角形可分成 7 个锐角三角形.

如图 A.16,令 I 为 $\triangle ABC$ 的内心,I 在 AC,AB 上的垂足为 I_1,I_2. 当某动点 P 从 C 变到 I_1 时,$\angle API$ 从 $\dfrac{\angle C}{2}$ 连续地变到 $90°$. 由于 $\dfrac{\angle C}{2} < 45° < 45° + \dfrac{\angle C}{2} < 90°$,故在 CI_1 内有点 D,使 $45° < \angle ADI < 45° + \dfrac{\angle C}{2}$. 同

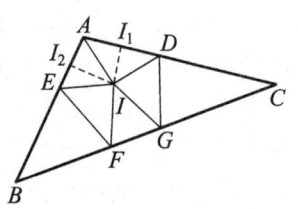

图 A.16

理,在 BI_2 内有点 E,使 $45° < \angle AEI < 45° + \dfrac{\angle B}{2}$. 因为 $BC = BI_2 + CI_1 > BE + CD$,于是在 BC 上依次有点 F,G,使 $BF = BE$,$CG = CD$. 连 IA,ID,IE,IF,IG,就将 $\triangle ABC$ 分为 7 个小三角形.

在 $\triangle ADI$ 中,$\angle DAI = \dfrac{\angle A}{2} < 90°$,$\angle ADI < 45° + \dfrac{\angle C}{2} < 90°$. 又 $\angle AID = 180° - \dfrac{\angle A}{2} - \angle ADI < 180° - 45° - 45° = 90°$,因此 $\triangle ADI$ 是锐角三角形. 同理 $\triangle AEI$ 也是锐角三角形.

$\triangle CDG$ 和 $\triangle BEF$ 都是顶角为锐角的等腰三角形,所以都是锐角三角形.

由于 IC 平分 $\angle C$,且 $CD = CG$,故 $\triangle CDI \cong \triangle CGI$,$ID = IG$,而 $\angle DIG = 360° - \angle C - 2 \cdot (180° - \angle ADI) = 2\angle ADI - \angle C < 2 \cdot \left(45° + \dfrac{\angle C}{2}\right) - \angle C = 90°$. 因此 $\triangle DIG$ 是锐角三角形. 同理 $\triangle EIF$ 也是

锐角三角形.

最后,$\angle IGF = \angle ADI < 90°$,$\angle IFG = \angle AEI < 90°$,而 $\angle IGF + \angle IFG = \angle ADI + \angle AEI > 45° + 45° = 90°$,故 $\angle GIF < 90°$,故 $\triangle IGF$ 也是锐角三角形.

7. 用涂色法或数学归纳法.

8. 假设凸多边形 M 能分割成非凸四边形 $M_1, M_2, \cdots, M_n$. 多边形 N 中小于 $180°$ 的内角和与另外内角和之差用数 $f(N)$ 来表示,其中另外的角是指 M 中大于 $180°$ 的角关于 $360°$ 的补角. 比较数 $A = f(M)$ 和 $B = f(M_1) + f(M_2) + \cdots + f(M_n)$,为此研究四边形 $M_1, M_2, \cdots, M_n$ 的所有顶点,这些顶点能够分成 4 种类型:

(1) 多边形 M 的顶点. 这些点给予 A 和 B 同样的值.

(2) 在多边形 M 或四边形 M_i 边上的点. 每个这样的点给予 B 的值比给予 A 的值大 $180°$.

(3) 多边形 M 的内点,在这点引出四边形的小于 $180°$ 的角. 每个这样的点给予 B 的值比给予 A 的值大 $360°$.

(4) 多边形 M 的内点,在这点引出四边形的一个大于 $180°$ 的角. 这样的点给予 A 和 B 的值为零.

总之,得到 $A \leqslant B$.

另一方面,$A > 0$ 是显然的. 可以验证:如果 N 是非凸四边形,则 $f(N) = 0$. 设 N 的角 $\alpha \geqslant \beta \geqslant \gamma \geqslant \delta$,任意的非凸四边形相当于有一个角大于 $180°$,因此 $f(N) = \beta + \gamma + \delta - (360° - \alpha) = \alpha + \beta + \gamma + \delta - 360° = 0°$. 故 $B = 0$. 矛盾! 因此不可能把凸多边形分割成有限个非凸四边形.

9. 若划分点 M, N 分别在 AB, CD 上,考虑以 M, N 为顶点的 4 个角,其中可能会有直角,然后再讨论其他角. 注意整个证明过程中无须比例线段.

10. 研究凸多边形 $A_1 A_2 \cdots A_n$,我们证明:性质(1)和(2)的每一个都等价于下面的性质($*$):对于任意向量 $\overrightarrow{A_i A_{i+1}}$,能求出向量 $\overrightarrow{A_j A_{j+1}} = -\overrightarrow{A_i A_{i+1}}$.

显然,从性质(1)能推出性质($*$). 我们证明,从性质($*$)能推出性质(1). 如果凸多边形 $A_1 A_2 \cdots A_n$ 具有性质($*$),那么 $n = 2m$, $\overrightarrow{A_i A_{i+1}} =$

$-\overrightarrow{A_{m+i}A_{m+i+1}}$. 用 O_i 表示线段 A_iA_{m+i} 的中点. 因为 $A_iA_{i+1}A_{m+i}A_{m+i+1}$ 是平行四边形,所以 $O_i=O_{i+1}$. 因此,所有点 O_i 都重合于多边形的对称中心.

下面证明由性质(2)能推出性质(*). 设凸多边形 F 分割成平行四边形,我们需要证明对于多边形 F 的任意边,能够求出与它长度相等且平行的边. 离开多边形 F 的每一条边有平行四边形串,即这条边好像是沿着它们进行平行移动,并且它能分成几个部分,如图 A.17(A). 因为在凸多边形那里仅剩一条边平行于给出的边,故所有串的分支都支撑在同一条边上,并且它的长不小于引出串的那条边的边长. 无论是从第一条边到第二条边,还是从第二条边到第一条边,我们能够沿平行四边形串加以移动,因此这两边的长相等.

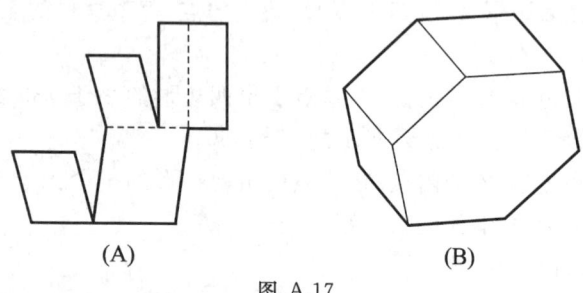

图 A.17

剩下证明,从性质(*)能推出性质(2). 如图 A.17(B)那样,用与对边相等且平行的线段分割多边形的方法. 每施行这样的步骤以后,得到边数少的多边形,这个多边形仍具有性质(*). 按同样的做法继续下去,直到分成平行四边形为止.

由前知(3)成立.

11. 先证与多边形小于 $180°$ 的内角相邻接的多边形外角之和不小于 $360°$. 于是,由纸片剩余部分所分解成的图形的外角,或者是正方形的外角,或者是去掉的矩形的内角. 因此,分解成的这些图形的全部外角和不超过 $(n+1)\times 360°$,由此结论成立.

12. 显然分割 n 次后,得到 $n+1$ 片,每次分割后顶点数增加 2,3 或 4 个,所以作 n 次分割后顶点总数不超过 $4n+4$. 于是易知有不等式 $100\times 20+(n-99)\times 3\leqslant 4n+4$,得 $n\geqslant 1699$. 例子按上述限制不难构造.

13. 给出的直线的所有交点能够包含在充分大半径的某个圆内,直线把这个圆的圆弧分割成 $4n$ 段. 显然,两条相邻接的弧不能同时属于角状部分,因此角状部分的数量不超过 $2n$,并且仅当属于角状部分的弧可互换时恰好为 $2n$ 个.

剩下证明角状部分不能是 $2n$ 个. 假设属于角状部分的弧可互换. 因为在给出的任一条直线的两旁都有 $2n$ 段弧,所以相对的弧(即两条直线给出的弧)应该同时属于角状部分(如图 A.18),这是不可能的.

图 A.18

14. 被划分出的多边形的边所在的直线通过原多边形的两个顶点. 对于同一个被划分成的多边形,原来多边形的每个顶点只能引出不多于两条那样的直线,因此,被划分成的多边形的边数不大于原来多边形的顶点数.

15. 对四边形区域,如图 A.19(A),分别在边 AB 和 DC 上取点 M_t 和 N_t,使 $AM_t:M_tB=DN_t:N_tC=t:(1-t)$,其中 $0<t<1$. 这时,M_tN_t 是线段族,而线段 AD 和 BC 也是构成所求分法的线段.

对三角形区域,如图 A.19(B),在 $\triangle ABC$ 的 BC 边上取点 P,在 AC 边上取点 Q 和 R,则"退化"四边形 $QRCP$ 和四边形 $AQPB$ 能够划分成线段,正像前面所做的那样.

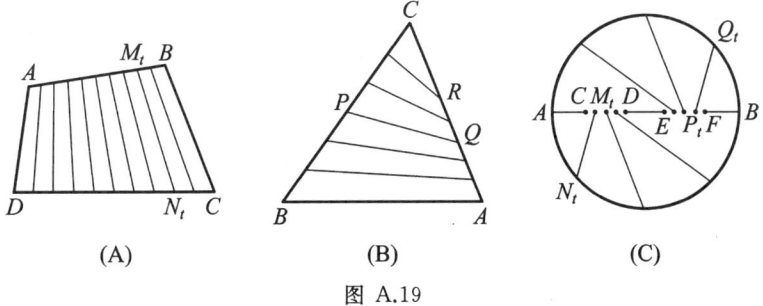

图 A.19

对圆盘,如图 A.19(C),用点 C,D,E 和 F 把直径 AB 分成 5 个相等部分. 设点 M_t 和 P_t 位于线段 CD 和 EF 上,并且 $CM_t:M_tD=FP_t:P_tE=t:(1-t)$,其中 $0<t<1$,而点 Q_t 和 N_t 位于由点 A 和 B 所

给出的圆的不同弧上,并且分这些弧成 $t:(1-t)$. 线段 M_tN_t, P_tQ_t 与线段 AC, DE, FB 一起给出了需要的划分法.

把平面划分成线段的方法如图 A.20 所示,划分折线由划分线段的端点所构成.

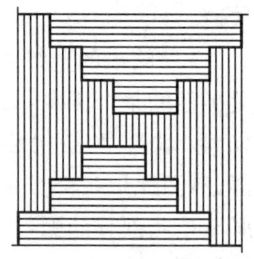

图 A.20

16. 从凸 n 边形的顶点能够切去 n 个三角形(如图 A.21),这时得到凸 $2n$ 边形. 像图中阴影部分的集合,是由所有端点在那样两个三角形上的线段覆盖而成的. 显然,这个集合不与所有剩下的三角形相交. 因此,任意直线与不多于两个切去的三角形相交.

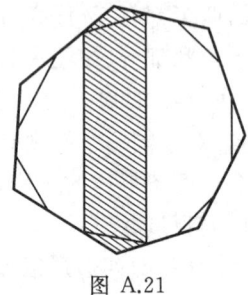

图 A.21

从正三角形切去 3 个三角形,然后从得到的六边形切去 6 个三角形等等,一直到得到 $3 \cdot 2^{19}$ 边形为止. 由于任意直线能与每次切去的不多于两个三角形相交,因此,直线总共与不多于 $1+2 \cdot 19 = 39$ 个多边形相交. 由正三角形所划分成的多边形总数等于

$$1+3+3 \cdot 2+\cdots+3 \cdot 2^{18} = 1+3(2^{19}-1) > 2^{20} = (2^{10})^2 > 1000^2.$$

显然,为了恰好得到 1 000 000 个多边形,切去的可以不全是三角形.

17. 作 1000 边形的外接圆,它的顶点把圆周分为 1000 段相等的圆弧,在这些圆弧上量出相应的弦长. 今研究含有圆心的三角形,由抽屉原则,它的一条边的长度不小于 334,与这条边相邻的三角形的 3 条边中,长度居中的边的长度不小于 $\dfrac{334}{2}$,而与该居中的边相邻的另一个三角形的三边之中,长度居中的边的长度不小于 $\dfrac{334}{2^2}$……在第八个三角形中,长度居中的边的长度不小于 $\dfrac{334}{2^8} > 1$. 易知如上所找的 8 条线段长度各不相同.

18. 首先将所有的多边形都分为三角形,使得三角形的任何顶点都不位于别的三角形边的内部.这时,所有位于内部的三角形都已与3个三角形相邻(亦即已与奇数个三角形相邻).此时只剩下那些有一条边落在正方形边上的三角形还需再考虑,而对于它们只要按图 A.22 所示的方式再作划分即可.

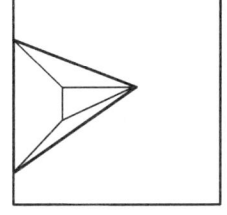

图 A.22

19. 可对 a 和 b 的整数部分之和 $[a]+[b]$ 运用数学归纳法证明.

20. 这个命题显然可以推广到一般的 s 部分.可先用网格离散化,转化为有限集的命题(最后只要取极限即可):一个有限集 X 以两种方式任意划分成 n 个元素个数相同的子集 $A_1, A_2, \cdots, A_n$ 和 $B_1, B_2, \cdots, B_n$(注意这里的 n 并非对应于前面的 s),使得存在 $B_1, B_2, \cdots, B_n$ 的一个排列 $B_{i1}, B_{i2}, \cdots, B_{in}$,满足 $A_j \cap B_{ij} \neq \emptyset, j=1,2,\cdots,n$. 这个命题还可以转化为更简洁的命题:在一个 $m \times n$ 的表中以任意方式填入 n 个 $1, n$ 个 $2, \cdots, n$ 个 m,则在每一行可以挑出一个数字,使得它们是 $1, 2, \cdots, m$ 的一个排列.这个问题可以运用数学归纳法解决,但也有较为深刻的图论背景(霍尔(Hall)匹配定理和 SDR).这个命题经连续化后,还可解决点落在边界上的问题.

点评 这问题显然也可归结为更清晰的命题:

$n \times n$ 方格表中填入非负实数,每行和为 1,每列和也为 1.证明:存在 n 个格子,满足:(1)既不在同行,也不在同列;(2)这 n 个格子中的数都大于 0.

这个题目可用"调整"的方法来做.如果我们将其中一些数都调到 0,结论还成立,那么原来的结论就更加成立.为此先找一非零数,如果它是 1,那么它所在行、列的数都为 0,用数学归纳法便知结论成立.如果该非零数不是 1,那么它所在行、列都有小于 1 的非零数,这样不停地找下去(每次纵横交替),必然会找到一条"环路"(因为格子总数有限),环路上显然有偶数个格(横向相邻格对或纵向相邻格对之数的 2 倍),所有环路上的数都非 0 也非 1. 设其中最小的是 a，于是将 a 变为 0，其他数依次加 a 和减 a，这样又至少调整出一个 0. 不能调整的状况只能是，所有数非 0 即 1，于是这些 1 既不同行也不同列，这些格即为所求. 这证明极其漂亮，对比 8.1 节例 1，正是那题的思路. 很多表面上看似毫无关系的问题在实质上方法上居然如此相通，真是不可思议！

21. 可实现的 10 种覆盖方案列表如下：

方案 正多边形种数	环绕顶点的正多边形个数	3	4	5	6
1		(6,6,6)	(4,4,4,4)		(3,3,3,3,3,3)
2		(3,12,12) (4,8,8)	(3,3,6,6)	(3,3,3,4,4) (3,3,3,3,6)	
3		(4,6,12)	(3,4,4,6)		

22. 我们称单位正方形边的方向为水平方向和垂直方向，称一条过正方形内部的点、但不过任意矩形内部的点的水平线或垂直线为"分割线". 若一个矩形边界上的点都不是单位正方形边界上的点，则称这个矩形为"内部矩形".

假设结论不成立，则存在单位正方形的一种至少被分成两个矩形的分割，使得其中没有分割线和内部矩形.

考虑分割出的矩形数目最少的那种分割，则分割出的矩形数目大于 2. 否则，被分割出的两个矩形的公共边即为分割线.

如果存在两个矩形有公共边，则将这两个矩形并为一个矩形（如图 A.23）. 由于分割出的矩形数目大于 2，则新的分割满足分割出的矩形数目大于 1，且仍然没有分割线和内部矩形，这与原分割出的矩形数目是最小的相矛盾. 因此，不存在有公共边的矩形.

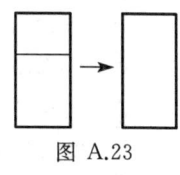

图 A.23

设单位正方形为 $ABCD$，且设 A，B 分别为其下面边上的左、右顶点. 考虑分别包含顶点 A,B 的矩形 a,b, 则 $a\neq b$. 否则, 这个矩形上面的边所在的直线就成为一条分割线. 假设矩形 a 的高不超过 b 的高. 考虑共用 a 的右下方顶点的矩形 c(可能出现 $c=b$ 的情形), 由前面所述, 可得 a 与 c 的高不等.

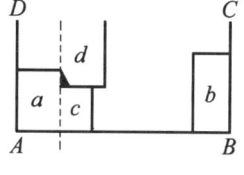

图 A.24

下面分两种情况讨论.

(1) c 的高小于 a 的高. 考虑与 a,c 相邻的矩形 d, 即包含图 A.24 中有黑色标记的角的矩形. 由于 c 的高小于 b 的高, 则 d 与 BC 没有公共点, d 也与 AB,AD 没有公共点. 因为没有内部矩形, 所以, d 一定与 CD 有公共点. 因此, d 左面的边所在的直线即为一条分割线, 矛盾.

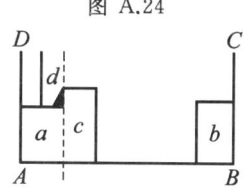

图 A.25

(2) c 的高大于 a 的高. 类似地, 考虑与 a,c 相邻的矩形 d, 即包含图 A.25 中有黑色标记的角的矩形. 由于 d 与 a 没有公共边, 则 d 与 AD 没有公共点, d 也与 AB,BC 没有公共点. 因为没有内部矩形, 所以, d 一定与 CD 有公共点. 因此, d 右面的边所在的直线即为一条分割线, 矛盾.

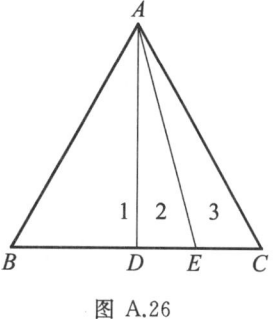

图 A.26

23. 若为等腰三角形(如图 A.26), 取底边中点和底边另一点, 联结顶点和底边上这两个点, 把三角形分为三部分, 其中之一为钝角三角形, 且能按图 A.27 所示方法拼成矩形.

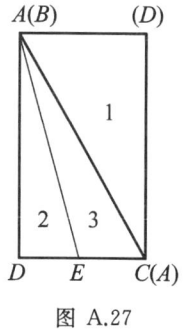

图 A.27

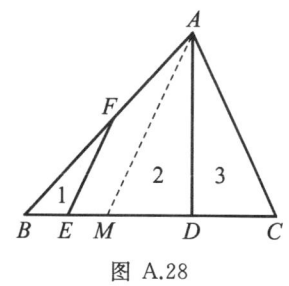

图 A.28

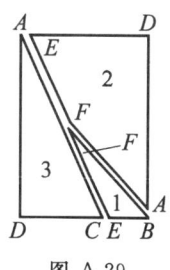

图 A.29

若为非等腰三角形(如图 A.28),设 $\angle A$ 为其最大的角.作 $AD\perp BC$ 于点 D,在线段 BD 上取点 M,使 $MD=DC$,设 BM,AB 的中点分别为 E, F,联结 EF.于是 $\triangle BEF,\triangle ADC$,四边形 $ADEF$ 可按图 A.29 所示方法拼成矩形,且易知 $\triangle BEF$ 为钝角三角形.

24. 用第二数学归纳法证明之.当 $n=3$ 或 4 时结论成立.当 n 成立时,考虑 $n+1$ 的情形,分两种情况讨论:(1)两种分法有相同的对角线时;(2)两种分法不存在相同的对角线时.

25. 考虑 6 个内角的最值.

26. 矩形内每一三角形的边所在直线上包含的斜边有偶数条,而矩形的对边亦是如此.

27. 不可能做到.如果可能,在圆中必定有一批单位圆弧段.将它剪开,则一边是凸圆弧段,涂上红色;另一边是凹圆弧段,涂成蓝色.它们长度相同.但因能拼成正方形,故所给单位圆的圆周必须变成正方形内的一批凸圆弧段,它和涂成蓝色的部分凹圆弧段正好拼上.将单位圆的圆周也涂上红色.于是所有红色圆弧段的总长为 $a+2\pi$,而蓝色圆弧段的总长为 a.拼成正方形,必须有 $a+2\pi=a$.这导出矛盾.

28. $n=50$,例子很容易举.若凸 100 边形中有一条特别长的边和一条特别短的边,就不能由更小的 n 得到.

29. 将 n 边形剖分为三角形,易知其顶点可三染色,使每个三角形三顶点互不同色,于是必有一色的顶点个数不多于 $\left[\dfrac{n}{3}\right]$,在每个这种顶点处放一盏灯即可.达到 $\left[\dfrac{n}{3}\right]$ 的例子不难举出,如证明任一五边形(不一定凸,为 3 个划分三角形之并)内只需放一盏灯即够.有 k 个洞的 n 边形亦可进行类似剖分.

习题 5.a

1. 经过每一自交点都有两段线段,而每一段上刚好有一自交点,故折线的线段数为自交点数之两倍.

2. 考虑一种"圆条",它是半径为 1 的圆盘当其圆心沿直线移过 10 的距离时盖过的闭图形(中间为一矩形,两端各有一个半圆).现将

100×100 的正方形划分为 50 个竖直的长条,长条的宽度均为 2,再在每个长度内部放入 8 个互不相交的圆条. 由条件知,400 个圆条的任何一个中都至少包含一个圆的圆心.

3. 考察图 A.30. 易见,O 是馅饼的中心,K 和 L 是边 AB 和 BC 的中点,以 BO 为直径所作的圆周经过 K 和 L.

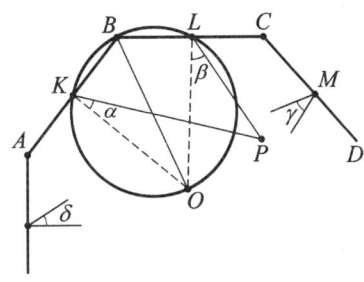

图 A.30

设点 P 是从点 K 和 L 所切的切口(或其延长线)的交点. 如果 P 点位于圆 $OKBL$ 之内,则 $KP \leqslant BO = 1$,且 $LP \leqslant 1$,从而点 P 就是切口本身非经延长的交点,这样,$KPLB$ 这一小块即被切了下来.

再设点 P 位于圆外,此时 $\angle KPL < \angle KOL$,因而 $\angle OKP < \angle OLP$,亦即 $\alpha < \beta$. 下面只用再指出,点 $K,L,M,\cdots$ 沿着圆行进,不可能同时都满足不等式 $\alpha < \beta, \beta < \gamma, \cdots, \delta < \alpha$. 这也就意味着,至少有一小块馅饼被切了下来.

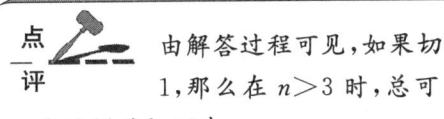
由解答过程可见,如果切口的长度都小于 1,那么在 $n > 3$ 时,总可以做到不使任何一块馅饼被切下来.

4. 对多边形进行"三角形剖分".

5. 以原凸多边形的边为长、1 为宽向外作矩形,相邻矩形之间的"角域"可以平移成一凸多边形,它显然有内切圆. 证明该多边形与原多边形相似.

6. 一定有,考虑所有 $2n$ 个正方形的凸包.

7. 能. 圆心都在 $y = x^2$ 上,且相距足够远便满足要求.

8. 至少有 $n - 2$ 点,不难构造例子.

9. 证明更一般的命题:如在正 n 边形 $(n \geqslant 4)$ 中给定 $k = \left[\dfrac{\sqrt{8n+1}+3}{2}\right]$ 个顶点,则必存在以这些给定点中的点作为顶点的梯形.

10. 设大六边形 Q 的中心 O 不在小六边形 q 内. 将 Q 的内切圆半

271

径记作 d(d 同时是 q 的内切圆直径长度).由 O 向离它最远的 q 的边引垂线 OM,容易看出 $OM > d$.设 H 是 OM 与 Q 的内切圆的交点.过 H 引该内切圆的切线,使其与 Q 相交于点 A 和 B.显然,线段 AB 平行于 q 的一条边,但长于它.但不难证明边长为 a 的正多边形内切圆的切线线段 AB 的长度小于 $\dfrac{a}{2}$.矛盾!

11. 构造一系列"抽屉".

12. 易知 9 个矮人在同一圆周上,另一人不在此圆周上即满足要求.当最多有小于等于 8 个人在一个圆周上时,考虑不在此圆周上的一些人和在此圆周上的一些人,设法推出矛盾.

13. 利用反证法.如果有两种标法,设法证明存在无穷多个圆,导致矛盾.

14. M 中每两点相连,共得 C_n^2 条直线.取一条与这 C_n^2 条直线均不垂直的直线作为 x 轴.设 M 中的点 Q_i 的坐标为 (x_i, y_i) ($i = 1, 2, \cdots, n$),并且 $x_1 < x_2 < \cdots < x_n$.

令 $d(Q_i, Q_j Q_k)$ 为 Q_i 到直线 $Q_j Q_k$ 的距离,

$$d = \frac{1}{2} \min_{\substack{i,j,k \\ \text{两两不同}}} d(Q_i, Q_j Q_k),$$

$P_1 = \{(x_2, y_2 - d), (x_2, y_2 + d), (x_3, y_3 - d), (x_3, y_3 + d), \cdots, (x_{n-1}, y_{n-1} - d), (x_{n-1}, y_{n-1} + d)\}$,
P_1 是 $2n - 4$ 元集.M 中任三点所成 $\triangle Q_i Q_j Q_k$ ($i < j < k$) 的内部必含有点 $(x_j, y_j - d)$ 或 $(x_j, y_j + d)$,即含有一个属于 P_1 的点.

因为 M 中每三点不共线,所以 M 的凸包至少有 3 个顶点,其中有一个为 Q_l,$1 < l < n$.点 $(x_l, y_l - d)$, $(x_l, y_l + d)$ 中必有一个不在 M 的凸包中.从 P_1 中去掉这个点,得到 $2n - 5$ 元集 P,M 中每三点所成三角形的内部至少含有一个属于 P 的点.

15. 当 $n = 2m$ 时,由于正 $2m$ 边形的边及对角线有 m 种不同的长度,因此由垂径定理,这些中点要么在 $m - 1$ 个同心圆(以正 $2m$ 边形中心为圆心)上,要么就是正 $2m$ 边形的中心.因为不同圆至多有两个交点,不属于上述同心圆族的圆,至多包含有 $1 + 2(m - 1) = 2m - 1 = n - 1$ 个中点(重合者算一个).当 $n = 2m + 1$ 时同理讨论.易知,同心圆

中经过中点最多者恰含 n 个中点.

16. (韦迪埃(C. de Verdière), 罗丁(M-Rodin), 瑟斯顿(Thurston)) 只须对极大平面图 G 证明结论. 事实上, 如果 G 有非三角形面, 在每个非三角形面中添加一个新顶点, 并将其与该面的每个顶点连一条边. 若所得图存在满足条件的圆盘表示, 则删除与新增顶点相对应的圆盘, 即得原图的满足条件的表示.

现设图 G 为固定的三角剖分图, 其顶点集 $V=\{v_1, v_2, \cdots, v_n\}$, 边集为 E, 面集为 F (包括外部三角形). 由欧拉多面体公式, 有
$$|V|-|E|+|F|=2.$$
因为 $3|F|=2|E|$, 所以 $|F|=2|V|-4=2n-4$.

令 $r=(r_1, r_2, \cdots, r_n)$ 表示由 n 个正实数组成的任一向量, 其中 $r_1+r_2+\cdots+r_n=1$. 对 G 的每个面 $v_i v_j v_k$, 考虑从纸板上剪下的一个三角形, 其顶点为 3 个两两相切圆盘的圆心, 3 个圆盘的半径分别为 r_i, r_j 和 r_k. 为简单起见, 纸板三角形的 3 个顶点仍分别记为 v_i, v_j 和 v_k. 将这些纸板三角形按其在 G 中的联结情况沿边粘接. 对任意顶点 v_i, 令 $\sigma_r(v_i)$ 表示所有以 v_i 为顶点的纸板三角形在 v_i 处的角的和. 如果恰好在 G 的每个不属于外部面的顶点处都有 $\sigma_r(v_i)=2\pi$, 则纸板三角形在平面上完全拼合, 从而得到由半径为 $r_1, r_2, \cdots, r_n$ 的圆盘形成的图 G 的满足条件的表示.

17. n 的最小值是 91.

18. 先证明: 平面上有限个边平行于坐标轴的矩形, 满足任意两个都存在一条垂直线与之均相交, 则存在一条垂直线与所有矩形均相交.

19. 不能. 先证明, 存在一个顶点之一为大正三角形顶点的单位正三角形, 其编号 $\neq 1, 2, n^2-1, n^2$.

20. 用比例线段即可证明 (找一组对边及中点连线).

21. 用反证法.

如图 A.31, 设对角线 AB 在多边形内部, 且满足 AB 一侧顶点数(含 A, B)是小于 $\frac{1}{3}n$ (n 为顶点数) 的顶点数中的最大者.

易知存在对角线 AC 在多边形内部, 且

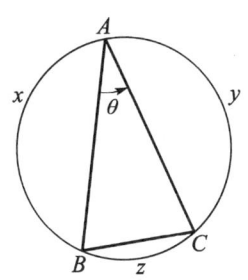

图 A.31

273

$\angle BAC$ 最小($\angle BAC>0$). 下证:BC 在多边形内部.

若不然,必有某点在 $\triangle ABC$ 内,与 $\angle BAC$ 最小矛盾.

设 AB 一侧共有 x 个点(不含 A,B),AC 一侧共有 y 个点(不含 A,C),BC 一侧共有 z 个点(不含 B,C),则 $x+y+z=n-3$.

由 AB 的取法可知 $y>\dfrac{2}{3}n$ 或 $y+2\leqslant x+2<\dfrac{n}{3}$.

若 $y>\dfrac{2}{3}n$,则含 B 的 AC 一侧点数为 $x+z+3>x+2$. 又 $x+z+3=n-y<\dfrac{1}{3}n$,与 AB 取法矛盾. 故 $y+2\leqslant x+2<\dfrac{1}{3}n$.

若 $z+2<\dfrac{1}{3}n$,则 $x+y+z+6<n$,矛盾. 所以,$z+2\geqslant\dfrac{1}{3}n$. 从而,$x+y+3=n+2-(z+2)\leqslant\dfrac{2}{3}n+2$.

若 $x+y+3<\dfrac{1}{3}n$,则 $x+2<x+y+3<\dfrac{1}{3}n$,与 AB 取法矛盾. 故 $(n+2)-(x+y+3)<\dfrac{1}{3}n$. 从而,$x+y+3>\dfrac{2}{3}n+2$,矛盾.

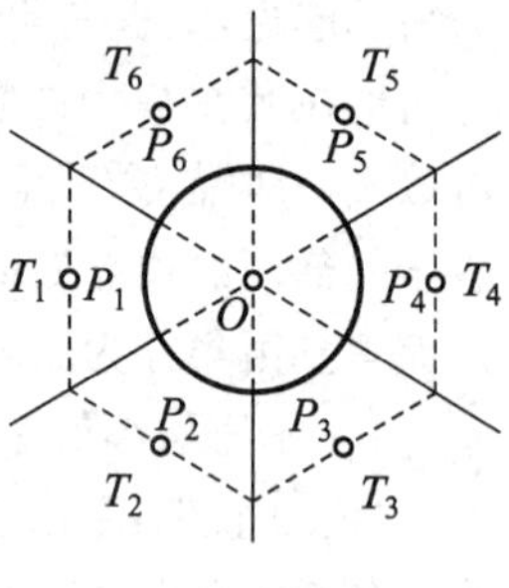

22. 设圆盘 S 有最小的半径 s. 如图 A.32,将平面分成 7 个区域:其中 S 为一个区域,其他为 S 外全等的 6 个区域.

因为 s 是最小半径,故任意圆心在 S 内,且不同于 S 的圆盘包含 S 的圆心 O,这样的圆盘数目小于或等于 $m-1$.

图 A.32

下面证明,若一个圆盘 D_j 的圆心在 T_i 内,且与圆盘 S 相交,则 D_j 包含点 P_i,其中 P_i 在区域 T_i 的两条射线所成角的角平分线上,且满足 $OP_i=\sqrt{3}s$.

如图 A.33,过 P_i 作这条角平分线的垂线,将 T_i 又分为 2 个区域 U_i 和 V_i,则区域 U_i 包含在以 P_i 为圆心,s 为半径的圆盘中. 于是,若 D_j

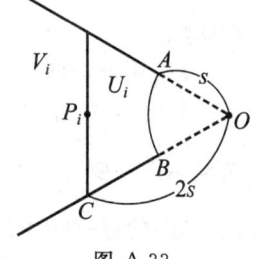

图 A.33

的圆心在 U_i 内,则 D_i 包含点 P_i.

假设 D_j 的圆心在 V_i 内,如图 A.34,设 D_j 的圆心为 Q,OQ 与 S 的边界交于 R. 因为 D_j 与 S 相交,则 D_j 的半径大于 QR. 又因为
$$\angle QP_iR \geqslant \angle CP_iB = 60°,$$
$$\angle P_iRO \geqslant \angle P_iBO = 120°,$$
所以 $\angle QP_iR \geqslant \angle P_iRQ$.

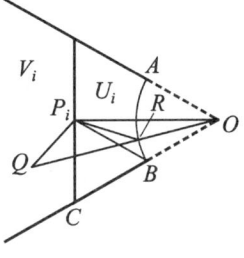

图 A.34

于是,$QR \geqslant QP_i$,故有 D_j 包含点 P_i.

对于 $i=1,2,\cdots,6$,圆心在 T_i 内且与 S 相交的圆盘 D_j 的数目小于或等于 m,所以,与 S 相交的圆盘 D_j 的数目小于或等于
$$m-1+6m=7m-1.$$

因此,S 即为所求的 D_k.

23. $n=5$ 时,$k=3$;$n \geqslant 6$ 时,$k=\left[\dfrac{2n}{3}\right]+1$,这里"[ ]"是取整函数. 考虑用数学归纳法.

24. 用反证法. 假如这样的布置是可行的,先证明:至少存在 6 个点,恰好各有 4 条直线经过. 分析这些点及直线的位置.

25. 若结论不成立,考虑夹角最小的一对直线,设其夹角为 $\angle AOB$,则它的作过标记的角平分线必定是其补角的平分线. 又设 $\angle AOC$ 是包括射线 OB,且满足 $\angle BOC > \angle AOB$ 的最小角(否则把 $\angle COB$ 看成 $\angle BOA$,继续下去,总有严格大于的角),于是 OA,OC 的作标记角平分线也是 $\angle AOC$ 补角的平分线. 考虑 OB 与 OC(以及 OA 与 OC)的作标记角平分线,其夹角 $=\dfrac{1}{2}\angle AOB$,矛盾!

26. 运用反证法,建立不等式或复数.

27. 凡是与某条边平行的对角线,称之为"好对角线". 由于对每一条边,最多有 $n-2$ 条对角线与之平行,因此凸 $2n$ 边形的"好对角线"至多有 $2n(n-2)$ 条. 但凸 $2n$ 边形的对角线总数为 $n(2n-3)=2n(n-2)+n$,于是由抽屉原则,必定有某条对角线不与任何边平行. 对于凸 $2n+1$ 边形,则不难构造例子,使所有对角线均为"好对角线".

28. 用数学归纳法. 先证明 5 个点时结论正确. 将 $4n+1$ 个点放在

275

坐标平面内,可通过旋转这个坐标平面,使得这 n 个点的纵坐标均不相同,然后找到纵坐标最小的 5 个点,于是剩下的 $4(n-1)$ 个点组成的线段与这 5 个点组成的线段被一条水平直线完全隔开,交点也不会重合.于是可进行归纳证明.

29. 由于正五边形及中心一点构成的点集中,任意三点都是一等腰三角形之顶点,故 $n \geqslant 7$. 再分析证明 $n = 7$.

30. 如果 AC 和 BD 是相交的红色线段,那么任何直线与 AB, CD 的交点数不超过这条直线与线段 AC, BD 的交点数. 因此,用线段 AB 和 CD 代替红色线段 AC 和 BD,则不增加红色线段与蓝色线段的交点数,而红色线段与红色线段的交点数减少了. 在进行若干次这样的步骤之后,所有红色线段都不相交. 剩下证明,在这种情况下,红色线段与蓝色线段的交点数不小于 n. 看任何一条红色线段,因为其他红色线段与它不相交,在它的两侧各有偶数个红色点,由涂色方式知,两侧各有奇数个蓝色点,故必有与给定红色线段相交的蓝色线段. 因此,红色线段与蓝色线段交点数不小于红色线段数,即不小于 n.

31. 考虑正 $2m+1$ 边形(m 与 n 有关),再作点"小调整".

32. $n = 4$.

33. 先证明:把每两条相邻的边 AB 和 BC 向 B 方向延长后,所得角的两边与折线相交偶数次.

34. $y = A\sin x$ 绕坐标原点旋转 $90°$,得像 $x = -A\sin y$. 设 M 是 $y = A\sin x$ 与 $x = -A\sin y$ 交点中的一个,则 M 绕 O 旋转 $90°$, $180°$ 和 $270°$ 所得的点与 M 构成一正方形顶点,且都在 $y = A\sin x$ 上. 当 A 充分大(比如大于 $2k\pi$)时,这样的 M 至少有 k 个,且至原点距离两两不等,得到的 k 个正方形也两两不全等.

35. 考虑一正方形及其内切圆(被切点分成 4 段),分情况讨论:外切三角形切过 3 段圆弧时,以及只切过 2 段圆弧时(此时三角形有一顶点位于正方形内).

36. 可以. 设正方形为 $ABCD$,先作有一顶点为 A、两边贴着 AD, AB 的正方形,使其边长为 $a\left(>\dfrac{1}{2}\right)$,再在 $\triangle ABD$ 挖掉此正方形后剩下的两个等腰直角三角形内放同样比例的正方形,以此类推……不难算出这无穷多个正方形周长之和(可控制 a)可任意地大.

37. 将 $[0,1]$ 分成三个部分:$\left[0,\frac{1}{3}\right]$,$\left[\frac{1}{3},\frac{2}{3}\right]$,$\left[\frac{2}{3},1\right]$,并利用抽屉原则.

38. 设原来的正六边形是 $ABCDEF$,设 AC,BD,CE,DF,EA,FB 围成的正六边形为 P,显然其面积为 $\frac{1}{3}$.设法证明每次切都不会切到 P 的内部.

39. 用算两次的方法证明 $n \geqslant 5$,不难举出 $n=5$ 的例子.

40. 用算两次的方法证明 $n \leqslant 6$,不难举出 $n=6$ 的例子.

41. 不难举出 $n=6$ 的例子,用反证法证明 n 不能大于 6.

42. 设多边形 A,B,C 中每一个都可被另 2 条直线分开,设法证明它们不能与一条直线相交.

43. 令 A_1 是最接近 O 的多边形顶点,用从 A_1 引出的对角线划分多边形为若干三角形,则 O 将位于某个小三角形 $A_1A_kA_{k+1}$ 上.若 O 在这个三角形的某条边上,则问题已解决;若 O 在其内部,设法证明 $\angle A_1OA_k$ 或 $\angle A_1OA_{k+1}$ 满足要求.

44. 这是著名的"不动点"中的结果,显然这样的点不可能存在两个.这样的一个点可用位似作图作出.

习题 5.b

1. 不可能,因为一个对称中心关于另一对称中心的对称点仍是对称中心.

2. 分情况讨论($n=4,5,6,7$ 时),可用凸包或其他.

3. 设已知圆圆心为 O,D_R 表示以 O 为圆心,R 为半径的圆.设法证明 D_R 关于通过 D_1 的直线为对称的像点的集合是 D_{R+2}.剩下只须指出,当且仅当由 n 次映射能把 D_R 上某点变到 A 时,能使点 A"打入"D_R 内部.

4. (1)$n=7$;(2)$\frac{1}{2}(3^{2n+1}-1)$;(3)M_1 有 14 个面:6 个 $a \times 2a$ 的矩形(a 为四面体棱长),8 个正三角形(4 个边长为 a,4 个边长为 $2a$);(4)63;(5)$\frac{1}{2}(5 \cdot 3^{3n}-3^{n+1})$.

5. 设经过 O 的直线 l 同多边形边的交点是 A 和 B(A,B 都在多边形的边上),且 $OA \neq OB$,不妨设 $OA > OB$. 当直线 l 绕 O 旋转一个很小的角度 α 时,A 和 B(相应地)变为 A' 和 B',且仍有 $OA' > OB'$. 于是有
$$S_{\triangle OAA'} \approx \frac{1}{2} OA \cdot OA' \sin\alpha > \frac{1}{2} OB \cdot OB' \sin\alpha \approx S_{\triangle OBB'} = S_{\triangle OAA'},$$
矛盾. 因此 $OA = OB$,O 是对称中心. 当然,下述命题也成立:对于一个封闭的凸图形 S,如果内部存在一个点 P,过 P 的任何直线都将 S 分成面积相等的两部分,则 S 是中心对称图形,P 是其对称中心.

6. 将矩形台球桌不断地翻折,使台球轨迹拉成一条直线,再讨论之.

7. 答案是 1. 用相间顶点(即 A_i 和 A_{i+2})的连线对非锐角三角形作若干次分割,即可得到一个将所有 k 个点全都包含于其内部的锐角三角形.

8. 存在且唯一.

9. 如图 A.35(其中 l 为抛物线在点 A_1 处的切线),要证明 $\alpha < \delta$,只要证明 $\tan\alpha = \tan(\gamma - \beta) < \tan\delta$.

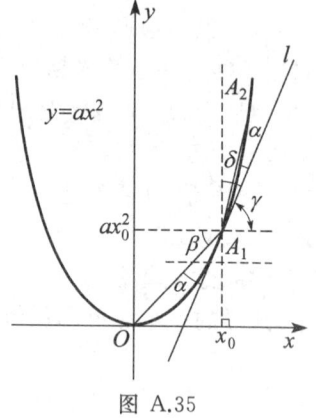

图 A.35

10. 设 Q 是正方形纸片,易知其内部方格边的长度和 L 可以被 4 整除,这是因为所考虑的边分 4 种,每一种由另一种关于正方形中心旋转 90° 和 180° 所得. 如果正方形 Q 划分成正方形 Q_1, Q_2, $\cdots$, Q_n,则划分的线段长度和等于 $L - L_1 - L_2 - \cdots - L_n$,上述每一项都可以被 4 整除.

11. 易知变换后对角线长度不变,对角线夹角则从 α(较小的那个)变为 3α 或 $3\alpha - \pi$.

12. 一切非形如 $2^k (k \geq 2)$ 的正整数.

13. 空间中的两条非平行直线 l_1 和 l_2 具有 3 条对称轴,因此 3 条非平行直线具有不超过 9 条对称轴,且具有 9 条对称轴的图形确实存在.

习题 5.c

1. $P_1 = 3$, $P_2 = 5$, $S_1 = 4$, $S_2 = 6$. 分情况讨论.

2. r_n 的增长速度与 n 相同,s_n 则与 n^2 相同.

3. 任取一对直线的两端点，证明这两点中至少有一点满足条件（注意若不取直径而取正多边形，用复数做则可得到更强的结果）.

4. 将新凸 k 边形的每一边看成中位线，证明其两倍线段长度之和大于凸 k 边形之周长.

5. 设墨渍中各点到边界的最小距离在 A 处达到其最大值 r_1，而各点到边界的最大距离在 B 处达到其最小值 r_2，则以 A 为圆心、r_1 为半径的圆在墨渍内部，而以 B 为圆心、r_2 为半径的圆包含墨渍. 由 $r_1 = r_2 = r$，可知 A 与 B 重合，墨渍的形状是一圆（包含其内部）.

6. 以狮子的转弯点为轴旋转场地，将狮子的轨迹变为直线，于是在每次旋转后场地的中心 O 都移动了一段距离，其大小不超过狮子相应转角之值（弧度值）同 10 米的乘积. 由此可知，联结 O 的开始位置与最终位置的线段之长不超过 $30000 - 20 = 29980$ 米.

7. 设 X 和 Y 是两个这样的城市，即当道路 AB 关闭之后，由 X 至 Y 的最短路径 l 不少于 1500 公里. 容易看出，在路径 l 上必有某座城市 M，由它无论到 X 城还是到 Y 城，都不少于 500 公里. 由此可知，在道路 AB 关闭以前，由 X 至 M 的最短路径应经过道路 AB（即具有 $XABM$ 的形式），而由 Y 至 M 的最短路径亦或者形如 $YABM$，或者形如 $YBAM$. 但若形如 $YABM$，则在道路 AB 关闭之后，仍存在可通行的道路 XA 和 YA，而路径 XAY 不超过 1000 公里，这与我们一开始的关于由 X 至 Y 的最短路径不少于 1500 公里的假设相矛盾. 而若形如 $YBAM$，则因道路 XA，BM，YB 和 AM 均照常开放，而且 $XA + BM < 500$，$YB + AM < 500$，从而知 $XAMBY$ 亦短于 1000 公里.

点评 对于 1500 公里的估计已不可能再改进了，这可由下面的例子看出. 设在某国一共只有 4 个城市 A, B, C, D，并且 $AB = 1$ 公里，而 $AC = CD = DB = 498$ 公里. 则当关闭了道路 AB 之后，由 A 至 B 的最短路径几乎即为 1500 公里.

8. 假设弦的长度之和不小于 $k\pi$. 由于弦所对的劣弧长大于该弦

长,所以这些劣弧长之和大于 $k\pi$. 如果再加上关于圆心对称的弧,那么所考虑的所有劣弧之和大于 $2k\pi$. 因此,可找到一点,这点至少被这些弧中的 $k+1$ 条覆盖,经过这点的直径至少与 $k+1$ 条弧相交,矛盾.

9. 用 2×2、3×3 两种方式将原正方形划分成若干全等小正方形(而且在反证假设下,由连续性,可以假定所有 6 点均不在这些网格线上). 然后逐步调整,在反证法的假设下将一些点"逼"到一个较为容易讨论的位置. 易知这一结果不能改进,因为有达到此值的例子.

10. 设 x 轴离这些点与各直线交点足够遥远,直线均不与 x 轴平行. 今在 x 轴上找一点 A,使 A 的坐标 R 远远超出这些直线与 x 轴的交点,也远远超出那些点与点之间的最大距离,则 A 到这些点的距离 $\approx R$,A 到任一已知直线的距离 $\approx R\sin\varphi$(φ 是直线与 x 轴之夹角). 这也等于证明了:有限条抛物线内部不能覆盖全平面(参见 4.1 节例 2).

11. 考虑每个区间的端点,产生不等式.

12. 可考虑向量与三角不等式,也可使用复数.

13. 本题是爱尔特希-莫德尔不等式的推广.

14. 先证明 4 点之间的最小距离要达最大,则它们必为一菱形之顶点.

15. 用反证法,并利用勾股定理和余弦定理. 研究当一个点到正方形的各顶点距离均为有理数时,可以都放大为非负整数,当然对于正三角形的 3 个顶点,可以假定它们到正方形的所有顶点的距离都是非负整数.

16. 用反证法,假设结论不成立,考虑 n 个点的凸包. 设 A 为凸包的一个顶点,则必有不少于 $m\geqslant \dfrac{n-1}{\sqrt{n-1}-1}>\sqrt{n-1}$ 个点,不妨设依次为 $B_1, B_2, \cdots, B_m$,于是 $B_1B_2, B_1B_3, \cdots, B_1B_m$ 两两不等.

17. 对 n 用归纳法. 为简便起见,记 $\min f_2(n)$ 为 $f(n)$,显然 $f(0)=f(1)=0, f(2)=1$. 下面假设 $n\geqslant 3$. 考虑最小距离为 1 的 n 点集 P,以线段联结 P 中的两点,当且仅当它们的距离是 1. 这样,得到嵌入平面的图 G. 假设 G 有最大可能的边数,也就是说,$|E(G)|=f(n)$. 容易看出,G 的每一个顶点至少与另外 2 个顶点相邻. 此外,G 是 2 连通的,也就是说,删去任一顶点 G 仍连通.

G 的外部面的边界是一简单闭多边形 C. 设 b 表示多边形 C 的顶点总数，b_d 表示多边形 C 在 G 中度为 d 的顶点数. 显然，$b = b_2 + b_3 + b_4 + b_5$.

C 在一个度为 d 的顶点处的内角至少为 $\frac{1}{3}(d-1)\pi$，而这些角的和为 $(b-2)\pi$. 因此，$b_2 + 2b_3 + 3b_4 + 4b_5 \leqslant 3b - 6$.

另一方面，设 $f_i (i \geqslant 3)$ 表示 G 的边数为 i 的内部面的个数，由欧拉公式可得
$$n - f(n) + f_3 + f_4 + \cdots = 1. \qquad (1)$$

如果将 G 的内部面的边数相加，则 C 的每一边被计数一次，其他边均被计数两次，即有
$$b + 2(f(n) - b) = 3f_3 + 4f_4 + \cdots \geqslant 3(f_3 + f_4 + \cdots). \qquad (2)$$

比较式(1)和式(2)，得到 $n - b \geqslant f(n) - 2n + 3$.

假设结论对所有小于 n 的整数成立. 从 G 中删除 C 的顶点及所有与其关联的边. 由归纳假设可得
$$f(n) - b - (b_3 + 2b_4 + 3b_5) \leqslant f(n-b),$$
$$f(n) \leqslant f(n-b) + b_2 + 2b_3 + 3b_4 + 4b_5$$
$$\leqslant f(n-b) + 3b - 6$$
$$\leqslant 3(n-b) - \sqrt{12(n-b) - 3} + 3b - 6$$
$$\leqslant 3n - 6 - \sqrt{12(f(n) - 2n + 3) - 3}.$$

由此即得结论.

此外，不停地用边长为 1 的正三角形"堆砌"，可以达到此值.

18. $n = 3$. 下证 $n > 3$ 不可能. 设 $A_1, A_2, \cdots, A_n$ 是所有鸟巢，用 $f(A_i) (i = 1, 2, \cdots, n)$ 表示由 A_i 所飞落的新鸟巢. 对于每个 i，有 $f(f(A_i)) = A_i$，若巢数不小于 4，则一定存在两对巢，f 可把它们变为自己，并保持它们两两之间的起初距离不变，与已知条件矛盾.

19. 首先，最大圆上互为对径点的两点的映像仍是最大圆上的对径点（不然将有 $d(f(A), f(B)) < d(A, B)$）.

若对最大圆上的点对 (U, V)，有 $d(f(U), f(V)) > d(U, V)$，则对于 U 的对径点 U'，将有 $d(f(U'), f(V)) < d(U', V)$. 因 $d^2(f(U), f(V)) + d^2(f(U'), f(V)) = d^2(U, V) + d^2(U', V) =$ 最大圆直径的平

方,而 $d(f(U'),f(V))<d(U',V)$,显然与题意不符,因此在 f 映射下,最大圆所有点对间距离不变.故 f 在最大圆上是满射.易知 f 是单射(否则对 $U\neq V$,有 $f(U)=f(V)$,则 $d(f(U),f(V))=0<d(U,V)$,矛盾!),因此 f 把最大圆一一映射到自身,而其他圆的映像不在最大圆上.这样去掉最大圆后,f 把剩下的最大圆又一一映射到它自身.依此类推,在 f 映射下,各个圆一一映射到自身,各自圆内任两点距离在 f 映射下保持不变.f 是连续映射.

对于位于不同圆上的两点 U,V,不妨设 U 在较小圆上.设圆心为 O,UO 延长线交较大圆于 U',则 $f(U'),f(U)$ 与 O 依然共线,且 O 位于 $f(U'),f(U)$ 之间,不然将有 $d(f(U'),f(U))<d(U',U)$,矛盾! 而 $d(f(U'),f(V))=d(U',V)$,因此根据三角形全等理论,易证得 $\triangle OU'V\cong\triangle Of(U')f(V)$.由 f 的连续性,$\triangle OVU\cong\triangle Of(V)f(U)$,从而 $d(f(U),f(V))=d(U,V)$.

因此,对于任意 $U,V\in M$,都必定有 $d(f(U),f(V))=d(U,V)$.因此 f 是一种刚体变换,即 f 是旋转变换(以 O 为旋转中心)或轴对称变换(对称轴过 O 点),或是以上两者的合成.

20. 可推广为对任意正数 ε,存在两同色点,其距离在 $[1-2\varepsilon,1+2\varepsilon]$ 之间.为此,将整个平面划分成正六边形(边长为 ε).

21. 如图 A.36,$DE=CG=ED'=\dfrac{1}{8}$,$AF=FB=EH=HG=\dfrac{1}{2}$.对正方形四顶点三染色,必有两点同色.若二点为对角线,结论成立.若为相邻两点,不妨设 C,D 同为红色.若 E,F,G 中有一红点,则结论成立;若 E,F,G 中无红点,则至少有两点同色.若 E,F 或 G,F 同色,结论成立;若 E,G 同色,设为蓝色,则若 D',B 中有一为红或蓝色,结论成立;若 D',B 均为第三色,结论也成立.

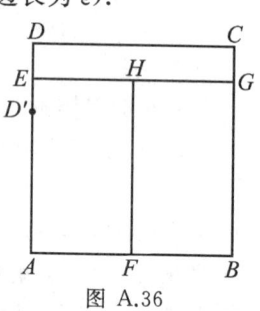

图 A.36

正方形 $ABCD$ 分成 $EGCD$,$AFHE$,$BGHF$,则每部分直径恰为 $\dfrac{\sqrt{65}}{8}$.本题 $\dfrac{\sqrt{65}}{8}$ 为最佳下界.

22. 将距离为 1 或 2 的点连线,得一(图论含义上的)图,设法证明每个连通分支中的点数都是 10 的倍数.

23. 先找一最小等宽凸集 X' 包含 X,然后找一个对边距离为 X' 宽度的正六边形包含 X'.

24. 用数学归纳法. $n=1$ 时结论显然. 设 n 时已有点集 A_n 满足要求,现以 A_n 中所有点为圆心、1 为半径作圆. 作出所有通过这些圆的交点的半径,以及通过圆上 A_n 中的点的半径,于是存在一个方向 l 与这些半径确定的方向都不平行. 将点集 A_n 沿着 l 方向平移 1,得到点集 A'_n,则点集 $A_{n+1}=A_n\cup A'_n$ 即满足归纳要求.

25. 如果在直线上给定长度分别为 α 和 β 且不相交的线段 l_1, l_2,则端点属于 l_1 和 l_2 的线段长度的集合填满了某条长度为 $\alpha+\beta$ 的线段. 如果 $n_1, n_2, \cdots, n_k$ 为已知线段长度,则 $\sum_{i=1}^{k} n_i + \sum_{i<j}(n_i+n_j) = k\sum_{i=1}^{n} n_i \geq 1$.

26. 任选一城市 A,设与之路长(图论意义上)为偶数的城市数(包括 A)有 x 个,与之路长为奇数的城市数为 y 个,$x+y=n$. 易知在 $1, 2, \cdots, \frac{1}{2}n(n-1)$ 中有 xy 个奇数. 如 n 是奇数,则 $n=(x-y)^2$;如 n 是偶数,则 $n=(x-y)^2+2$.

27. 假设对任意点 $Q\in P$,由 Q 出发的互异距离数至多为 k,即 P 中的每一点 $T\neq Q$ 落在以 Q 为圆心的(至多)k 个同心圆 $C_1(Q), C_2(Q), \cdots, C_k(Q)$ 中的一个上.

设 I 表示由 P 中三元组张成的等腰三角形的个数,其中一个正三角形被计数 3 次. 显然,

$$I = \sum_{Q\in P}\sum_{i=1}^{k} C_{|C_i(Q)\cap P|}^2.$$

如果令 $P-\{Q\}$ 中的点尽可能均匀地分布在圆 $C_i(Q)$ 上,则上式可达到最小值. 特别地,

$$I \geq \frac{1}{2}nk\frac{n-1}{k}\left(\frac{n-1}{k}-1\right).$$

另一方面,每一条线段至多是 P 所确定的两个等腰三角形的底

边,不然,它的垂直平分线将通过 P 中至少 3 个点,矛盾. 因此,$I\leqslant 2C_n^2$. 由此即得结论.

28. 设 $d=3$,对 P 的元素个数 n 使用数学归纳法. 可以设 $n>4$,假设结论对至少 $n-1$ 个点的任意集合成立. 联结 P 中的两点为一条边,当且仅当此两点的距离等于 P 的直径. 此图中有一顶点 A 的度至多为 3. 由归纳假设,$P\setminus\{A\}=P_1\cup P_2\cup P_3\cup P_4$,其中 P_1,P_2,P_3,P_4 的直径小于 P 的直径. 于是存在某个下标 $i(1\leqslant i\leqslant 4)$,使得 A 与 P_i 中的任意元素均不相邻. $d=2$ 的情形同理可证.

29. 易知,与给定长度为 l 的线段的距离不大于 ε 的点的范围是一个"体育场"形状,其面积是 $\pi\varepsilon^2+2\varepsilon l$. 对于给定折线的所有 N 个线段作上述图形. 各图形共有 $N-1$ 个公共圆,半径均为 ε,圆心在折线的顶端. 于是,这些图形覆盖的面积不超过 $N\pi\varepsilon^2+2\varepsilon(l_1+l_2+\cdots+l_n)-(N-1)\pi\varepsilon^2=\pi\varepsilon^2+2\varepsilon L$. 由于这些图形覆盖了整个正方形,因此 $1\leqslant\pi\varepsilon^2+2\varepsilon L$.

30. 设 M 和 N 为折线的端点. 我们沿折线从 M 走到 N. 令 A_1 是我们遇到的第一个折线上的点,它与正方形的一个顶点的距离不大于 0.5. 现在考虑与这个顶点相邻的顶点. 令 B_1 是经过折线上的点 A_1 之后,沿折线遇到的距某一顶点不大于 0.5 的点. 接近 A_1 和 B_1 的正方形的顶点,分别以 A 和 B 表示(如图 A.37).

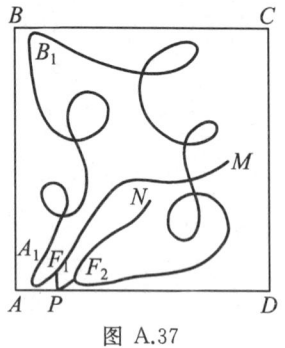

图 A.37

以 L_1 表示 M 到 A_1 的折线部分,以 L_2 表示 A_1 到 N 的折线部分. 令 X 和 Y 为这样的点的集合:它们位于 AD 上,分别距 L_1 和 L_2 不大于 0.5. 由题设条件,X 和 Y 覆盖了整个边 AD. 易见 A 属于 X,D 不属于 X,因此 D 属于 Y,亦即两个集合 X 和 Y 皆非空. 但这两个集合的每一个都由几个线段组成,因此它们有公共点 P. 于是,在 L_1 和 L_2 上存在点 F_1 和 F_2,使 $PF_1\leqslant 0.5$ 且 $PF_2\leqslant 0.5$. 再证明 F_1 和 F_2 即为所求两点.

31. 先证明图论中的一个结果:给定 $r\leqslant s$,则任意具有 n 个顶点且不含 $K_{r,s}$ 的图至多有 $C_s n^{2-\frac{1}{r}}$ 条边,其中 C_s 是仅依赖于 s 的常数.

32. 考虑直线与圆的最大关联数.

33. 考虑第 27 题的结论,并利用詹森(Jensen)不等式.

34. 要证明的不等式等价于 $(n+1)\cos\dfrac{\pi}{n+1}-n\cos\dfrac{\pi}{n}>1$,此式可利用 $n|\sin\alpha|\geqslant|\sin n\alpha|$ 证明.

35. 利用三角形一边上的中线的两倍小于另两边之和.

36. 设 O 和 O' 为给定的两点,不妨设点 O' 位于 $\triangle OA_1A_2$ 的内部或边上,则 $O'A_1+O'A_2<OA_1+OA_2$,$O'A_i-OA_i\leqslant 10$ 厘米 ($i=3,4,\cdots,12$).

37. 显然必有两条线段之夹角不小于 $\dfrac{\pi}{n}$,可自这一对顶角中选一个,使它的两夹边的长度 a 和 b 的和不小于 1. 由此可以证明这个夹边所对的第三边即满足要求.

习题 5.d

1. 考虑圆心的位置.

2. 直接证明最强的结论:对于一点也是对的. 联结对角线,然后假定这点落在其中某个三角形内,讨论该点与对角线端点构成的三角形(两个)等.

3. 对于任意三角形 T,$S(T)=5$;对于任意平行四边形 P,$S(P)=5$;对任意凸图形 F,$S(F)=5$ 或 6.

4. 设 A,C 为两矩形大边与大边之交点,B,D 为两矩形小边与小边之交点,先证明 $AC\perp BD$.

5. (1) 用 W_m 表示被 m 个图形所覆盖平面部分的面积. 这个平面部分是由许多片所构成,这些片的每一片被确定为 m 个图形中的某些所覆盖. 这样的片的面积在计算 M_k 时被计算了 C_n^k 次,这是因为从 n 个图形中能构造 C_n^k 种 k 个相交成公共部分的图形.

因此,$M_k=C_k^k W_k+C_{k+1}^k W_{k+1}+\cdots+C_n^k W_n$. 因而,$M_1-M_2+M_3-\cdots=C_1^1 W_1+(C_2^1-C_2^2)W_2+\cdots+(C_n^1-C_n^2+C_n^3-\cdots)W_n=W_1+W_2+\cdots+W_n$,这是因为 $C_m^1-C_m^2+C_m^3-\cdots+(-1)^{m+1}C_m^m=(-1-C_m^1-C_m^2+\cdots)+1=(1-1)^m+1=1$. 故结论成立.

(2) 从问题(1)可看出，

$$S-(M_1-M_2+\cdots+(-1)^{m+1}M_m)$$
$$=(-1)^{m+2}M_{m+1}+(-1)^{m+3}M_{m+2}+\cdots+(-1)^{n+1}M_n$$
$$=\sum_{i=1}^{m}((-1)^{m+2}C_i^{m+1}+\cdots+(-1)^{n+1}C_i^n)W_i$$

(这里认为，如果 $k>i$，则 $C_i^k=0$). 因此，当 $i\leqslant n$ 时，$C_i^{m+1}-C_i^{m+2}+C_i^{m+3}-\cdots+(-1)^{n-m+1}C_i^n \geqslant 0$. 从恒等式 $(x+y)^i=(x+y)^{i-1}(x+y)$ 得到等式 $C_i^j=C_{i-1}^{j-1}+C_{i-1}^{j}$，因而 $C_i^{m+1}-C_i^{m+2}+\cdots+(-1)^{n-m+1}C_i^n=C_{i-1}^m\pm C_{i-1}^n$. 当 $i\leqslant n$ 时，$C_{i-1}^n=0$.

6. 设衣服的面积等于 M，$i_1,i_2,\cdots,i_k$ 号补丁相交的面积等于 $S_{i_1 i_2 \cdots i_k}$，而 $M_k=\sum S_{i_1 i_2 \cdots i_k}$. 因为 $M\geqslant S$，所以从问题 5 中得到：

$$M-M_1+M_2-M_3+M_4-M_5\geqslant 0.$$

类似的不等式不仅对所有衣服能写出，而且对每个补丁也可以写. 如果我们研究补丁 S_1，把它当成与补丁 S_{12}，S_{13}，S_{14}，S_{15} 相联系的衣服，那么得到 $S_1-\sum S_{1i}+\sum S_{1ij}-\sum S_{1ijk}+S_{12345}\geqslant 0$. 对于所有 5 块补丁，这样的不等式加起来得到

$M_1-2M_2+3M_3-4M_4+5M_5\geqslant 0$，与不等式 $3(M-M_1+M_2-M_3+M_4-M_5)\geqslant 0$ 相加，得到不等式 $3M-2M_1+M_2-M_4+2M_5\geqslant 0$，再添加 $M_4-2M_5\geqslant 0$（它是由 S_{12345} 进入所有 $S_{i_1 i_2 i_3 i_4}$ 中得到，即 $M_4\geqslant 5M_5\geqslant 2M_5$），得到 $3M-2M_1+M_2\geqslant 0$. 即 $M_2\geqslant 2M_1-3M\geqslant 5-3=2$.

因为 5 块补丁能组成 10 对，这些对中的每一对的相交面积不小于 $\dfrac{M_2}{10}=\dfrac{1}{5}$.

7. 由第 6 题推论可知.

8. 对扯去的树叶数量进行归纳.

9. 假设结论不成立，1 号矩形盖住面积为 1；2 号矩形盖上后，被盖面积增加值多于 $\dfrac{8}{9}$；3 号矩形盖上后，又增加了多于 $\dfrac{7}{9}$ 的面积……于是被盖总面积超过 $1+\dfrac{8}{9}+\dfrac{7}{9}+\cdots+\dfrac{1}{9}=5$，矛盾.

10. 任何平移可分解为一个水平方向和一个垂直方向的运动之和,因此分别对两个方向的运动证明.

11. 分 5 个点的位置讨论,(由仿射)可设三角形是面积为 1 的正三角形.

12. 考虑这 5 个点的凸包,如果凸包是三角形或四边形,那么至少有个三角形面积 $\leqslant \dfrac{1}{4}$. 当凸包是五边形时,联结对角线,考虑比例线段,即运用凸五边形的高斯-莫比乌斯公式,以及证明这一公式的基本方法.

13. 设 O 为其内部一点,又设多边形 M 关于 O 中心对称的多边形为 M',下面研究 $M \cup M'$. 如有 k 条等分面积的直线经过 O,那么这 k 条直线所成的 $2k$ 个角内都应该有 M 与 M' 的边界之交点.但在多边形的每一条边上至多有两个这样的交点,于是交点个数不少于 $2k$,不多于 $2n$.

14. 任取两条相互平行的 P 的支撑线 s 和 t,设其与 P 的交点分别为 S,T. 联结 ST,将 P 分为两部分,分别设为 P_1 和 P_2. 在 P_1 上取点 K,L,使得 $KL /\!/ ST$,且 $KL = \dfrac{1}{2}ST$,下面只需证明梯形 $SKLT$ 的面积至少是 P_1 的 $\dfrac{3}{4}$. 对于 P_2 同理构造.

15. 易知该图形为 4 段抛物线所围. 通过图形平移,得答案即为正方形面积 1.

16. 用调整法,固定外部图形,研究为使内部图形面积尽可能地大,这个图形应该处于什么"好"位置.

17. 将 n 边形划分成一系列四边形(每个有一条对角线长恰好为 R)面积之和,然后利用四边形的面积与不等式.

18. 任何切线截去了具有锐角 φ 的直角三角形,其面积为 $1 - \dfrac{2}{\cos\varphi + \sin\varphi + 1} \leqslant (\sqrt{2}-1)^2$. 正方形和三角形的公共部分面积 S 满足不等式 $S \geqslant 4 - 3(\sqrt{2}-1)^2 > 3.4$.

19. 可考虑用投影等手段将四边形转化成比较"规范"的图形.

20. 联结它的 3 条主对角线,考虑它们围成的三角形(面积可为 0). 将这个小三角形的顶点与六边形的顶点适当地相连,构造出 6 个三角形未将六边形覆盖,而它们的每一个都不小于最小顶点三角形的面积.

21. 若凸四边形 $ABCD$ 为平行四边形,则结论已经成立.否则延长对边,构成(两个)三角形,再适当地选择它们的中位线.

22. 若结论不成立,用局部调整(三角形两边之差小于第三边)可以证明:此时的凸 2000 边形的任一边不是直径,而每个顶点均至少引出两条长度为 1 的对角线.由于任意两条直径均有公共点,$2n$ 条直径中每一条 A_iA_j 可以标号为 $i+j$,易证 $i+j \pmod{2n}$ 两两不同余,求和即可推出矛盾.

23. $\arccos\left(-\dfrac{1}{3}\right)+2\sqrt{2}$.考虑长弦之外的区域(两个弓形),可利用求导.

24. 可证明更强的结论:$\triangle ABC$ 中,$\angle A<\angle B<\angle C$,则当 $1-\dfrac{\sin A}{\sin B}>(=,<)2\tan^2\dfrac{A}{2}\tan^2\dfrac{B}{2}$(其中 $\angle B$ 可用 $\angle C$ 代替)时,恰有 1(2,3)条直线同时平分 $\triangle ABC$ 的周长和面积.

习题 5.e

1. 构造的函数为 $f_n(x)=nx+n^2 (n=1,2,\cdots)$.

2. (1)利用三角形两边之差小于第三边,先确定两点,其余的点都必须在有限条直线或双曲线上,再选另外两点,于是得到的 M 是个有限点集,矛盾.(2)考虑圆周上的有理点(利用万能公式),然后适当放大.由此还能证明:可找到平面上无穷多个有理点,每三点不共线,每两点间的距离、每三点构成的三角形面积均为有理数.(3)考虑抛物线 $y=x^2 (x>0)$ 上的整点.

3. 考虑 F 的直径 AB 的旋转.易知 AB 一定经过 O,且其长度 $D>2$,于是 $OA,OB>1$.

4. F 的直径 $AB>\sqrt{2}$,故 $PA+PB\geqslant AB>\sqrt{2}$.不妨设 $PA>\dfrac{\sqrt{2}}{2}$,可绕 P 旋转,使 F 含有与 P 最近的格点.

5. 先证必要性.若 $a<1$,可将矩形放在两条相邻水平线之间的带域内,从而盖不住整点.如 $b<\sqrt{2}$,以一个方格的顶点为各边中点的正

方形边长为 $\sqrt{2}$,可将矩形放在这个正方形内,也盖不住整点.

再证充分性. 可设 $a=1$, $b=\sqrt{2}$, 取新坐标系使矩形顶点 A 为原点, $B=(0,\sqrt{2})$, $D=(1,0)$, 如图 A.38. 原坐标系必有一个方向的格线在 y 轴上截点的间距不大于 $\sqrt{2}$, 故 AB 上有截点. 令其中最靠近 A 者为 $P\left(0 \leqslant AP < \dfrac{1}{\sin\theta}\right)$, $45° \leqslant \theta \leqslant 90°$.

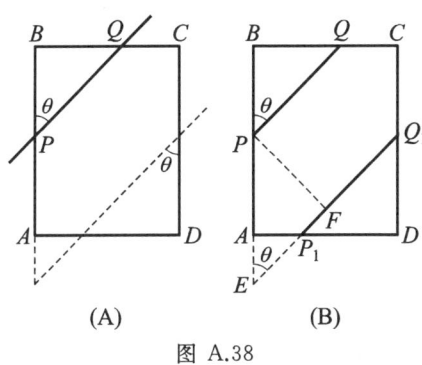

图 A.38

当 $AP \leqslant \sqrt{2}-\cos\theta$ 时, $BP \geqslant \cos\theta$, 截线段 $PQ \geqslant 1$, 其上有整点(Q 在 CD 上时, 显然 $PQ \geqslant 1$), 如图 A.38(A).

若 $\sqrt{2}-\cos\theta < AP < \dfrac{1}{\sin\theta}$, 下一条格线为 EP_1Q_1, 如图 A.38(B).

$AE = \dfrac{1}{\sin\theta} - AP$, $EP_1 = \dfrac{AE}{\cos\theta} = \dfrac{1-AP\sin\theta}{\sin\theta\cos\theta}$, $EQ_1 = \dfrac{1}{\sin\theta}$, $EF = \cot\theta$,

易证 $EP_1 < EP = EQ_1$.

另一方面, $P_1F + PQ = EF - EP_1 + PQ = \cot\theta - \dfrac{1-AP\sin\theta}{\sin\theta\cos\theta} +$

$\dfrac{\sqrt{2}-AP}{\cos\theta} = \dfrac{\sqrt{2}-\sin\theta}{\cos\theta} \geqslant 1$, 故 $P_1F \cup PQ$ 上有整点.

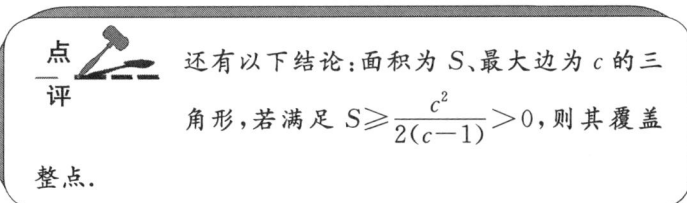

还有以下结论:面积为 S、最大边为 c 的三角形,若满足 $S \geqslant \dfrac{c^2}{2(c-1)} > 0$,则其覆盖整点.

6. 先证明平面上存在一点到所有整点距离均不等. 读者可进一步考虑圆上的整点数可否取任意正整数.

7. 先证明如三角形边上和内部都没有格点,则其面积一定是 $\dfrac{1}{2}$,

289

然后证明此三角形必有一边的平方不小于其他两边的平方和.

8. 将这些整点都看成是横、纵坐标为 0,1,2 的整点,分情况讨论.

> **点评** 一般的结论是,$4n-3$ 个格点中必定有 n 个格点,其质心(即以各格点横纵坐标的算术平均作为横纵坐标的点)也是整点.这是克姆尼茨(Kemnitz)猜想,1983 年提出.这个貌似 IMO 预选题的难题困扰世界数学界长达 20 年之久(它的一维形式就是著名的爱尔特希-金茨贝格-齐夫(Erdös-Ginzburg-Ziv)于 1961 年证明的定理,已颇为不易),但并非没有重大进展,最后一步归功于四获 IMO 金牌的德国天才学生赖厄(C. Reiher,1984—   ),他在 2003 年充分利用并发挥了一些世界知名数学家的结果,解决了这个令人瞩目的问题.该问题的三维以上的形式仍是个超级难题.

9. 考虑三角形面积公式 $S = \dfrac{abc}{4R}$.

10. 对点集 $\{(n, \alpha n - m) \mid m$ 和 n 是整数$\}$ 和由直线 $x = k, x = -k, y = \dfrac{1}{k}, y = -\dfrac{1}{k}$ 界定的矩形应用闵可夫斯基定理.

11. $A_k = (k, r(k)), k = 0, 1, \cdots, p-1, r(k)$ 为 k^2 除以 p 的余数.

12. 易知 $\overrightarrow{AC} \cdot \overrightarrow{BD}$ 与 BD^2 是整数,但 $\overrightarrow{AC} \cdot \overrightarrow{BD} = \sqrt{2} BD^2$,矛盾.

13. 如果有标记的格点数有限,则把所有向量都放在右上方的格点上,结果使 $y > 0, x > 0$ 及 $y = 0$ 的向量 (x, y) 比其余的多.而把所有向量放在左下方的格点上,结果使 $y > 0, x > 0$ 及 $y = 0$ 的向量 (x, y) 比其余的少.

14. 最多 2500 棵.

15. 设 O 为方格平面上任意一点,在平面上找出与以 O 为圆心、100 为半径的圆相交的、最北边的一条水平直线 $y = k$(直线 $y = k+1$ 不与圆周相交).如果该直线上所有的整点都位于圆周之外,那么不难证明,其中离圆周最近的整点与圆周的距离不超过 $\dfrac{1}{14}$,因此圆周必与以该整点为圆心、$\frac{1}{14}$ 为半径的圆相交. 所以以下设在直线 $y=k$ 上有某些整点位于圆 O 之内.

设 B 是其中离圆周最近的整点. 以 A 记直线 $y=k$ 上离 B 最近的位于圆外的整点,则有 $AB=1$. 假设圆周不与以 A 和 B 为圆心、$\frac{1}{14}$ 为半径的圆相交,则此时就有 $OA>100+\frac{1}{14}$,$99<OB<100-\frac{1}{14}$,因此 $OA-OB>\frac{1}{7}$,$OA^2-OB^2=(OA-OB)(OA+OB)>199 \cdot \frac{1}{7}$.

设 O' 是自 O 向直线 $y=k$ 所引垂线之垂足,$O'B=x$,则 $O'A=x+1$,$(x+1)^2-x^2=OA^2-OB^2>\frac{199}{7}$,由此可知 $O'B=x>\frac{96}{7}$,于是就有 $OO'^2=OB^2-O'B^2<\left(100-\frac{1}{14}\right)^2-\left(\frac{96}{7}\right)^2<99^2$,从而 $OO'<99$.

由于圆心 O 到直线 $y=k+1$ 的距离是 $OO'+1<99+1=100$,于是半径为 100 的圆就会与直线 $y=k+1$ 也相交. 但这是与我们一开始的选取相矛盾的,断言因此得证.

16. 可设 $A=\left\{\left(\frac{a}{b},\frac{c}{d}\right)\middle| a,b,c,d\in \mathbf{Z},bd\neq 0,|ab|\geqslant|cd|\right\}$,$B=\left\{\left(\frac{a}{b},\frac{c}{d}\right)\middle| a,b,c,d\in \mathbf{Z},bd\neq 0,|ab|<|cd|\right\}$.

17. 不可能!否则可作一内无格点的圆$\left(故而半径<\frac{1}{\sqrt{2}}\right)$与上述至少 3 个圆外切,证明这 3 个圆半径不可能都大于等于 5.

18. (1) 定义 $f(x)=\{\sqrt{3}x\}=\sqrt{3}x-[\sqrt{3}x]$,则一定存在不同整数 x_1,x_2,满足 $|f(x_1)-f(x_2)|<0.001$. 今设 $a=|x_1-x_2|$,设法证明点 $(0,0)$,$(2a,0)$,$(a,\sqrt{3}a)$ 在 3 个不同的圆盘内.

(2) 设正三角形 $P'Q'R'$ 的顶点 P',Q',R' 分别在 $\odot P$,$\odot Q$,$\odot R$ 内,且边长 $l\leqslant 96$,则易知 $l-0.002\leqslant PQ,QR,RP\leqslant l+0.002$. 由于 $\triangle PQR$ 非等边三角形,不妨假设 $PQ\neq QR$,于是 $0<|PQ^2-QR^2|=(PQ+QR) \cdot |PQ-QR|\leqslant(2\times96+0.004)\times0.004<1$,与 PQ^2-QR^2 是整数矛盾.

19. 不可能.

291

20. 设 $OP_i(i=1,2,\cdots,n)$ 中 OP_k 最大,考虑 $\triangle OP_{k-1}P_k$、$\triangle OP_kP_{k+1}$、$\triangle OP_{k+1}P_{k+2}$,证明 $\triangle OP_{k-1}P_{k+1}$ 或 $\triangle OP_{k-1}P_{k+2}$ 符合要求.

21. 不妨设这类三角形中的一个是 $\triangle OAB$,其中 O 是原点,其所在平面可表为 $ax+by+cz=0$,这里 a,b,c 为整数,且满足 $(a,b,c)=1$. 再证明 $S_{\triangle OAB}=\dfrac{1}{2}\sqrt{a^2+b^2+c^2}$.

22. 设 $(x,y)=(0,0),(0,1),(1,0),(1,1)$,得到 L 的 4 个顶点是一平行四边形 F 之顶点,其面积为 497. 将 F 不断平移,构成类似网格的平面,则这些顶点全为 L 中的点. 现对以原点为中心、面积为 1990 的平行四边形 P 进行 $\dfrac{1}{2}$ 的位似变换,其面积 >497,因此将 $\dfrac{P}{2}$ 的各块平移后,必有两点重合. 设此两点(平移前)为 $(x_1,y_1),(x_2,y_2)$,则 (x_2-x_1,y_2-y_1) 即满足要求.

23. 充要条件是 p,q 一奇一偶,且互素. 必要性证明较简单,充分性证明则需利用贝祖(Bézout)定理,先证明 (p,q) 马可以在有限步内从 $(0,0)$ 跳至 $(2,0)$.

24. 易知 $2005^2=1357^2+1476^2$(此三数两两互素). 今令 $\vec{a}=(1357,1476),\vec{b}=(1476,1357),\vec{c}=(1357,-1476),\vec{d}=(1476,-1357)$. 于是,若在 t 时刻 A 被照亮,则在下一时刻,$A+\vec{a},A+\vec{b},A+\vec{c},A+\vec{d}$ 也被照亮. 故只需证明对任意的 A,存在整数 p,q,r,s,满足 $\vec{OA}=p\vec{a}+q\vec{b}+r\vec{c}+s\vec{d}$,接下去利用贝祖定理.

25. 将所有整点染色,规定横竖坐标之和为偶数时染白色,横竖坐标之和为奇数时染黑色,于是相邻整点不同色. 现设五边形一组相邻顶点为 $A(x,y),B(x',y')$,由勾股定理知 $AB\equiv|x-x'|+|y-y'|\pmod 2$,由此即得结论.

26. 集合 $\left\{\left(x-\dfrac{p}{q}\right)^2+\left(y-\dfrac{1}{2q^2}\right)^2=\dfrac{1}{4q^4}\,\bigg|\,p,q\in\mathbf{Z},(p,q)=1,q>0\right\}$ 满足要求.

27. 分情况讨论. 当 $n=2$ 时,a,b 中至少有一个为奇数;当 $n\geqslant 3$ 时,$a\equiv\pm 1\pmod n$,$b\equiv\mp 1\pmod n$.

28. 运用抽屉原则.

29. 先证明平面上两线性无关的向量 $\vec{u}, \vec{v}$ 组成的单位格阵中,必有"格点"距离 $\leqslant \sqrt{\dfrac{2}{\sqrt{3}}}$.

习题 6

1. 取模将分母正数化.

2. 平均角度为 $180°$. 设红向量个数为 $r < N$,可计算出所有以红、蓝向量为两边的夹角(依逆时针方向)之和为 $180° \cdot r(N-r)$,而这种角共有 $r(N-r)$ 个.

3. (1) 按 $K_1, K_2, \cdots, K_n$ 的顺序记这个正 n 边形的顶点为 $O_1, O_2, \cdots, O_n, O_{n+1} = O_1$. K_i 所在的边 $O_i O_{i+1}$ 称为第 i 条边. 过 M 点作平行于第 $i-1$ 条边的直线和平行于第 $i+1$ 条边的直线,分别记它们与第 i 条边所在直线的交点为 B_i 和 A_i. 易知当 $n = 4$ 时,A_i, B_i, K_i 是同一个点;当 $n \geqslant 4$ 时,$MA_i = MB_i$,且 K_i 是 $A_i B_i$ 的中点,从而有 $\overrightarrow{MK_i} = \dfrac{1}{2}(\overrightarrow{MA_i} + \overrightarrow{MB_i})$.

由于 $MA_{i-1}O_i B_i$ 为平行四边形,所以 $\overrightarrow{MB_i} + \overrightarrow{MA_{i-1}} = \overrightarrow{MO_i}$,于是

$$\sum_{i=1}^{n} \overrightarrow{MK_i} = \dfrac{1}{2} \sum_{i=1}^{n} (\overrightarrow{MA_i} + \overrightarrow{MB_i}) = \dfrac{1}{2} \sum_{i=1}^{n} \overrightarrow{MO_i},$$

又 $\overrightarrow{MO_i} = \overrightarrow{MO} + \overrightarrow{OO_i}$,且 O 为正 n 边形的中心. 从而 $\sum_{i=1}^{n} \overrightarrow{OO_i} = \vec{0}$,所以

$$\sum_{i=1}^{n} \overrightarrow{MK_i} = \dfrac{n}{2} \overrightarrow{MO}.$$

(2) 自 O 向正四面体 K_i 所在面作垂线,记垂足为 B_i. 令 $\vec{b_i}$ 是与 $\overrightarrow{OB_i}$ 平行且指向相同的单位向量. 对 $i = 1, 2, 3, 4$,显然有 $\overrightarrow{MK_i} = \lambda_i \vec{b_i}$,其中 $\lambda_i = \overrightarrow{MK_i} \cdot \vec{b_i}$,为向量 $\overrightarrow{MK_i}$ 与 $\vec{b_i}$ 的内积. 易知 $\overrightarrow{MK_i} = \overrightarrow{OB_i} + (\overrightarrow{MO} \cdot \vec{b_i}) \vec{b_i}$.

由于 O 是正四面体的中心,易知 $\sum_{i=1}^{4} \overrightarrow{OB_i} = \sum_{i=1}^{4} \vec{b_i} = \vec{0}$,由此可知

$$\sum_{i=1}^{4} \overrightarrow{MK_i} = \sum_{i=1}^{4} (\overrightarrow{MO} \cdot \vec{b_i}) \vec{b_i}.$$

设 $\overrightarrow{MO} = p_1 \vec{b_1} + p_2 \vec{b_2} + p_3 \vec{b_3}$,其中 p_1, p_2 和 p_3 均为实数,则

293

$$\sum_{i=1}^{4} \overrightarrow{MK_i} = \sum_{i=1}^{4} \vec{b}_i \sum_{k=1}^{3} p_k (\vec{b}_k \cdot \vec{b}_i).$$

显然 $\vec{b}_k \cdot \vec{b}_k = 1$, 且由正四面体的性质可知, 当 $k \neq m$ 时, $\vec{b}_k \cdot \vec{b}_m = -\frac{1}{3}$.

$\vec{b}_4 = -(\vec{b}_1 + \vec{b}_2 + \vec{b}_3)$, 由此可得 $\sum_{i=1}^{4} \overrightarrow{MK_i} = \sum_{k=1}^{3} p_k \vec{b}_k - \frac{1}{3}(p_1 + p_2) \vec{b}_3 - \frac{1}{3}(p_2 + p_3) \vec{b}_1 - \frac{1}{3}(p_1 + p_3) \vec{b}_2 - \frac{1}{3}(p_1 + p_2 + p_3) \vec{b}_4 = \sum_{k=1}^{3} p_k \vec{b}_k + \frac{1}{3} \sum_{k=1}^{3} p_k \vec{b}_k = \frac{4}{3} \overrightarrow{MO}.$

4. 把所有向量都放到某一点 O.

要证明, 如果已经选好 k 个向量, 它们的和 $\vec{s} = \overrightarrow{OS}$ (如图 A.39), $|\vec{s}| \leqslant 1$, 那么可以从其余向量中或者选择 1 个向量 $\vec{a}$, 使 $|\vec{s} + \vec{a}| \leqslant 1$, 或者可选择两个向量 $\vec{b}, \vec{c}$, 使 $|\vec{s} + \vec{b} + \vec{c}| \leqslant 1$. 事实上, 如果在其余向量中有向量 $\vec{a}$ 使 $\angle(\vec{a}, \vec{s}) \geqslant 120°$, 则 $|\vec{s} + \vec{a}| \leqslant 1$. 如果没有那样的向量, 因为直线 OS 的两侧都有向量组中的向量, 那么

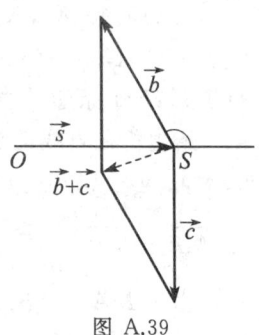

图 A.39

可以在 OS 一侧的半平面中, 选择与向量 $\vec{s}$ 构成最大角的一个向量作为 $\vec{b}$. 同样也可以在 OS 另一侧的半平面中选择向量 $\vec{c}$. 显然, $\angle(\vec{c}, \vec{s})$ 与 $\angle(\vec{b}, \vec{s})$ 中有一个是钝角, 而 $\angle(\vec{b}, \vec{c}) > 120°$. 不妨设 $\angle(\vec{b}, \vec{s}) > 90°$, 那么 $|\vec{s} + \vec{b}| < \sqrt{2}$, 而 $\angle(\overrightarrow{b+c}, \vec{s}) > 120°$, 因此 $|\vec{s} + \vec{b} + \vec{c}| \leqslant 1$. 于是如果先把向量 $\vec{b}$、再把向量 $\vec{c}$ 归并到和为 $\vec{s}$ 的向量组中, 那么每一步之后的和的长度应该小于 $\sqrt{2}$.

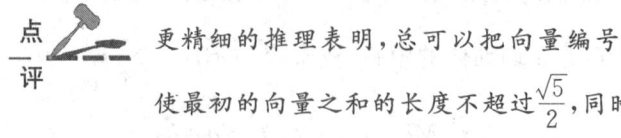

更精细的推理表明, 总可以把向量编号, 使最初的向量之和的长度不超过 $\frac{\sqrt{5}}{2}$, 同时这个估计是精确的.

5. 设 $\vec{S}$ 为所有向量之和,则对任意一个向量 $\vec{a} \neq \vec{0}, \vec{S} = k\vec{a}, k$ 为某个数.

6. 设 O 是满足 $\overrightarrow{OA_1} + \overrightarrow{OA_2} + \cdots + \overrightarrow{OA_{2n+1}} = \vec{0}$ 的点,选取 k 使 $(2n+1)|(2^k-1)$,于是折线 M_k 关于 O 同位相似于 M,且相似系数为 2^{-k}.

7. 利用数学归纳法.

8. 设多项式 $P(z)$ 的根等于 $z_1, z_2, \cdots, z_n$,并且 $P(z) = (z-z_1)(z-z_2)\cdots(z-z_n)$. 容易检验,$\dfrac{P'(z)}{P(z)} = \dfrac{1}{z-z_1} + \dfrac{1}{z-z_2} + \cdots + \dfrac{1}{z-z_n}$.

假设 $P'(w) = 0, P(w) \neq 0, w$ 不属于点 $z_1, z_2, \cdots, z_n$ 的凸包,则通过点 w 可以引不与点 $z_1, z_2, \cdots, z_n$ 的凸包相交的直线,所以向量 $w-z_1, w-z_2, \cdots, w-z_n$ 在由这条直线给出的一个半平面上. 因此,在一个半平面上有向量 $\dfrac{1}{w-z_1}, \dfrac{1}{w-z_2}, \cdots, \dfrac{1}{w-z_n}$. 因为 $\dfrac{1}{z} = \dfrac{\bar{z}}{|z|^2}$,所以

$$\frac{P'(w)}{P(w)} = \frac{1}{w-z_1} + \frac{1}{w-z_2} + \cdots + \frac{1}{w-z_n} \neq 0,$$

矛盾. 这意味着,w 属于多项式 P 的根的凸包.

9. 以 $\vec{e}_1, \vec{e}_2, \cdots, \vec{e}_n$ 表示原多边形的边向量,而以 $\vec{f}_1, \vec{f}_2, \cdots, \vec{f}_n$ 表示"复制品"的边向量,那么 $\vec{f}_i = (1+p_i)\vec{e}_i$,其中 $|p_i| \leqslant p$. 设 $\vec{f} = \sum\limits_{i=1}^{n} \vec{f}_i = \sum\limits_{i=1}^{n} (1+p_i)\vec{e}_i = \sum\limits_{i=1}^{n} p_i\vec{e}_i$,显然 $d = |\vec{f}|$.

把向量 $\vec{e}_1, \vec{e}_2, \cdots, \vec{e}_n$ 分为两组:第一组包含在 $\vec{f}$ 上的射影为正的向量,而第二组的向量在 $\vec{f}$ 上的射影非正. 由于多边形是凸的,可以认为,第一组由向量 $\vec{e}_1, \vec{e}_2, \cdots, \vec{e}_k$ 构成,第二组由向量 $\vec{e}_{k+1}, \vec{e}_{k+2}, \cdots, \vec{e}_n$ 构成. $d^2 = (\vec{f}, \vec{f}) = (\vec{f}, p_1\vec{e}_1 + p_2\vec{e}_2 + \cdots + p_k\vec{e}_k) + (\vec{f}, p_{k+1}\vec{e}_{k+1} + p_{k+2}\vec{e}_{k+2} + \cdots + p_n\vec{e}_n) \leqslant |p(\vec{f}, \vec{e}_1 + \vec{e}_2 + \cdots + \vec{e}_k)| + |p(\vec{f}, \vec{e}_{k+1} + \vec{e}_{k+2} + \cdots + \vec{e}_n)| = |2p(\vec{f}, \vec{e}_1 + \vec{e}_2 + \cdots + \vec{e}_k)|$. 由于 $\vec{e}_1 + \vec{e}_2 + \cdots + \vec{e}_k$ 是单位圆内的多边形的对角线,$|\vec{e}_1 + \vec{e}_2 + \cdots + \vec{e}_k| \leqslant 2$. 这样,$d^2 \leqslant 2p \cdot 2|\vec{f}|$,即 $d \leqslant 4p$.

10. 设 $\overrightarrow{OA}$ 和 $\overrightarrow{OB}$ 是以非负整数为坐标的向量,并且 $S_{\triangle AOB} = \dfrac{1}{2}$. 如

果向量 $\vec{AB}$ 具有非负坐标，那么向量对 $\vec{OA}$ 和 $\vec{OB}$ 能够由 $\vec{OA}$ 和 $\vec{AB}$ 得到，而且 $\vec{OA}$ 与 $\vec{AB}$ 的坐标之和小于 $\vec{OA}$ 与 $\vec{OB}$ 的坐标之和. 现在证明, 如果向量 $\vec{OA}$ 和 $\vec{OB}$ 的坐标不全小于 2, 那么或 $\vec{AB}$ 或 $\vec{BA}$ 具有非负坐标.

假定不是这样. 为了引出矛盾, 只要证明 $S_{\triangle AOB} > \frac{1}{2}$ 就足够了. 不妨设对于向量 $\vec{OB}$ 有坐标 (b_1, b_2), 且 $b_1 \geqslant 2$. 研究点 B_1, 其中 $\vec{OB_1} = \pm \vec{AB}$, 且 B_1 在第四象限 (如图 A.40). 设线段 BB_1 与横轴相交于点 P, 因为向量 $\vec{OB_1}$ 的横坐标不小于 1, 而向量 $\vec{OB}$ 的横坐标大于 1, 所以有 $OP > 1$. 从点 B_1 向直线 OP 引的高不小于 1. 因此 $S_{\triangle B_1 OP} > \frac{1}{2}$, 因而 $S_{\triangle AOB} = S_{\triangle B_1 OB} \geqslant S_{\triangle B_1 OP} > \frac{1}{2}$.

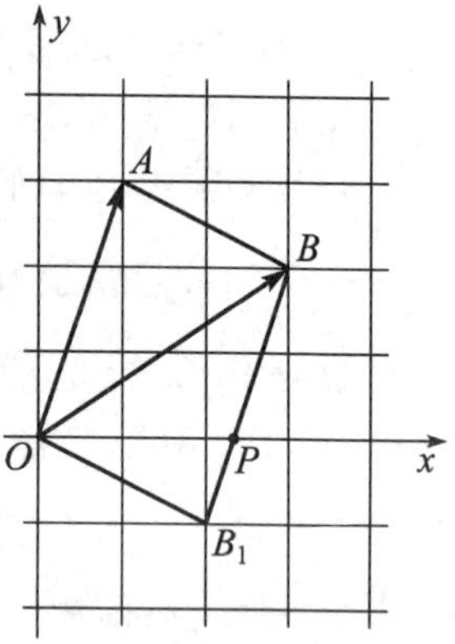

图 A.40

我们指出, 由任一对向量能够回到坐标不超过 1 的向量对. 显然, 从向量对 $(0,1)$ 与 $(1,0)$ 即能得到向量对 $(0,1)$ 与 $(1,1)$, 又能得到向量对 $(1,0)$ 与 $(1,1)$.

11. 利用复数 (的三角形式) 并进行调整.

12. 我们从 M 向每一顶点引一向量, 这向量与顶点是同一种颜色. M 是每种颜色三角形的内点, 这意味着过 M 的任何一条直线 l, 它所确定的每一个半平面, 每种颜色的向量至少有一条在其中, 不可能有两条同色的、方向相反的向量. 若有两条不同色、方向相反的向量, 则任何一条第三种颜色的向量与它们合在一起所确定的三角形将包含点 M. 因此, 我们可以假设没有两条方向相反的向量.

如图 A.41, 设 $\vec{R}$ 是红向量之一, 我们选择绿向量 $\vec{G_1}$, 使 $\vec{R}$ 与 $\vec{G_1}$ 的夹角尽可能大. 那么没绿向量在 "第三象限" (斜坐标系). 然而, 必有一条绿向量 $\vec{G_2}$ 在 $\vec{G_1}$ 确定的开半平面的下半平面中. $\vec{G_2}$ 应在 "第四象限". 现在, 也一定有一个蓝向量 $\vec{B}$ 在 $\vec{G_1}$ 确定的下

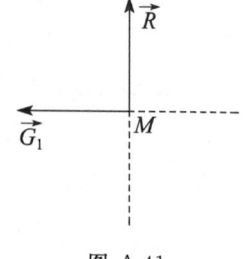

图 A.41

半平面中. 若 $\vec{B}$ 在"第四象限",则 $\vec{B},\vec{R},\vec{G_1}$ 所确定的三角形包含 M. 若 $\vec{B}$ 在"第三象限",则 $\vec{B},\vec{R},\vec{G_2}$ 所确定的三角形包含 M.

13. 以 A_0 为起始点作出 n 个向量,令 $\vec{a}_{i1}=\vec{a}_1$,且 $\vec{a}_{is}$ 是从 $\vec{a}_1$ 顺时针数起第 s 个向量,这样把 $\vec{a}_{i1},\vec{a}_{i2},\cdots,\vec{a}_{in}$ 首尾相接就形成了一个凸边形,即 $A_0,A_1,\cdots,A_{n-1}$ 构成了一个凸 n 边形的顶点. 为说明方便起见,不妨设开始时 $\vec{a}_1,\vec{a}_2,\cdots,\vec{a}_n$ 即以该顺序排列,亦不妨认为 $A_{n+m}=A_m$. 在凸多边形 $A_0A_1A_2\cdots A_{n-1}$ 中,考虑以 n 个顶点中的 3 个为顶点的三角形中面积最大的一个 $\triangle A_jA_kA_l (0\leqslant j<k<l\leqslant n-1)$,如图 A.42. 分别过 A_j,A_k,A_l 作 A_kA_l,A_lA_j,A_jA_k 的平行线,围成三角形 ABC,则 $A_0,A_1,A_2,\cdots,A_{n-1}$ 等都在 $\triangle ABC$ 内(不然,设 A_i 在 $\triangle ABC$ 外,不妨设 A_i 与 A_j,A_k 在 AB 异侧,则 $\triangle A_jA_kA_i > \triangle A_jA_kA_l$,矛盾!). 由 $A_0A_1A_2\cdots A_{n-1}$ 的凸性知,$A_0,A_1,A_2,\cdots,A_{n-1}$ 等都分别在 $\triangle A_jA_kC,\triangle A_kA_lA,\triangle A_lA_jB$ 内. 对于 $\triangle A_jA_kC$ 内的向量 $\overrightarrow{A_jA_{j+1}},\overrightarrow{A_{j+1}A_{j+2}},\cdots,\overrightarrow{A_{k-1}A_k}$,把它们顺序颠倒过来,仍以 A_j 为起点,A_k 为终点,有 $\overrightarrow{A_{k-1}A_k},\overrightarrow{A_{k-2}A_{k-1}},\cdots,\overrightarrow{A_{j+1}A_{j+2}},\overrightarrow{A_jA_{j+1}}$,则在这样的顺序定义下,$A'_{j+1},A'_{j+2},\cdots,A'_{k-1}$ 全在 $\triangle A_lA_jA_k$ 中(因为所有的向量都关于 A_jA_k 的中点中心对称,而原来的向量都在 $\triangle A_jA_kC$ 中,$\triangle A_jA_kC$ 与 $\triangle A_jA_kA_l$ 中心对称).

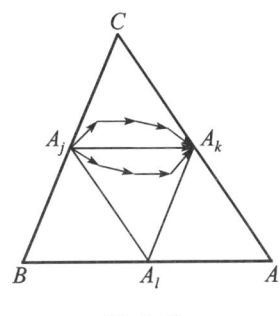

图 A.42

对 $\triangle A_kA_lA,\triangle A_lA_jB$ 内的向量作同样处理,则在向量的新排列下,所定义的点列都在 $\triangle A_jA_kA_l$ 内. 为说明方便起见,再设开始时 $\vec{a}_1,\vec{a}_2,\cdots,\vec{a}_n$ 即以该顺序排列. $\triangle A_jA_kA_l$ 中,不妨设 $\angle A_lA_jA_k \leqslant 60°$,则排列 $\overrightarrow{a_{j+1}},\overrightarrow{a_{j+2}},\cdots,\overrightarrow{a_n},\overrightarrow{a_1},\overrightarrow{a_2},\cdots,\overrightarrow{a_{j-1}},\overrightarrow{a_j}$ 所定义的点列 $A_1,A_2,\cdots,A_{n-1}$ 即在以 A_0(原来的 A_j)为顶点的 $60°$ 角内.

14. 利用向量,证明 $\overrightarrow{CD}=\dfrac{1}{15}(2\overrightarrow{A'B'}+6\overrightarrow{B'C'}-\overrightarrow{C'D'})$. 为重新找出 D,先以 C' 为起点,考虑 $\overrightarrow{C'D}=-\overrightarrow{CD}$,则 A,B,C 分别是 DD',AA',BB'

的中点.

15. 夹角$\geq 90°$即内积≤ 0. 通加,并利用柯西不等式.

16. 考虑$\triangle B_1OB_2$形状固定等. 运用复数,对复数$B_i(i=1,2,\cdots)$进行递推.

17. 不可能. 假设结论成立. 设第 1 行为 S_1,第 2 行为 S_2 ······ 第 n 行为 S_n. 设 S_1 中有 k 个向量 "↓",有 l 个向量 "→",设法证明 S_2,S_3,$\cdots$,S_{n-1} 中均有 k 个向量 "↓",k 个向量 "↑",S_n 中有 k 个向量 "↑",无向量 "↓" (S_1 刚好相反). 于是所有竖直方向和(同理可得)水平方向的向量数目分别为 $2k(n-1)$ 和 $2l(n-1)$,总数为 $2(n-1)(k+l)$. 又易知此数为 n^2,由 $(n-1,n)=1$,得出矛盾.

习题 7.a

1. 作原立方体关于 Q 中心对称的立方体.

2. 不能. 用反证法,假设可以做到. 用黑白两种颜色对单位正方体染色,使任意有公共面的单位正方体异色. 于是黑正方体和白正方体各占一半,即为 $11\times 6\times 13$(偶数)个. 但对每个异型砖而言,组成它们的单位正方体中一白三黑或一黑三白. 由于异型砖的块数是 $11\times 3\times 13$(奇数),故黑白两色的单位正方体数目也是奇数. 矛盾.

3. 对于 $n\times n$ 的方格表,选取若干格子既无同行亦无同列,那么交换任意两行或两列之后,选取格子仍既无同行亦无同列. 由此调整方式及数学归纳法可得,对 $n\times n$ 的方格表进行国际象棋棋盘式的染色(黑白相间),若选 n 格既无同行亦无同列,则当 n 是偶数时,必定选中偶数个黑格、偶数个白格;当 n 是奇数时,必定是奇数个黑格、偶数个白格(假定此时整个棋盘的黑格总数比白格总数多 1).

回到原题,这个问题可以(通过投影的方式)转化为平面棋盘的问题:在 10×10 的方格表中,分别找 10 个格子标上 $i(i=1,2,\cdots,10)$,使得标上相同数字的 10 个格子既无同行亦无同列,则标上奇数的黑格与标上偶数的白格数之和是 4 的倍数. 设标上某个 i 的黑格数为 $2k$,则白格数为 $10-2k$. 由于 $10-2k\equiv 2k+2\pmod 4$,问题变为论证"棋盘黑格总数$+2\times 5$"是 4 的倍数,而这个数是 60,故结论成立.

4. 分两种情况讨论. 若这 4 个整点有 3 个在立方体的某个面上,则容易证明(向量加法). 设该四点任 3 点不在立方体的同一面上,则这四点为一正四面体的顶点,再利用向量乘法和奇偶性分析予以证明.

5. 如图 A.43,曲线

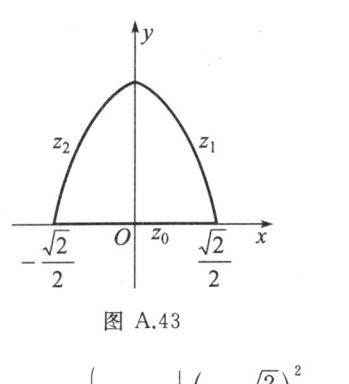
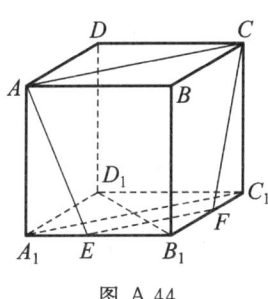

图 A.43   图 A.44

$$z_1 = \left\{(x,y) \,\bigg|\, \left(x+\frac{\sqrt{2}}{2}\right)^2 + y^2 = 2, 0 \leqslant x \leqslant \frac{\sqrt{2}}{2}, y \geqslant 0\right\},$$

$$z_2 = \left\{(x,y) \,\bigg|\, \left(x-\frac{\sqrt{2}}{2}\right)^2 + y^2 = 2, -\frac{\sqrt{2}}{2} \leqslant x \leqslant 0, y \geqslant 0\right\},$$

$$z_0 = \left\{(x,y) \,\bigg|\, -\frac{\sqrt{2}}{2} \leqslant x \leqslant \frac{\sqrt{2}}{2}, y = 0\right\}.$$

易知题设三角形(三边长均不超过 $\sqrt{2}$)可放到 z_1, z_2, z_0 所围成的图形中.

为证题设三角形可放入一个单位正方体中,如图 A.44 所示,只须证过单位正方体的面对角线 AC 的截面族可以覆盖 z_1, z_2, z_0 所围成的图形.

设 $EF = 2t(t \geqslant 0)$,则等腰梯形 $AEFC$ 的高为

$$h = \sqrt{1 + \left(\frac{\sqrt{2}}{2} - t\right)^2}, t \in \left[0, \frac{\sqrt{2}}{2}\right].$$

将等腰梯形 $AEFC$ 放到如图 A.43 所示的坐标系中,坐标位置为

$$A\left(-\frac{\sqrt{2}}{2}, 0\right), E\left(-t, \sqrt{1 + \left(\frac{\sqrt{2}}{2} - t\right)^2}\right),$$

$$C\left(\frac{\sqrt{2}}{2}, 0\right), F\left(t, \sqrt{1 + \left(\frac{\sqrt{2}}{2} - t\right)^2}\right).$$

再证明等腰梯形族可以覆盖 z_1, z_2, z_0 所围成的图形.

6. 建立必要的条件等式,然后考虑均值不等式.

7. 最大的 a 是 $\dfrac{3\sqrt{2}}{4}$.

8. 将光线的运动向量分为 3 个分量,使得它们分别平行于 3 个反射镜. 研究每一次反射后,3 个分量改变符号的状况.

9. 可考察每条棱上的节点,亦可将正方体的每个面展开.

10. 考虑空间直角坐标系,并利用空间向量.

11. 显然,立方体的每一组平行棱(4 条)上都要有该多面体的顶点. 考虑这些点的凸包,并注意该多面体顶点中有一部分是立方体的顶点(设有 n 个),对 $n=0,1,2,3,4(n\geqslant 5$ 时较为显然)进行讨论.

此题对比平面情形极其有趣:正方形内一个图形在四边投影若是全部边长,则这个图形的面积可以是 0.

习题 7.b

1. 设这两点是 A,B,过球心 O 作垂直于 $\angle AOB$ 的平分线 OC 的平面.

2. 考虑半径最大的黑斑,并以它的圆心为圆心作一个半径更大的圆,但不与这些黑斑相交. 再关于太阳中心对称地映射出所有黑斑,易知映射出的黑斑仍未覆盖作出的整个圆,于是该圆上的任何一个未被覆盖的点及处于同一直径的另一端点即为所求.

3. 对于球面上每一点,作它的"极圆"(到此点等距的大圆),考虑扫过这些线上的每一点后极圆扫过的区域.

4. 设四面体的 4 个顶点为 A,B,C,D,先证明(正弦定理)有 $\angle ABC = \angle ADC$ 等,再将 $\triangle ABC, \triangle ACD, \triangle ABD$ 分别沿 BC, CD, BD 翻转到平面 BCD 上,得到新的顶点 A_1, A_2, A_3,设法证明 $\triangle BCD$ 是 $\triangle A_1 A_2 A_3$ 的中位线三角形.

5. 设 O 是给定内点,以 O 为圆心、1 为半径作球面,考虑多面体每个面所在平面将球面截出的球冠,显然这些球冠覆盖了整个球面,于是球冠面积之和大于球面面积 4π. 又球冠面积 $= 2\pi(1-d_i), d_i (i=1, 2, \cdots, n)$ 是 O 到第 i 个面的距离,代入不等式即可.

6. 假设这个多面体有内切球. 对每个面,将切点与顶点连起来,分成若干个三角形. 在相邻面上,具有公共棱的两个三角形全等,因此对每个黑色三角形都有一个全等的白色三角形与之对应. 这样,黑色三角形在切点处所成角的和不超过白色三角形在切点处所成角的和. 另一方面,每个切点处的各三角形所成角的和为 2π, f 个面共 $2\pi f$, 而黑色面占大半,故黑色三角形所成角的和应大于白色三角形所成角的和,矛盾.

7. (1) 证明过 TLP 每个面的中心且垂直于该面的直线共点.

（2）以如下方式逐步放置正多边形来构造多面体 TLP：第一步,任选一个面为第一面；第二步,放一个正多边形与前者有公共边；从第三步开始,每放置一个新的正多边形,需与已经放置的面中的两个面有公共的顶点. 设法证明从第四步开始,新放置的面必与之前放置过的某个面相同.

（3）只需证明：这样的 TLP 的每个顶点均为两个正六边形和一个正五边形的公共顶点. 由第二问解答中的"逐步放置"构造法知,这样的 TLP 是唯一的.

（4）证明 $\dfrac{n-2}{n}+\dfrac{m-2}{m}+\dfrac{p-2}{p}<2.$

习题 7.c

1. 先证明相对棱相等.

2. 4 条射线.

3. (1) 66 条棱. (2) 考虑空间直角坐标系,在坐标轴上利用投影.

4. 考虑至多 n 个点所成的点集 P,这些点形成一个大小为 $[n^{\frac{1}{3}}]\times[n^{\frac{1}{3}}]\times[n^{\frac{1}{3}}]$ 的网格, $P=\{(i,j,k)\mid 1\leqslant i,j,k\leqslant [n^{\frac{1}{3}}]\}$. 对任意一对点 $p=(i,j,k)$, $p'=(i',j',k')\in P$, $|p-p'|^2=(i-i')^2+(j-j')^2+(k-k')^2$ 为不超过 $3n^{\frac{2}{3}}$ 的正整数. 因此, P 所确定的互异距离的个数至多为 $3n^{\frac{2}{3}}$. 由此可以推知,对某常数 $c>0$,存在一个距离,其出现次数至少为 $C_{|P|}^2/3n^{\frac{2}{3}}\geqslant cn^{\frac{4}{3}}$. 按比例调整图形大小,使得此距离为单位距离,即得 $f_3(n)\geqslant cn^{\frac{4}{3}}$.

为证上界,设 P 是一 n 点集,当且仅当两点距离为 1 时,联结 P 中的点,于是此图不包含图 $K_{3,3}$, 然后用图论方法估计.

5. 从已知的一组点中选择彼此间距最大的两个点,不妨设这两个

点为 A, B.

我们要证明,每一个角 $\angle XAY$(及 $\angle XBY$)都小于 $120°$,其中 X, Y 是任意两个已知点. 因为在 $\triangle AXB$ 和 $\triangle AYB$ 中, AB 边最长,因此 $\angle AXB > 120°$, $\angle AYB > 120°$. 故 $\angle XAB < 60°$, $\angle YAB < 60°$. 又因为三面角的一个平面角小于其余两个平面角之和,所以 $\angle XAY < \angle XAB + \angle YAB < 120°$.

于是编号应该从点 A 开始而结束于点 B. 我们指出,从已知点到点 A 的距离不相等. 事实上,如果 $AX = AY$,那么 $\triangle AXY$ 是等腰三角形,且 $\angle XAY > 120°$,这是不可能的. 我们把已知点这样编号:设 $A_1 = A$, A_2 是已知点中离 A 最近的点, A_3 是其余点中离 A 最近的点 …… A_k 是还未编号的离 A 最近的点 …… $A_n = B$. 我们要证明,这样的编号满足此题的要求.

因为当 $1 < i < k \leqslant n$ 时,$\angle A_1 A_i A_k > 120°$,那么只要证明当 $1 < i < j < k < n$ 时, $\angle A_i A_j A_k > 120°$ 即可.

因为在 $A_1, A_2, \cdots, A_k$ 中, 点 A_1 和 A_k 的距离最远,那么就像我们在开始解题时证明的那样,$\angle A_i A_k A_j < 120°$.

我们证明,$\angle A_k A_i A_j < 120°$. 事实上,因为 $\angle A_1 A_i A_j > 120°$, $\angle A_1 A_i A_k > 120°$,那么若 $\angle A_k A_i A_j \geqslant 120°$,就会得到顶点在 A_i 的三角形的平面角之和大于 $360°$. 于是当 $1 \leqslant i < j < k \leqslant n$ 时, $\angle A_i A_j A_k > 120°$.

6. 设 $\vec{e_i}$ 是直线 l_i 上的单位向量,且设 $\vec{e_i} \cdot \vec{e_{i+1}} = c_i$ ($i = 1, 2, \cdots, 1978$),$\vec{e_{1979}} \cdot \vec{e_1} = c_{1979}$ (c_i 是 $\vec{e_i}$ 与 $\vec{e_{i+1}}$ 的夹角余弦值). 记 $\vec{OA_i} = a_i \vec{e_i}$. 直线 $A_{i-1} A_i$ 与 l_i 垂直等价于

$$(a_{i-1} \vec{e_{i-1}} - a_{i+1} \vec{e_{i+1}}) \cdot \vec{e_i} = 0, a_{i-1} c_{i-1} = a_{i+1} c_i. \tag{1}$$

在取定 a_1 后,我们可以选取 $a_3, a_5, \cdots, a_{1979}, a_2, a_4, \cdots, a_{1978}$,使所有 1979 个条件(1)都成立,但除去一个例外:$a_{1978} c_{1978} = a_1 c_{1979}$. 我们把 1978 个等式

$$\frac{a_3}{a_1} = \frac{c_1}{c_2}, \frac{a_5}{a_3} = \frac{c_3}{c_4}, \cdots, \frac{a_{1979}}{a_{1977}} = \frac{c_{1977}}{c_{1978}}, \frac{a_2}{a_{1979}} = \frac{c_{1979}}{c_1}, \frac{a_4}{a_2} = \frac{c_2}{c_3}, \cdots, \frac{a_{1978}}{a_{1976}} = \frac{c_{1976}}{c_{1977}}$$

连乘并约分后,得到第 1979 个等式.

7. 先证明四面体最长的棱不能与钝角毗邻.

8. 设顶点 A 和 B 都具备所述性质,则有 $\angle CAB + \angle DAB > 180°$ 及 $\angle CBA + \angle DBA > 180°$,这与两个三角形内角和为 $360°$ 矛盾.

9. 所求平行四边形的中心集合是 3 条直线的并集,其中的每一条直线均为两个"中位面"的交线,此处的"中位面"是指到两条异面直线距离相等的点的集合. 然后根据中心点 O,即可通过在直线 $l_i(i=1,2,3,4)$ 上寻找中心对称点而唯一确定出顶点 A_i.

10. 设给定一个三面角,在它的 3 条棱上分别标出单位长度的向量 $\vec{a},\vec{b},\vec{c}$,于是向量 $\vec{a}+\vec{b},\vec{b}+\vec{c},\vec{c}+\vec{a}$ 分别指出了平面角的平分线方向,内积 $(\vec{a}+\vec{b})\cdot(\vec{b}+\vec{c}),(\vec{b}+\vec{c})\cdot(\vec{c}+\vec{a}),(\vec{c}+\vec{a})\cdot(\vec{a}+\vec{b})$ 彼此相等,都等于 $1+\vec{a}\cdot\vec{b}+\vec{b}\cdot\vec{c}+\vec{c}\cdot\vec{a}$,这就证明了结论.

11. 利用平面与直线垂直的性质.

12. 设 A 是多面体的一个顶点,$AA_1,AA_2,\cdots,AA_n$ 是由 A 引出的棱. 涂色方法如下: 将棱 AA_1 涂成蓝色, 其余棱涂成红色, 再把折线 $A_2A_3\cdots A_n$ 的所有边涂成蓝色,棱 A_1A_2 涂成红色,依次添加与涂色部分相邻的侧面. 如果在添加的一个侧面上有两条涂色的棱,那么第三条棱可涂上任意一种颜色;如果只有一条涂色的棱,那么其余的两棱就分别涂上不同的颜色.

13. 如把箭头的起点任意放到多面体的棱上,那么奇数顶点(即有奇数个箭头指向它的顶点)的个数可以逐步减少 2,只要每一次沿着联结两个奇数顶点的任意路线上改变箭头的方向就可以. 最后不可能留下一个顶点,因为箭头的总数与棱的总数相等,是一个偶数.

14. 如有两条直线相交,一条直线上有第 1,2 种颜色,另一条直线上有第 3,4 种颜色,那么显然三色线就产生了. 由此易证:如一平面上有 4 种颜色,那么必然会产生三色线. 现在过有第 1,2,5 色的各一点作平面,再过有第 3,4,5 色的各一点作平面(其中第 5 色为同一点),交线为 l. 显然过第 1,2 色直线或过第 3,4 色直线与 l 相交,则结论成立;否则此二线均与 l 平行,于是四色平面产生,结论仍然成立.

15. 利用欧拉公式,再证明存在顶点 B,C,使 $S_B,S_C\leqslant 2$.

16. 先证明 C 是中心对称图形时结论成立.

17. 最多 $\left[\dfrac{2n}{3}\right]$ 个.

18. 通常的足球体,正五边形面有 12 个,正六边形面有 20 个,这是唯一的情形.

19. 证明 PQ 中点即为所求.

20. 设某平面横切多面体的截面为有 m 个顶点的多边形,它将原多面体分为 2 个多面体,记它们之一为 P. 设 n 是原多面体与 P 的公共顶点数,则 P 有 $m+n$ 个顶点. 在横切多边形的 m 个顶点恰有 P 的 3 条边相交,原多面体的 n 个顶点恰有 P 的 4 条边相交. 因此,等式 $2k = 3m + 4n$ 成立,其中 k 是 P 的边数. 于是结论成立.

21. 两长方体相交当且仅当它们在 3 条坐标轴上的投影相交. 考虑 4 对长方体 $(P_1, P_2), (P_4, P_5), (P_7, P_8), (P_{10}, P_{11})$,每一对不相交,不同对都相交. 不妨设 P_1, P_2 在 x 轴上的投影不相交,P_4, P_5 在 x 轴上的投影也不相交,设 A_iB_i 是 $P_i (i=1,2,4,5)$ 在 x 轴上的投影. 可认为 $A_1 < B_1 < A_2 < B_2, A_4 < B_4 < A_5 < B_5$,又由于 $A_5 < B_1$,从而 $B_4 < A_2$,P_2 与 P_4 不相交,矛盾.

22. 可以考虑空间向量或建立空间直角坐标系.

23. 利用托勒密不等式和条件,将结论转化为证明:对任意一个四面体,有任意一组对棱的乘积小于另外两组对棱乘积之和.

习题 8.a

1. 将 3 个全等的长方体并排放在一起(相邻长方体全等的面重合),则取中间长方体的 8 个顶点与两旁两个长方体的中心共 10 点就满足要求.

2. 不能. 定义函数 f 为
$$f(i) = \begin{cases} 0, & i-1 \text{ 与 } i+1 \text{ 同色}, \\ 1, & (i-1, i, i+1) = (\text{红}, \text{黄}, \text{蓝}), (\text{黄}, \text{蓝}, \text{红}), (\text{蓝}, \text{红}, \text{黄}), \\ -1, & (i-1, i, i+1) = (\text{红}, \text{蓝}, \text{黄}), (\text{黄}, \text{红}, \text{蓝}), (\text{蓝}, \text{黄}, \text{红}), \end{cases}$$
可以证明 $f(i-1) + f(i+1)$ 是不变量,再研究 $\sum_{i=1}^{99} f(i)$.

3. 可以. 考虑斐波那契数列.

4. 可以. 先将全平面划分成若干全等的所有边长为整数的直角三角形(比如边长为 3,4,5),再将每个直角三角形按不同方式划分成一些两两不相等的边长均为有理数的三角形.

5. 此题即证明可以找到 7 个点,使得每个圆至少含有 7 个点中的一个点. 构造如下:设 $\odot O$ 是 n 个圆中最小的一个,不妨设其半径为 1. 以 O 为圆心,作一个半径为 $\sqrt{3}$ 的圆,取其一个内接正六边形 $O_1O_2O_3O_4O_5O_6$,设法证明每个圆至少包含 $O,O_1,O_2,O_3,O_4,O_5,O_6$ 中的一点.

6. 记 $C_r(R_r)$ 是半径为 R_r、在 x 轴上方、与 x 轴相切于点 $(r,0)$ 的圆,则集合 $\left\{ C_r(R_r) \,\middle|\, r=\dfrac{p}{q}, R_r=\dfrac{1}{kq^2}(k\geqslant 2), (p,q)=1, q>0 \right\}$ 即满足要求.

7. 不妨设矩形 R 的一个顶点为(直角)坐标原点 O,有两个顶点分别在 x 轴与 y 轴的正方向上.

考虑每个小矩形 R_i 的顶点中整点的个数之和 S.

一方面,由于每个 R_i 至少有一条边的长度为整数,故它的整顶点的个数为 $0,2$ 或 4,从而 S 是一个偶数.

另一方面,每个 R_i 的顶点,除去 R 的 4 个顶点外,均属于 2 或 4 个小矩形,故对 S 的贡献均为偶数. 若 R 的边长都不是整数,则其 4 个顶点中,只有 O 为整点,并且 O 只属于一个小矩形,因此 S 为奇数. 矛盾.

8. 能. 将点光源放在 O 点,考虑一个以 O 为中心的正四面体 $ABCD$.

9. (1) $n=9$ 的例子不难举出. (2) 将各个三角形边上所标的号码相加,由于每条线段 OA_i 都被计入两次,知所得之和为 $\dfrac{3}{2}n(n+1)$,于是每个三角形各边上的数字之和应为 $\dfrac{3}{2}(n+1)$,此数必须为整数.

10. 存在. 如图 A.45 所示的 3 个点集都具有题目中要求的性质(图中已将每点与距它最近的 3 个点相连).

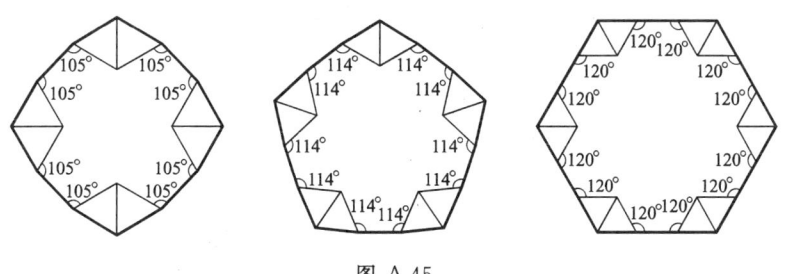

图 A.45

11. 用反证法.用 S 表示所有的写在标记点旁的数字之和,点 X 旁写的数是 a_X.今用直线将点 X 与所有其余给定点连起来.设此时引了 n_X 条直线,求出这些直线中每条上的点旁标写的数字之和,再把所有这些和数相加.于是得到 $n_X a_X+(S-a_X)=(n_X-1)a_X+S$.因为位于一条直线上的点旁所标的所有数字之和等于 0,所以 $(n_X-1)a_X+S=0$.但 n_X-1 是正数,这是因为由题设知并非所有点都在同一直线上,因此所有的数 a_X 符号相同(与 S 的符号相反),且其中一个不为 0,导致矛盾.

12. 我们将只考察极点为 P 的"北半球"的点(因为在关于球心相对的点上函数值相同).把极点 P 看做球面上的最高点.显然 $f(P)=1$,且对球面上的其他任意点 M,有 $0<f(M)<1$.

(1) 设 O 为球面的球心.从点 M 到赤道平面的距离 C_M 等于 $\angle MOP$ 的余弦值,所以 $f(M)=C_M^2=\cos^2\gamma$,$\gamma=\angle MOP$.

如果 C_1,C_2,C_3 为 OP 与 3 条互相垂直的半径 OM_1,OM_2,OM_3 所成角的余弦值,那么有 $C_1^2+C_2^2+C_3^2=1$,因为 C_1,C_2,C_3 是单位线段 OP 对相互垂直的 3 条直线的投影长度.

(2) 下面先证一个推论.设 Γ_X 为(异于赤道和子午线)大圆的一半,它的端点在赤道上,且 X 是它的最高点.那么,对于弧 Γ_X 的任意异于 X 的点 Y,有 $f(Y)<f(X)$.事实上,对于 Γ_X 上使 $\angle YOY'=90°$ 的点 Y',有 $f(Y)+f(Y')+f(Q)=f(X)+0+f(Q)=1$,其中 Q 为垂直于 Γ_X 所在平面的半径之端点.回到原题.过弧 Γ_M 上的每一个点 X 可以作弧 Γ_X,并从中选择包含有 N 的弧 Γ_X,那么 $f(M)>f(Y)>f(N)$.

(3) 与前面类似,对于任意两个点 M 和 N(其中 M 比 N 高),可以作链:$M=X_0,X_1,\cdots,X_r=N$,使 X_j 在 $\Gamma_{X_{j-1}}$ 上,$j=1,2,\cdots,r$.(如果 M 和 N 的纬度相近,但经度相差很大,则必须做的步数 r 就比较大.)

(4) 如果对位于与赤道平面相距 C_1 的同一纬线 Π 上的两个点 M 和 N 有 $f(M)-f(N)=\varepsilon>0$,那么对任意两个点 M',N',其中 M' 高于 C_1,N' 低于 C_1,将有 $f(M')-f(N')\geqslant f(M)-f(N)=\varepsilon$,即在高度 C_1 上,函数 f 完成了"跳跃"ε.对于使 $C_1^2+C_2^2+C_3^2=1$ 的任何两个数 $C_2>C_3\geqslant 0$,函数 f 应该或者在高度 C_2 上或者在高度 C_3 上完成至少

$\frac{\varepsilon}{2}$ 的跳跃. 我们至少取 $\left[\frac{2}{\varepsilon}\right]+1$ 组那样的 (C_2, C_3),就能得到与 $0 \leqslant f \leqslant 1$ 矛盾的结果.

(5) 可由前面各点得出,函数 $f(M)$ 等于 $g(C_M^2)$,其中 C_M 是点 M 到赤道平面的距离,$y=g(x)$ 是区间 $0 \leqslant x \leqslant 1$ 上的某个单调增函数,它满足条件 $g(0)=0, g(1)=1$,而且如果 $x_1+x_2+x_3=1, g(x_1)+g(x_2)+g(x_3)=1$. 由此得到(当 $x_1=0$ 时):$g(x_3)=1-g(1-x_3)$. 因此对于任意两个数 $x_1, x_2, g(x_1)+g(x_2)=1-g(1-x_1-x_2)=g(x_1+x_2)$. 但是满足这个函数方程及"规格化"条件 $g(1)=1$ 的唯一函数是 $g(x)=x$. 这个事实首先对于有理数 $x\left(x=\frac{1}{n},\text{然后 }x=\frac{k}{n}\right)$ 加以证明,再由单调性,对一切 x 加以证明.

13. 对于 5×7 棋盘的所有 35 个小方格,用 (i, j) 表示位于第 i 行、第 j 列的那一格,在第 $2n+1$ 行与第 $2m+1$ 列 $(n=0, 1, 2; m=0, 1, 2, 3)$ 的交叉处填写"-2",其余方格填上"1",易知任意一张角片盖住的 3 个数字之和非负. 但另一方面,所有数的总和是 -1,由此设法推出矛盾.

14. 在平面上确定某条射线 AB,能够用下面方法使数 $F(M)$ 对应于任意多边形 M(关于 AB). 研究 M 中所有垂直 AB 的边,对它们中的每一条,都有数 $\pm l$ 与其相对应,其中 l 是这条边的长,"正"号表示我们站在这条边上沿着射线 AB 方向前进落到 M 的内部,而"负"号则是落到外部(如图 A.46). 我们用 $F(M)$ 表示所有得到的数的和(如果 M 没有垂直 AB 的边,则 $F(M)=0$).

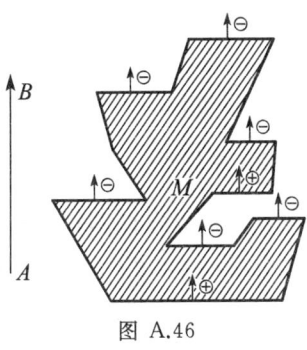

图 A.46

容易看出,如果多边形 M 划分成多边形 M_1 和 M_2,那么 $F(M)=F(M_1)+F(M_2)$,而如果 M' 是由 M 平行移动得到,那么 $F(M')=F(M)$. 因此,如果 M_1 和 M_2 能够分割成的部分是彼此互相平行移动变化来的,那么 $F(M_1)=F(M_2)$.

307

图 A.47 表示出相同的正三角形 △PQR 和 △PQS 及垂直于 PQ 边的射线 AB. 容易看出，$F(\triangle PQR)=a, F(\triangle PQS)=-a$，其中 a 是这两个正三角形的边长. 因此，正三角形 △PQR 和 △PQS 不能划分成彼此是互相平行移动而变来的部分.

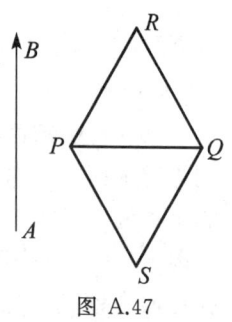

图 A.47

15. 首先证明满足前一个条件的纸片存在. 事实上，取 2000 张直径为 1 的纸片，使每张纸片的中心恰在给出的一个点上，于是这 2000 张纸片盖住了 2000 个已知点，且这些纸片直径之和为 2000.

其次，若这些纸片中有两张有公共点（如图 A.48 中圆 O_1 与圆 O_2），则可用一张直径较大的圆形纸片 O_3 代替圆 O_1 和圆 O_2，满足 O_3 在直线 O_1O_2 上，且圆 O_1 和 O_2 都内切于圆 O_3. 显然圆 O_3 的直径不大于圆 O_1 和圆 O_2 的直径之和，并

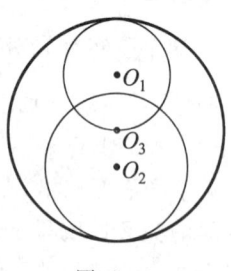

图 A.48

且圆 O_3 所包含的已知点到圆 O_3 周界的距离不小于 $\frac{1}{2}$. 如果还有两张纸片有公共点，可以继续进行这样的调整，于是经过有限步，可用有限张直径之和不大于 2000 且两两无公共点的圆形纸片盖住已知的 2000 个点，并且每个已知点到覆盖它的纸片周界的距离不小于 $\frac{1}{2}$. 设这些圆纸片每两张之间的距离最小值为 d，则 $d>0$.

最后，若 $d>1$，则结论成立. 若 $0<d\leqslant 1$，则再进行如下调整：将每张纸片用圆心相同、半径缩小 $\frac{1}{2}-\frac{d}{3}$ 的纸片代替，则这些新纸片仍盖住了已知的 2000 个点，它们的直径之和小于 2000，且任意两张圆形纸片的距离至少为 $d+2\left(\frac{1}{2}-\frac{d}{3}\right)=1+\frac{d}{3}>1$. 结论得证.

16. 要求的摆法可从由一些 0 组成的摆法经过重复下列两步得到：(1) 交换平行于正方体某一侧面的两层单位小正方体的位置；(2) 将正方体的 4 个（构成一内接正四面体顶点）标"+"号处的小正方体上增

加一个数,同时在标"$-$"号(其余 4 个顶点,也构成一内接正四面体顶点)处的小正方体上减去同一个数.

17. 所有直线平行时,易证不满足(1). 用数学归纳法证明:可以对若干条直线划分平面的区域编上"$+$""$-$"号,使得相邻的区域符号不同;然后在每个区域中放入正整数 a(区域的顶点数),在 a 前面再放之前已确定的符号. 设法证明这样的安排是合乎要求的.

18. 首先把空间划分成全等的立方体,然后将每一立方体划分为 6 个全等的棱锥,它们中的每一个都建立在立方体的某个面上,它们的一个公共点便是该立方体的中心.

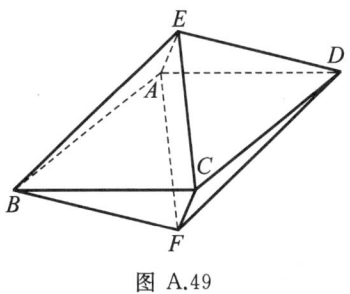

其次,我们把每一个四面体同一个有公共底边的四面体粘贴起来,于是空间被分成全等的八面体,见图 A.49 中的

图 A.49

$E-ABCD-F$. 最后,我们用平面 $EAFC$ 和 $EBFD$ 把它分割成 4 个四面体:$E-AB-F$,$E-BC-F$,$E-CD-F$ 和 $E-DA-F$. 由于 $AB=EF=1$,且 $EA=EB=FA=FB=\frac{\sqrt{3}}{2}$,那些四面体是等面的.

19. (1) 不能. 事实上,设如图 A.50(A)所得 8 条线段的长分别为 1,2,3,4,5,6,7,8. 因为三角形中任意一边大于其余两边之差的绝对值,所以边长为正整数的非等腰三角形中任何一边的长均大于 1,

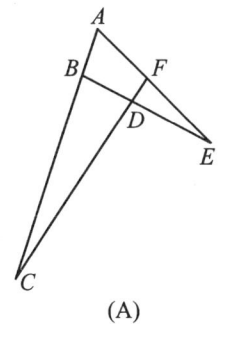

(A)

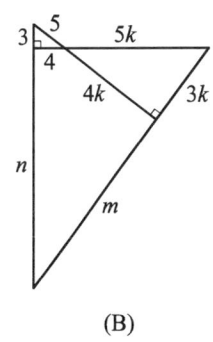

(B)

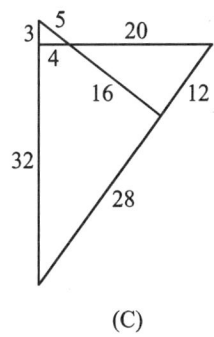

(C)

图 A.50

故图中长为 1 的线段只可能是 AB 或 AF. 不妨设 $AB=1$, 由 $1=AB>|BE-AE|$, 得 $BE=AE$. 再设法推出矛盾(过 F 作 AC 平行线).

(2) 能. 如图 A.50(B), 我们从边长为 $3,4,5$ 的直角三角形出发, 适当找出正整数 $k>1$ 及 m,n, 使图形符合要求. 从相似三角形性质得 $(5+4k):m:(n+3)=(4+5k):n:(m+3k)=3:4:5$. 这要求 $5+4k$ 及 $4+5k$ 均为 3 的倍数, 不难得到 $k=4, m=28, n=32$ 时满足要求, 如图 A.50(C)所示.

20. 用 $0,1,2$ 这 3 个数把网的结点标号, 使任何小三角形的顶点处都有这 3 个数, 且在六边形的顶点处有数 0 和 1(如图 A.51). 在网结点上所有数之和除以 3 时有余数 2. 设 P,Q,R 是以结点为顶点的任意正三角形的顶点, 如果在顶点 P 和 Q 上有相同的数, 那么在顶点 R 上也有这个数. 如果在顶点 P 和 Q 上有不同的数, 那么在顶点 R 上是第三个数. 在任何情况下, P,Q 和 R 上所标数字之和必能被 3 整除. 因此在任何时候, 未被涂色的结点处所标数之和除以 3 时有余数 2.

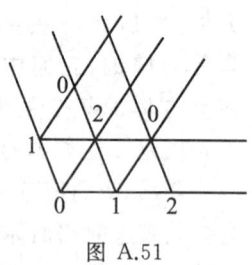

图 A.51

21. 假设函数 f 存在, 考虑凸五边形 $ABCDE$, 设 $f(A)=A'$, $f(B)=B', f(C)=C', f(D)=D', f(E)=E'$, 四边形 $A'B'C'D'$ 是凹四边形. 不失一般性, 设 D' 在 $\triangle A'B'C'$ 内. 因为点 A', B', C', E' 是凹四边形的顶点, 故 E' 在 $\triangle A'B'C'$ 内或 A' 在 $\triangle B'C'E'$ 内.

若 E' 在 $\triangle A'B'C'$ 内, 则四边形 $A'B'D'E'$、四边形 $B'C'D'E'$、四边形 $A'C'D'E'$ 三者之一是凸四边形;

若 A' 在 $\triangle B'C'E'$ 内, 则四边形 $B'D'A'E'$ 或四边形 $C'D'A'E'$ 是凸四边形.

习题 8.b

1. 考虑这些图形在一条直线上的投影.
2. 将每个墨水点垂直投影到正方形的某条边上.
3. 四面体的投影总可使它与该四面体的某两个侧面的投影重合. 今设 K, L, M, N 分别为 AB, BC, CD 和 DA 的中点, 易知 $KLMN$ 是边

长为 $\frac{1}{2}$ 的正方形,它的投影面积是四面体投影面积的 $\frac{1}{2}$. 因此,所求的投影平面应该与正方形所在平面平行,此时投影面积最大为 $\frac{1}{2}$.

4. 先证明:两两不平行的 4 个带状区域,当它们的中轴交于同一点时,这 4 个带状区域的交有最大面积.

5. 正确. 岛在河岸射影的总长度小于 4 米,因此从码头到岛屿之间最近的出口小于 2 米.

6. 以垂直于这些线段的直线为 x 轴,以平行于这些线段的直线为 y 轴,并利用海莱定理.

7. 先证必要性. 设 $\triangle ABC$ 是 $\triangle A_2B_2C_2$ 在某个平面上的投影. 若 $CC_2 < AA_2 < BB_2$,将 $\triangle A_2B_2C_2$ 沿着 A_2A 的方向平移至 $\triangle A_1B_1C_1$,使得 $A_1 = A$. 于是,点 B_1, C_1 在 $\triangle ABC$ 所在平面的异侧. 故 $\triangle ABC$ 与 $\triangle A_1B_1C_1$ 的对应边 BC 与 B_1C_1 相交于点 D,如图 A.52. 所以,线段 AD 和 A_1D_1 即为满足要求的线段. 若 $CC_2 = AA_2$,则 $AC = A_2C_2$.

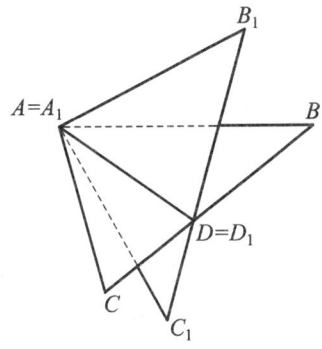

图 A.52

再证充分性. 由图 A.52 和图 A.53 知,这样的两个三角形是"孪生的".

8. 将正方形划分为 n 个垂直长条,让每个长条包含 n 个点. 在每个长条内,点的联结自上而下,从而得到 n 条折线分别在 n 个长条上. 这 n 条折线再连成一条折线的方式可有两种,如图 A.54 所示. 考虑跨越不同长条的线段,所有这样的线段

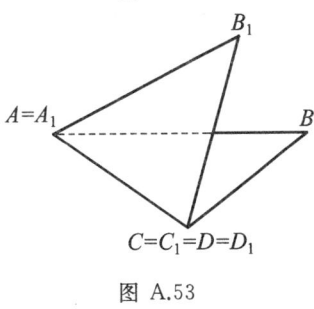

图 A.53

的并集成为一对折线. 而这一对折线的每一条向水平方向的投影不超过 1,因此其中某一组跨越不同长条的线段水平投影长度之和不超过 1,这样,余下所有线段的投影之和不超过 $(n-1)(h_1+h_2+\cdots+h_n)$,其中 h_k 为第 k 个长条的宽度. 显然,$h_1+h_2+\cdots+h_n = 1$. 折线所有线段的

311

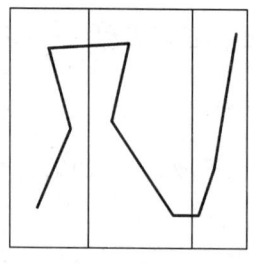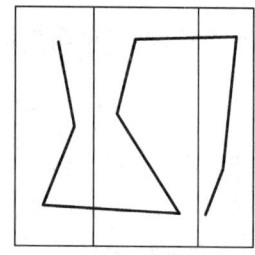

图 A.54

垂直投影之和不超过 n,于是折线所有线段的水平与垂直投影之和不超过 $1+(n-1)+n=2n$,故折线长度不超过 $2n$.

9. 易知每发生一次 l 与某两点连线垂直,再转一个小角度,就有两点位置交替,这种事情发生 $2C_n^2$ 次,答案为 $\frac{1}{2}n(n-1)$.

10. 利用以下事实:长度为 1 的线段在垂直直线上的投影长之和不小于 1,$4n$ 条这样的线段投影长之和不小于 $4n$.

11. (1) 1,作关于矩形中心的对称变换. (2) $\frac{5000}{4999}$,考虑白色、黑色线段在矩形一边上的投影.

12. 先将 100 边形移入第一象限,易知"横向"边与"纵向"边各有 50 条. 记横向边为 $a_1, a_2, \cdots, a_{50}$,其在 x 轴上的投影为 $a_1', a_2', \cdots, a_{50}'$,以 a_i, a_i' 为边的矩形面积为 S_i,则 100 条边组成矩形之总面积 $= \sum_{i=1}^{50} \pm S_i \equiv \sum_{i=1}^{50} S_i \pmod{2}$. 可证 S_i 和 $S_{i+1}(i=1,2,\cdots,49)$ 一奇一偶,故总面积为奇数.

13. 任取一直线 l,将所有已给点投影到 l 上,设红点为 $a_1 \leqslant a_2 \leqslant \cdots \leqslant a_{2m}$,蓝点为 $b_1 \leqslant b_2 \leqslant \cdots \leqslant b_{2n}$. 得到 l 上的点 $a = \frac{1}{2}(a_m + a_{m+1})$ 和 $b = \frac{1}{2}(b_n + b_{n+1})$,让 l 绕其上一定点旋转半周,相应的 $a-b$ 连续变化,且 $\theta=0$ 与 $\theta=\pi$ 时为相反数,故有一个 θ 使 $a=b$. 此时若 $a_m \neq a_{m+1}$ 且 $b_n \neq b_{n+1}$,过点 a 作 l 的垂线即为所求;若 $a_m = a_{m+1}$,则必有 $b_n \neq b_{n+1}$(否则

这四点共线),过 a_m 与 a_{m+1} 对应的红点连线中点作一直线,与垂线夹十分小的角(如图 A.55),使 b_n 与 b_{n+1} 仍在此线两侧,这条直线即为所求. $b_n = b_{n+1}(a_m \neq a_{m+1})$ 时作法相同.

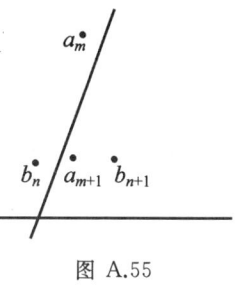

图 A.55

14. 考虑封闭折线 $A_1 A_2 \cdots A_n$,设 $\vec{b_1} = \overrightarrow{A_1 A_2}, \vec{b_2} = \overrightarrow{A_2 A_3}, \cdots, \vec{b_n} = \overrightarrow{A_n A_1}$ 依次为它的边向量. 将它们平移到一点.

我们证明,当且仅当将向量 $\vec{b_i}$ 旋转到 $\vec{b_{i+1}}$ 时总是沿着相同的方向,且在向量 $\vec{b_i}$ 和 $\vec{b_{i+1}}$ 的夹角内没有另外的向量 $\vec{b_j}$ 时,折线 $A_1 A_2 \cdots A_n$ 为凸多边形.

现在设向量 $\vec{b_i}$ 转到 $\vec{b_{i+1}}$ 时都是沿着同样的方向(为确定起见,假定为逆时针方向),且在 $\vec{b_i}$ 和 $\vec{b_{i+1}}$ 之间没有另外的向量 $\vec{b_j}$. 存在一个号码 k,使得向量 $\vec{b_2}, \vec{b_3}, \cdots, \vec{b_k}$ 位于 $\vec{b_1}$ 所在直线的同侧,而向量 $\vec{b_{k+1}}, \vec{b_{k+2}}, \cdots, \vec{b_n}$ 在另一侧. 以向量 $\vec{b_1}$ 方向为 x 轴正方向建立坐标系,点 $A_2, A_3, A_4, \cdots, A_{k+1}$ (即向量和 $\vec{b_1} + \vec{b_2} + \cdots + \vec{b_i}$ 的端点,$1 \leqslant i \leqslant k$) 在 y 轴上的射影是单调递增的,因为 $\vec{b_1}, \vec{b_2}, \cdots, \vec{b_k}$ 在 y 轴上的射影非负. 类似地,点 $A_{k+2}, A_{k+3}, \cdots, A_n, A_1$ 在 y 轴上的射影单调递减. 由于正好是两个单调区间,那么所有点 $A_1, A_2, \cdots, A_n$ 均位于直线 $A_1 A_2$ 的同侧,即折线 $A_1 A_2 \cdots A_n$ 位于它任何一边的同侧,因此 $A_1 A_2 \cdots A_n$ 是凸多边形.

反之,我们只需把向量 $\vec{a_1}, \vec{a_2}, \cdots, \vec{a_n}$ 平移到同一点,并按顺时针或逆时针来考虑,从而得到两个相互中心对称的凸多边形.

这一结论可以作为定理或基本性质.

15. 分 $mn = 76$ 和 $mn > 76$ 讨论,利用(投影计数的)柯西不等式和抽屉原则.

16. 利用(投影计数的)柯西不等式和抽屉原则. 10×10 的反例如图 A.56 所示.

1	2	1	3	3	3	2	1	2	3
1	2	3	2	3	1	3	2	3	1
2	3	1	2	3	3	3	1	1	
2	2	2	3	1	1	1	3	3	2
1	2	3	1	2	2	1	3	1	3
2	3	1	1	1	2	2	2	3	3
3	1	2	1	2	1	3	2	2	3
3	1	2	2	1	3	2	1	3	1
3	1	1	2	3	1	3	2	2	
3	3	3	3	2	1	2	1	1	2

图 A.56

17. 利用投影计数的柯西不等式证明.

18. 把线段分成长度为 0.1 的 10 条小线段,再把它们叠起来,且向同一线段作投影. 因为任意两个涂色点之间的距离不等于 0.1,所以相邻小线段的涂色点不能投影成一个点. 因此,无论哪个点也不能是多于 5 条的小线段上涂色点的投影,结论成立.

19. 将每段折线向垂直和水平方向投影,考虑到每段折线不大于两个投影之和,然后再求和.

20. 设 π_i 是平面在直线 l_i 上的垂直投影变换,则 $X_i = \pi_i(X_{i+1})$,$i = 2, 3, \cdots, n$,$X_{n+1} = X_1$. 在直线 l_1 上有界的映射 f 是线性变换:$f(x) = kx + b$,这是因为点之间的投影距离不增,且当有一对不平行直线时,$|k| < 1$. 因此方程 $x = kx + b$ 有唯一解,即在直线 l_1 上存在映射 f 的唯一不动点.

21. 设 $A_i = \left\{(x, y) \mid x^2 + y^2 = r^2, r = \dfrac{p}{q}, p, q \text{ 为互素的正整数,且 } q \equiv i \pmod{n}\right\}$,设法证明 $A_1, A_2, \cdots, A_n$ 满足条件.

22. 经过多边形的所有顶点引直线,平行于正方形的一条边,将正方形分成小的矩形,每个矩形切割多边形为三角形或梯形. 只需证明这些梯形(或三角形)的底边中有大于 $\dfrac{1}{2}$ 的.

23. 可以假定 S_n 与 S_{n+a},S_{n+b} 都是异色的,然后仔细讨论(利用贝祖定理等).

24. 设四面体 $KLMN$ 的所有面中,$\triangle KLM$ 具有最大周长. 设 A_1,B_1,C_1,D_1 分别是点 A,B,C,D 对平面 KLM 的投影,且设 Γ 是四面体 $KLMN$ 对平面 KLM 投影的折线. 假定 P_{RSTQ} 表示联结 R,S,T,Q 的 6 条线段长度之和,则可以分别证明:(1) $P_{KLMN} \leqslant 2 P_{KLM}$;(2) $P_{KLM} \leqslant P_\Gamma$;(3) $P_\Gamma \leqslant \dfrac{2}{3} P_{A_1 B_1 C_1 D_1}$;(4) $P_{A_1 B_1 C_1 D_1} \leqslant P_{ABCD}$.

25. 考虑以这两个圆为底面的圆柱.

习题 8.c

1. 有界凸形的边界点无非两种,一种是比较"光滑"的点(过此点的支撑线是切线,这类点一般较多),一种是顶点或尖点(一般较少甚至没有),此时有两条支撑射线将凸形"夹"在里面,这两条线的夹角不再是 $180°$. 但由凸性知,除了这个凸形本身是正三角形外(这一情形结论显然成立),夹角不大于 $60°$ 的边界点至多有 2 个,分别以这 2 个点为顶点的内接正三角形显然不存在. 至于其他的边界点,可以此为顶点作两条夹角 $60°$ 的动弦,由连续性知,在转到某处时这两条弦的长度正好相等,于是便得正三角形. 值得说明的是,这一结论可用来证明著名的博苏克(Borsuk)问题:一平面有界点集可分成 3 份,使每一份的直径都小于原来的直径. 由于一有界点集的直径与其凸包直径相等,因此只要对有界凸形划分 3 块即可. 划分的方式颇有意思:找到一内接正三角形 ABC 的中心 O,3 个 $120°$ 内角 $\angle AOB, \angle BOC, \angle COA$ 所含的原凸形区域便为所求. 注意这个方法不能用于解决三维空间的博苏克问题:空间有界点集可分成 4 个子集,使每个子集的直径小于原点集的直径. 就是说,即便找到凸体的内接正四面体也是无效的. 三维空间的性质有时与平面的性质大相径庭.

2. 让正方形的 3 个顶点落在凸形的边界上(当然要先说明内接等腰直角三角形的存在性,可利用类似第 1 题的连续性),并利用对称性. 至于对内接正 n 边形($n \geqslant 5$)不存在的例子,只要找到一个弓形,使它的圆周角足够地大$\left(> \frac{(n-2) \times 180°}{n} \right)$就可以了$\Big($根据抽屉原则,$n \geqslant 5$ 时,必定会有 3 个相邻顶点 A_i, A_{i+1}, A_{i+2} 落在圆弧上,于是 $\angle A_i A_{i+1} A_{i+2}$ $> \frac{(n-2) \times 180°}{n} \Big)$. 还必须注意的一个有趣事实是,由第 1 题的证明知,其实对于内接正三角形来说无须凸性,只要封闭就可,而且有无数个. 此外,容易举出例子(如椭圆),说明凸形的内接正方形很可能只有一个. 据说取消凸性的话,内接正方形是否存在还是个未决问题. 这说明"要求"高了,"代价"就会变大,两者的关系在数学中也是颇为微妙的.

3. 为叙述方便,在格阵中任取一列称为第 0 列,从第 0 列向左依次为第 -1 列,第 -2 列……;从第 0 列向右依次为第 1 列,第 2 列……. 记 $R_M(M \geqslant 0)$ 行的第 $x(x \in \mathbf{Z})$ 列格内的数为 $n(M, x)$. 由题意知

$$n(N, x) = n(N, x-1) + n(N-1, x) \quad (N \geqslant 1), \tag{1}$$

315

$$n(0,x)>0. \tag{2}$$

定义函数 $f_N(x)=n(N,x)(x\in\mathbf{Z},N\geqslant 1)$.

下面先证明一个引理:对确定的 $N\geqslant 1$,可把 $\mathbf{Z}$ 分划成至多 N 个区间,使得 $f_N(x)$ 在这 N 个区间内分别单调,且在相邻两个区间内的单调性不同. 对 N 用数学归纳法. 当 $N=1$ 时,由式(1)和(2)知,$f_1(x)$ 在 $\mathbf{Z}$ 上单增,因此结论成立.

设当 $N=n-1$ 时结论成立,考虑当 $N=n$ 的情形.

由归纳假设,可把 $\mathbf{Z}$ 分划成至多 $n-1$ 个区间,使得 $f_{n-1}(x)$ 在这 $n-1$ 个区间内分别单调且在相邻两区间内单调性不同. 依次考察每个区间,由于 $f_{n-1}(x)$ 在每个区间内单调,于是,或者可在区间中某两个整数间插入一个"分隔符",使得这个区间被分成两个子区间,$f_{n-1}(x)$ 在每个子区间内取值同号,而两个子区间异号,或者 $f_{n-1}(x)$ 在整个区间内取值同号(此时不插入分隔符),这样一共至多插入了 $n-1$ 个分隔符,它们把 $\mathbf{Z}$ 分划成 n 个区间,$f_{n-1}(x)$ 在每个区间内取值同号,在相邻两个区间内取值异号.

由式(1)知,若 $f_{n-1}(x)$ 在区间 A 上取值同号,则 $f_n(x)$ 在区间 A 上单调,且单调性与 $f_{n-1}(x)$ 在 A 上取值的符号有关(正则单调增,负则单调减). 故可推出 $N=n$ 时所证结论成立.

因此,对一切 $n\in\mathbf{Z}$,引理成立.

现回到原题. 由引理,可把 $\mathbf{Z}$ 分划成至多 N 个区间,使得 $f_N(x)$ 在这 N 个区间内分别单调,且在相邻两个区间内的单调性不同. 而 $f_N(x)$ 在任一个单调区间内至多有一处取到 0,于是,$f_N(x)$ 至多有 N 个根. 再由 $f_N(x)$ 的定义知,R_N 行上至多有 N 个方格内的整数是 0.

4. 先任意拼成一个 $2\times 2\times 2$ 的正方体,设表面有 m 个蓝色小正方形,n 个红色小正方形. 不妨设 $m>n$,易知 $d=m-n$ 是偶数,设法证明可以通过若干次部分小方格旋转,使 d 变为 $-d<0$,而每次旋转时 d 的变化为 0 或 2,因此 d 必有取到 0 时.

5. 由于每次操作只交换差为 1 的数的位置,考察某两个顶点 X 和 Y,易知只要它们的数没有互相交换,无论发生多少次交换(它们都不参与或恰好有一个参与),原先较大的数,后来仍然较大. 现在假定所有处于对径点上的数从未交换过位置. 观察一对对径点 A 和 B,假设开

始时 A 上的数 a 大于 B 上的数 b(比如可设 A 上的数就是 $2n$),那么在任何时刻,A 上的数都大于 B 上的数. 但是根据题意,a 和 b 最终分别移到了 A 和 B 的顺时针方向的相邻顶点 A' 和 B' 上. 由于 A' 和 B' 也是对径点,这就意味着开始时 A' 上的数也是大于 B' 的. 完全经过一样的过程,a 和 b 可落到 A' 和 B' 的顺时针方向的相邻顶点 A'' 和 B'' 上,又可得知原来 A'' 上的数比 B'' 上的数大……最终可以得到原来顶点 B 上的数比 A 上的大,矛盾.

6. 易知奇顶点(有奇数个方向到达的顶点)有偶数个. 若无奇顶点则结论成立,否则进行某种操作使奇顶点的数目减少 2,即沿某折线(以某两奇顶点为端点)的所有边改变方向.

7. 不妨设周界多边形的顶点均为红色,考虑与任两点连线不同的一个方向上的直线(不妨设平行于坐标平面的 y 轴). 当这条直线平行地从左至右"横扫"这个点集时,记 $f(x)$ 为该直线左侧的红点数与蓝点数之差,然后利用连续性原理.

习题 9

1. 首先对每棵松树,求出可使两个人走遍场地都相互看不见的最小直径,然后再证明当 3 个人按题目条件走动时,也总是相互不见.

2. 歹徒应以速度 $2v$ 或 $\frac{1}{2}v$ 朝着警察走来的方向跑去. 这是因为假设出现的不是一个歹徒,而是许多,而且每个歹徒都与一个警察相对,则他们都处于相同的情况下. 如果任何一个警察都没有看到第一个歹徒,那么他们也就没看见任何一个歹徒. 相应地,任何一个歹徒也就没有看见任何一个警察. 这意味着,可以调换歹徒和警察的位置. 如果 $v_1 = 2v$ 是问题的解,则 $v_2 = \frac{1}{2}v$ 也是解.

3. 两个行人不可避免要在最大的圆周上相遇,因为它的周长比其他所有圆周周长之和大.

4. 利用三角函数(正弦和余弦)容易得知结论.

5. 可以,讨论与本节例 1 类似.

6. 注意警察在整个过程中可以看见歹徒,能随时调整自己的方向和速度.考虑正方形的两条"中位线".类似于本节例1的做法.

> **点评** 读者可进一步考虑以下问题:某城市呈正方形,它有6条道路,除了四边,还有两条中位线.一警察(有枪)沿着道路追捕一个匪徒.如果在某一时刻,警察和匪徒跑到同一条直线上,那么匪徒就向警察投降.证明:只要警察的最大速度大于匪徒速度的2.1倍,他就能够抓住匪徒.

7. 可以.为此,兔子应该采用如下的策略:如图 A.57,起先,它应选出正方形的任意一个顶点 A,并以最大速度沿对角线朝它跑去,直跑到离 A 点不足 $\frac{1}{2}(\sqrt{2}-1.4)$ 的地方 M(例如,离 A 点的距离为 0.005 的地方,此处假定正方形的边长为 1).然后,它不改变速度,但旋转 $90°$,沿着与对角线垂直的方向,朝正方形仅有一头狼的边跑去(如此刻 A 处有狼,则兔子可任选朝左朝右方向).

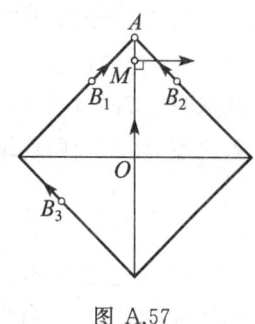

图 A.57

注意,如果狼的速度 $\sqrt{2}$ 倍于兔子速度,狼就可抓住兔子.

8. 找到等边三角形的中心,向三边作垂线.得到 3 个全等的等形.猎人先占据三角形的中心,于是他到达三边的距离就都小于 30 米,此时狼就不可能再由某个等形窜到另外一个.然后猎人只要朝狼所在部分的顶点前进,即可杀死狼.

9. 如把天花板想象为坐标平面上的正方形 $[0,1]\times[0,1]$,考虑这个天花板对坐标轴的射影,以及关于正方形顶点的顺相似变换,这个变换把正方形与包含在其中的蜘蛛一起变换为预先指定的、对角线长为 $\frac{\sqrt{2}}{2^8}<0.01$ 且含有苍蝇的小正方形中.

10. 能够.为此爸爸应监视小路 AB,其中 A 为正方形中心,B 为某边中点,使小孩不能跑过 A 点,也不能跑过 B 点.然后妈妈再跟在孩子后面沿其余的边跑,这样就可以抓住小男孩.

11. 不能.只要设法证明在道路网的每条直线上都有一定的运动方向.

12. 设 v 为狼的最大速度.我们过狼所在的那一点作两条平行于正方形对角线的直线,它们与正方形的边界交于点 C_1, C_2, C_3, C_4. 易知位于 C_1, C_2, C_3, C_4 处的狗移动速度均不大于 $\sqrt{2}v < \frac{3}{2}v$,因而在任何时刻狗都能在这 4 个点上,不可能放走狼.

13. 将三人的轨迹转化为时间的线性函数.因为三点共线满足的是二次方程,最多有两个根,因此他们无法有 3 次机会共线.

14. 利用重心公式.

15. 设 a_1 为第一个观察者,a_2 是在 a_1 停止观察之前即已开始观察的人中最后一个开始观察的,a_3 是在 a_2 停止观察之前即已开始观察的人中最后一个开始观察的,如此等等.于是,奇数号观察者 $a_1, a_3, a_5, \cdots$ 的观察区间互不相交,偶数号观察者 $a_2, a_4, a_6, \cdots$ 的观察区间也互不相交(不然的话,其中必有某个观察者 a_i 被选错了).由于每个观察区间都是 1 分钟,而全部观察时间为 6 分钟,所以无论是偶数号观察者还是奇数号观察者的观察总时间都不超过 5 分钟,因此观察者的数目不超过 10 人,这也就表明蜗牛的爬行距离不超过 10 米.(它在下述情形下可以正好爬行 10 米:每当仅有一个观察者观察它时,它即爬行,而在其余时间内,它都停止不动.)

习题 10

1. 周长是 26,三角形三边为 (7,7,12) 及 (11,11,4) 时有最小解.读者有兴趣可求通解.

2. 最小值是 2 279 405 700.

3. 可以.只要将区间系列取为 $[1,2]$,$\left[2\frac{1}{2}, 3\frac{1}{2}\right]$,$\left[3\frac{3}{4}, 4\frac{3}{4}\right]$,$\cdots$,而在 x 轴的负部分上,则按照 O 点对称地取区间即可(区间间隔长度

319

形成公比为 $\frac{1}{2}$ 的无限递降等比数列).

4. 只需转化为对任何两纵两列进行推理即可.

5. 至少需要 $(m-1)(n-1)$ 个警察. 易知按要求分配, 整个道路网被分成 k 个不包含环线的小块. 如果一个小块包含 p 个十字路口, 那么易知在其中正好有 $p-1$ 条路段. 由于共有 mn 个十字路口, 那么没有警察的路段数目等于 $mn-k$, 路段的总数为 $2mn-m-n$, 于是站有警察的路段数目等于 $mn-m-n+k \geqslant (m-1)(n-1)$. 分配 $(m-1) \cdot (n-1)$ 个警察的例子不难举出.

6. 运用勾股定理和整数性质分析.

7. 易知 $0 \leqslant x, y, z \leqslant 23$, 且 $x \equiv z-y \pmod{60}$, 最后得 $x=0$ 或 12.

8. t 的最大值为 $\frac{4}{11}$ 小时, 这一结果与 k 的值无关.

9. 若蚂蚱沿 $A \to B \to C$ 作了两次跳跃, 现关于 OB (O 是平面上两直线的交点, A,C 在其中一条直线上) 作 C 的对称点 C'. 易知 $\angle ABC' = 180° - 2\alpha$. 由此易知, 如先关于 OB 映射蚂蚱路径, 然后关于 OC' 作映射, 则点 A, B, C', 以及后面的 D', E' 等将落在同一圆周上, 并在圆周上截出相等的弧, 从而推知结论成立.

10. 作 $\triangle EKM$ 的中线 MF, EL, NK.

11. 设纸的剩余部分被分成 k 个小块, 今在每一小块上标 4 个顶点 (顶点处的角是 $90°$ 或 $270°$), 共 $4k$ 个点, 每个点也正好是被剪去的 n 个矩形的顶点或原矩形顶点. 如某个点被标两次, 那就有两个矩形与它相邻, 故 $4k \leqslant 4n+4$.

12. 设 K_1 是其中最大的正方形, K_2 是中心不在 K_1 内的正方形中最大的, 再依此定义 $K_3, K_4, \cdots$. 假设某一正方形的中心 O (设为原点) 落在上面所选的超过 4 个的正方形中, 由抽屉原则, 其中某两个 K_i, K_j 的中心在中心为 O 的正方形之对称轴所分的 $\frac{1}{4}$ 平面中, 不妨设在第一象限, 于是中心横竖坐标之和大的正方形包含另一正方形中心, 与正方形的选取矛盾!

13. 设矩形边长为 $x, y (x \leqslant y)$. 对任何 $m>12$, 当 $m=k^2$ 时, $x=$

$k-1, y=k+2$;当 $k^2 < m < k(k+1)$ 时,$x=k, y=k+1$;当 $m=k(k+1)$ 时,$x=k-1, y=k+3$;当 $k(k+1) < m < (k+1)^2$ 时,$x=y=k+1$.

14. 半径为 $\frac{1}{2}\sqrt{10}$,圆心为中央某黑格中心.

15. 先找出这样一行(或一列),其中十字个数在所有行(列)中为最少.

16. 最大面积是 $4k+1$. 由于每一个黑格有不多于 4 个白格与之相邻,而有不少于 $k-1$ 个白格直接与两个黑格相邻,因此它们都被计算了两次.

17. 易知 100×100 正方形的对角线上有 200 个单位小正方形,于是满足题设要求的 50 个正方形中,每一个的边框恰好盖住这 200 个单位正方形中的 4 个.再证明,100×100 正方形的 4 个角上的单位正方形必为同一正方形之边框所覆盖.去掉 100×100 正方形的边框,剩下 98×98 的正方形,再继续讨论,直至结论成立.

18. $a_{\max}=75$,例子不难举出. 若 $a_{\max} > 75$,由于任意交换两行或两列不影响比例,故可在行中按 1 的比例从上到下排列,列中按 1 的比例从左至右排列,然后设法推出矛盾.

19. 这样的矩形不存在.用反证法,假设这样的矩形 $ABCD$ 存在.如果 $AB \geq \sqrt{2}$,则分别在 AB 和 CD 上截取 $BB'=CC'=\sqrt{2}$,易证这时矩形 $AB'C'D$ 仍满足要求. 这样反复操作,就可以得到一个各边长都小于 $\sqrt{2}$ 且满足要求的矩形,此时每条边都恰好与一条方格线相交,再设法推出矛盾.

20. 将每个后的位置设为 (i, a_i),$1 \leq i \leq 2004$,问题转化为证明存在 $1, 2, \cdots, 2004$ 中的一个数对 (i, j),使 $|i-j|+|a_i-a_j|=2004$. 用反证法,如果这样的数对不存在,记 $x_i = a_i - i (1 \leq i \leq 2004)$,考虑 x_i 模 2004 的余数,利用完全剩余系的知识.

21. 设有 x 行无车,y 列无车,不妨设 $x \leq y$. 在这 y 列中任取 x 列和这 x 行组成一个子表格,这个子表格的每个方格只能被斜率为 -1 的直线控制.考虑这个子表格最右和最下的 $2x-1$ 个格子,于是要控制这 $2x-1$ 个格子至少要用 $2x-1$ 只车,从而"怪车"数 $\geq 2x-1$. 另一方面,由于 x 行无车,所以有 $n-x$ 行有车,即"怪车"数 $\geq n-x$. 于是,

321

"怪车"数 $\geq \max\{2x-1, n-x\} \geq \left\lceil \dfrac{2n-1}{3} \right\rceil$. 达到此值的例子不难举出（分 n 除以 3 的余数讨论）.

22. 为了能在 33 次切割以内找到珍珠，只需使切割方向相互平行且保持相等距离即可. 关于 32 次切割未必能找出珍珠的证明以下面的论断为基础：无论 k 次分割如何进行，在所分割出来的 $k+1$ 个部分里都能作出不超过 $k+1$ 个圆，使这些圆的半径之和等于 10cm. 采用归纳法来证明. 当 $k=0$ 时这是显然的，假设这个结论对于 k 次分割正确，而且又作了第 $k+1$ 次分割. 如果这次分割未触及圆，则结论仍然成立. 如果其中的

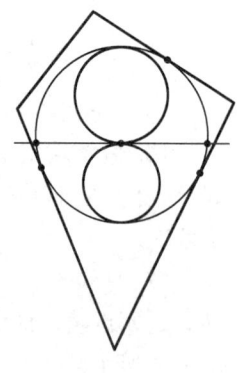

图 A.58

一个圆被分割了，则如图 A.58 所示，这时用两个圆代替一个圆. 这里诸圆半径之和未变，因此论断仍成立. 于是经过 32 次分割后，可作出 33 个圆，半径之和为 10cm. 只要其中一个圆半径大于 3mm，珍珠位于此图中，就不会被发现.

23. 蟑螂可试探性地向东南西北各迈 1 步（每次迈后都回到原地），于是不超出 7 步蟑螂就可以查明"真理"位于 4 个周边正方形中的哪一个，然后再沿着平行于正方形的方向走，所走的步子不超过 $\sqrt{2}D < \dfrac{3}{2}D$ 步，即可找到"真理".

24. 能够. 设立方体为 $ABCD-A'B'C'D'$. 一只蜘蛛先监视棱 AB，另一只监视棱 CC'，使得苍蝇无法经过顶点 A, B, C, C' 之中的任何一个. 这时在立方体的其余部分中，已不存在任何一条闭路，这样苍蝇就无法逃脱第三只蜘蛛的捕捉.

25. 在寻常国中，A 城与 B 城之间没有铁路相连（否则由 A 至 B 不用中转即可到达），所以它们在镜子国中有铁路相连. 现设 C 与 D 是任意两个城市. 在寻常国中，C 不可能同时与 A 和 B 都有铁路相连（否则由 A 至 B 只需中转一次），因此在镜子国中，由 C 城有路通往 A 或 B. 对于 D 城亦有类似情况. 所以在镜子国，可以由 C 城到达 D 城（经过 A 或 B 城），而不用超过两次中转.

26. n 为全体正偶数.

27. 不存在. 考虑将正方体按国际象棋棋盘的染色规则进行染色(即有公共面的小立方体不同色).

28. 只要 x, y 互素即可.

29. (1) 假定联结 k 条线段后,初始点被重新访问. 每连一条线段要经过 m 段弧,故总共经过了 mk 条弧. 每一条弧都以 n 个点中相邻的两点为端点,这表明 mk 是 n 的倍数. 由于 m, n 互素,k 的最小值是 n,因此至少存在 n 条线段.

另一方面,当这 n 条线段被联结时,由于类似的原因,没有一个点的访问可以超过一次,因此这条折线段的 n 个端点一定是不同的. 所以,恰好有 n 条线段.

每一条线段将圆分成两个部分,我们称点数较少的一侧为这条线段的"内侧",另一侧称为"外侧". 线段的两个端点既不属于内侧,也不属于外侧. 如果两条线段 l_1, l_2 在圆内相交,l_2 的一个端点位于 l_1 的内侧,另一端点位于 l_2 的外侧. 互换 l_1, l_2 的角色,上述结论同样成立.

设 j 表示集合 $\{l_1, l_2\}$ 的个数,其中 l_1, l_2 是相交的两条线段. 另外,有序二元组 (l_1, l_2) 的个数是 $2(m-1)n$(因为对每个 l_1,都有 $(m-1)$ 个点位于 l_1 的内侧,而每个点又都是两条线段的端点),因此,$j = (m-1)n$.

另一方面,每个集合 $\{l_1, l_2\}$ 确定了一个且仅有一个交点,而每个交点至少由一个这样的 $\{l_1, l_2\}$ 确定,因此,$i \leqslant j = (m-1)n$.

下面考虑 n 个点在圆周上等距的情况. 这时,为了证明集合 $\{l_1, l_2\}$ 族与全体交点的集合之间存在一一对应的关系,只需证明任何 3 条线段不交于一点就够了.

事实上,这时 n 条线段具有同样的长度,且到圆心具有同样的距离,记这个距离为 r. 于是,所有线段都是与给定的圆同心、且半径为 r 的圆的切线. 由于从圆外一点到圆恰好能作两条切线,因此,在这种情况下,不可能有 3 条线段交于一点.

(2) 先证明第一部分.

对于圆上的 n 个点中的每个点 A,存在一条从 A 出发的线段和一条进入 A 的线段. 我们称前者为 A 的"右臂",后者为 A 的"左臂". 用 P_A 表示位于 A 的右臂上且距 A 最近的一个交点,并称 P_A 为 A 的右点.

下面只需证明:当 $A \neq B$ 时,$P_A \neq P_B$.

每个点 A 将圆分为三部分:A 的左臂内侧,A 的右臂内侧,A 的两臂外侧的公共部分. 取圆上一个不同于 A 的点 B,分以下 4 种情况讨论:

(i) 点 B 是 A 的左臂或右臂的另一个端点,那么,B 的右臂与 A 的右臂不在圆内相交,因此,$P_A \neq P_B$.

(ii) 点 B 位于 A 的左臂内侧. 由于 B 的右臂在与 A 的右臂相交之前先与 A 的左臂相交,因此,$P_A \neq P_B$.

(iii) 点 B 位于 A 的右臂内侧. 这时,由于 B 的左臂与 A 的右臂交点比 B 的右臂与 A 的右臂交点距离点 A 更近,因此,$P_A \neq P_B$.

(iv) 点 B 位于 A 的两臂外侧的公共部分. 这时 B 的右臂不与 A 的右臂相交.

综上所述,当 $A \neq B$ 时,必有 $P_A \neq P_B$.

下面证明第二部分.

由于 n 是偶数,$n = 2k$,k 为某个整数. 画一个正 k 边形 D_0,以及 D_0 的外接正 k 边形 D_1,使得 D_1 边的中点正好是 D_0 的顶点.

对于 D_1 的每一条边 l,按以下方法取两个点 E,F.

在 D_1 与 l 相邻的两边中,选左边的一条(按顺时针方向得到的那一条),在过 l 中点的 D_0 的两条边中,选右边的一条,然后延长这两条边,直到相交,记交点为 E. 类似地,在 D_1 与 l 相邻的两边中,选右边的一条,在过 l 中点的 D_0 的两条边中,选左边的一条,然后延长这两条边,直到相交,记交点为 F. 那么,对于每一条边,所有的 E,F 与 D_0,D_1 的共同中心具有相同的距离. 这就是说,每一条边的相应的 E 与 F 都在同一个圆上. 用一条线段联结这 $2k$ 个点中的两个,要确保该线段的内侧恰好有两个点. 那么,所有这些线段都在 D_0 或 D_1 边的延长线上,而它们的交点恰好是 D_0 或 D_1 的顶点(事实上,D_0 的每个顶点恰好是 3 条线段的交点,D_1 的每个顶点恰好是两条线段的交点).

30. (1) 在展开平面上,任两点的连线对应着在正方体上的过顶点的周期路径,有无数条.

(2) 对于周期路径,在展开平面上其正方形的排列有限(在展开平面上,对应直线的斜率为有理数(包括 0 或 $+\infty$)时为周期路径).

31. 假设方格纸板中央有 $4s$ 只毛毛虫,又设 s 足够大,可以被下面证明中提到的任何一个整数整除. 设中央方格的坐标为 $(0,0)$,又设坐标 (i,j) 的方格的权为 $a_{ij}=|i|+|j|$. 如图 A.59,把方格纸板分成四部分.

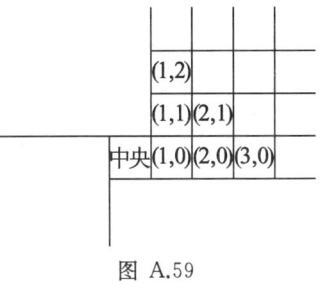

图 A.59

第一次把中央的毛毛虫平均分成 4 份,移动到和它相邻的 4 个方格中.

第二次把权为 1 的方格中的毛毛虫移动到权为 2 的方格中.

……

第 n 次把权为 $n-1$ 的方格中的毛毛虫移动到权为 n 的方格中,使得每个权为 n 的方格中有 $\frac{1}{n} \cdot s$ 只毛毛虫.

具体的移动方法是:(例如右上角的部分)把 $(a, n-a-1)$ 中的 $\frac{n-a}{n(n-1)} \cdot s$ 只毛毛虫移到 $(a, n-a)$ 中,另外 $\frac{a}{n(n-1)} \cdot s$ 只毛毛虫移到 $(a+1, n-a-1)$ 中. 于是,权为 n 的方格 $(i, n-i)$ 中的毛毛虫的数量为 $\frac{n-i}{n(n-1)} \cdot s + \frac{i-1}{n(n-1)} \cdot s = \frac{1}{n} \cdot s$.

其他 3 个部分也可以这样移动.

假设方格纸板可扩展到无限大,毛毛虫就可以不断地移动. 经过 $2N-1$ 次移动之后,所有毛毛虫都移出了原来方格纸板的范围. 这时,权为 n 的方格中的数被 $\frac{1}{n} \cdot s$ 只毛毛虫吃掉.

为了使所有的毛毛虫吃到的数的"重量"总和尽量大,应该把较小的数放在权较小的方格中(由排序不等式).

因此,$1,2,3,4$ 应该放在权为 1 的方格中;$5,6,\cdots,12$ 应该放在权为 2 的方格中……$2n(n-1)+1, 2n(n-1)+2, \cdots, 2n(n+1)$ 应该放在权为 n 的方格中.

设所有毛毛虫吃到数的重量总和为 T,则
$$T < \sum_{i=1}^{+\infty} \frac{s}{i} \left(\sum_{j=2i(i-1)+1}^{2i(i+1)} \frac{1}{j} \right)$$

$$= s\left(1+\frac{1}{2}+\frac{1}{3}+\frac{1}{4}\right)+\sum_{i=2}^{+\infty}\frac{s}{i}\left(\sum_{j=2i(i-1)+1}^{2i(i+1)}\frac{1}{j}\right)$$

$$< 4s+\sum_{i=2}^{+\infty}\frac{s}{i}\cdot\frac{2i(i+1)-2i(i-1)}{2i(i-1)}=4s+\sum_{i=2}^{+\infty}\frac{2s}{i(i-1)}$$

$$= 4s+2s\sum_{i=2}^{+\infty}\left(\frac{1}{i-1}-\frac{1}{i}\right)=6s<4s\times 2.$$

所以,平均每只毛毛虫吃到的数的重量小于 2. 从而,一定有至少一只毛毛虫吃到的数的重量小于 2.

因此,不存在这样的放法.

32. 国王可以按下述方式将旨意传达下去:先将整个王国划分为 4 个边长为 1 公里的正方形——称为 1 阶正方形;再将每个 1 阶正方形划分为 4 个边长为 $\frac{1}{2}$ 公里的正方形——称为 2 阶正方形;再将每个 2 阶正方形都划分为 4 个 3 阶正方形$\left(\text{边长为}\frac{1}{4}\text{公里}\right)$;如此下去,直到划分到足够多的 n 次以后,在每个 n 阶正方形中都至多有 1 个王国的臣民时为止(如果有某些臣民处于几个正方形的边界上,则将他们随意归属其中的 1 个正方形). 然后国王将旨意分阶段通知下去. 在第一阶段中,先将旨意传达给每个(住有臣民的)1 阶正方形中的 1 个臣民,然后飞报者和所有已听到传达的臣民都回到原来位置上. 第二阶段中,每个已听到传达的臣民与飞报者一起行动,设法将旨意传达给自己所在的 1 阶正方形中的每个 2 阶正方形中的 1 个臣民. 在第三阶段中,再传达到每个 3 阶正方形中的 1 个臣民,如此下去. 则在 n 个阶段以后,每个臣民便都听到了传达.

现在我们来估计第一阶段所需要的时间. 由于王国疆域中的任何两点间的距离不超过 $2\sqrt{2}$ 公里,所以当以每小时 3 公里的速度行进时,不足 1 小时即可由一处到达另一处. 因此,如按图 A.60 所示的方式通知的话,这个阶段不会超过 3 小时(即飞报者 A 负责通知 B 和 C,而臣民 B 负责通知 D;如果在某个 1 阶正方形中没有臣民居住,那么时间还可缩短).

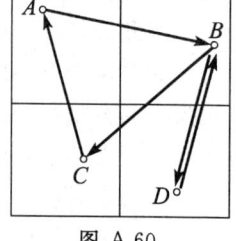

图 A.60

第二阶段的通知可在 4 个 2 阶正方形中同时进行,经过类似的分析可知,它所需要的时间不超过 $\frac{3}{2}$ 小时. 一般地,第 k 个阶段所需要的时间不超过 $\frac{3}{2^{k-1}}$ 小时,因此,将旨意传达到每一个臣民所需要的总时间不会超过 $3+\frac{3}{2}+\cdots+\frac{3}{2^{n-1}}<6$ 小时.

这说明在晚上六时以前,每一个臣民都接到了参加舞会的邀请通知,他们足可以利用剩下的一个小时,准时赶到王宫赴会.

33. 利用数学归纳法.

34. (温策(I. Vincze))不妨假设 C 恰被 $C_1, C_2, \cdots, C_k$ 所环绕,即每个 C_i 与 C_{i-1}, C_{i+1} 及 C 相切(其中下标取模 k),如图 A.61. 令 O 与 O_i 分别表示 C 和 C_i 的中心,并令 $\angle O_iOO_{i+1}=\varphi_i$.

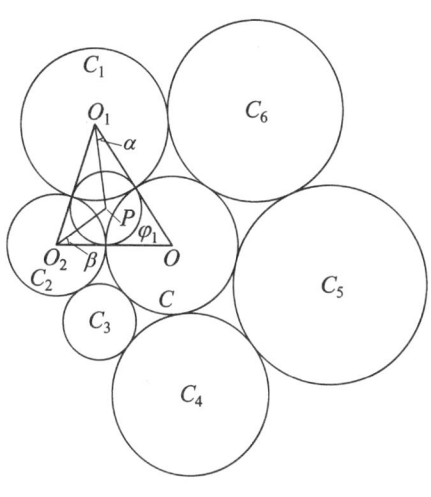

图 A.61

进一步考察 C, C_1 和 C_2. 令 P 表示 $\triangle OO_1O_2$ 的内切圆 D 的中心,并令 $\angle OO_1P=\alpha, \angle OO_2P=\beta$,则有

$$\frac{r(D)}{r(C_1)}+\frac{r(D)}{r(C_2)}=\tan\alpha+\tan\beta \geqslant 2\tan\left(\frac{\alpha+\beta}{2}\right)=2\tan\frac{\pi-\varphi_1}{4}$$

$$=\tan\frac{\varphi_1}{2}\frac{\left(1-\tan\frac{\varphi_1}{4}\right)^2}{\tan\frac{\varphi_1}{4}}=\frac{r(D)}{r(C)}\left(\tan\frac{\varphi_1}{4}+\cot\frac{\varphi_1}{4}-2\right).$$

类似地,对任意 $1\leqslant i\leqslant k$,有

$$\frac{1}{r(C_i)}+\frac{1}{r(C_{i+1})}\geqslant\frac{1}{r(C)}\left(\tan\frac{\varphi_i}{4}+\cot\frac{\varphi_i}{4}-2\right).$$

设 $k\geqslant 6$,对这些不等式求和,并利用詹森不等式,有

$$2\sum_{i=1}^{k}\frac{1}{r(C_i)} \geq \frac{1}{r(C)}\sum_{i=1}^{k}\left(\tan\frac{\varphi_i}{4}+\cot\frac{\varphi_i}{4}-2\right)$$
$$\geq \frac{k}{r(C)}\left(\tan\frac{\pi}{2k}+\cot\frac{\pi}{2k}-2\right) \geq \frac{2k}{r(C)}.$$

35. 令 $2\alpha_i$ 表示从 C 的中心出发与 C_i 相切的两条射线间的夹角 ($1\leq i\leq k$),注意 $r(C_i)=r(C)\dfrac{\sin\alpha_i}{1-\sin\alpha_i}$,证明 $\dfrac{\sin\alpha_i}{1-\sin\alpha_i}$ 为 $\left(0,\dfrac{\pi}{2}\right)$ 中的凸函数,并利用詹森不等式.